Funksignalanalyse

Von Priv.-Doz. Dr. rer. nat. habil. Friedrich Jondral
TELEFUNKEN SYSTEMTECHNIK GMBH, Ulm

Mit 106 Abbildungen und 5 Tabellen

 B. G. Teubner Stuttgart 1991

Priv.-Doz. Dr. rer. nat. habil. Friedrich Jondral

Jahrgang 1950. 1970–1975 Studium der Mathematik mit dem Nebenfach Physik. 1975–1979 wissenschaftlicher Assistent am Institut für Angewandte Mathematik der Technischen Universität Braunschweig, im Wintersemester 1977/78 Forschungsaufenthalt an der Universität Nagoya (Japan), 1979 Promotion. 1984 Habilitation für das Lehrgebiet Angewandte Mathematik an der Universität Ulm. Seit 1979 Mitarbeiter der TELEFUNKEN SYSTEMTECHNIK GMBH in Ulm, Leiter der Abteilung Methoden und Konzepte im Fachgebiet Funk-EloKa.

CIP-Titelaufnahme der Deutschen Bibliothek

Jondral, Friedrich:
Funksignalanalyse / von Friedrich Jondral
Stuttgart : Teubner, 1991
  (Teubner Studienbücher : Elektrotechnik)
  ISBN-13:978-3-519-06132-8   e-ISBN-13: 978-3-322-84851-2
  DOI: 10.1007/978-3-322-84851-2

Das Werk einschließlich aller seiner Teile ist urheberrechtlich geschützt. Jede Verwertung außerhalb der engen Grenzen des Urheberrechtsgesetzes ist ohne Zustimmung des Verlages unzulässig und strafbar. Das gilt besonders für Vervielfältigungen, Übersetzungen, Mikroverfilmungen und die Einspeicherung und Verarbeitung in elektronischen Systemen.

© B. G. Teubner Stuttgart 1991

Satz: Elsner & Behrens GmbH, Oftersheim

Einband: P.P.K,S-Konzepte Tabea Koch, Ostfildern/Stuttgart

Vorwort

Die Funksignalanalyse stellt Verfahren, mit denen Funksignale beschrieben und solche mit denen sie zerlegt werden können, zur Verfügung. In der Systementwicklung finden beide Prozesse zunächst auf dem Papier, etwa in Form funktionalanalytischer oder statistischer Überlegungen, statt. Danach muß der Übergang von den theoretisch erarbeiteten Modellen und Simulationen zu Geräten oder Systemen vollzogen werden. Genau dieser Übergang verläuft im allgemeinen nicht problemlos, weil Praktiker und Theoretiker häufig verschiedene Dialekte der Technikersprache sprechen. Zur Überwindung dieser Verständigungsschwierigkeiten soll das vorliegende Buch beitragen. Es handelt sich dabei um die Ausarbeitung des Manuskripts zu einer Vorlesung, die ich über das Wintersemester 1988/89 und das Sommersemester 1989 an der Universität Ulm gehalten habe. Die Vorlesung verfolgte das Ziel, für Studenten technischer Fachrichtungen (zu denen hier auch einmal die Mathematik gezählt werden soll) die Signalanalyse als eine Anwendung mathematischer Methoden darzustellen. Dementsprechend soll das Buch Mathematikern eine Anwendung ihrer Wissenschaft näher bringen und Ingenieure daran erinnern, daß ihre Arbeit auf exakten Theorien fußt. Zum Verständnis werden Grundkenntnisse der höheren Mathematik, wie sie im Vordiplomstudium technischer Fachrichtungen an den Universitäten vermittelt werden, vorausgesetzt. Der Stoff wurde bewußt so dargestellt, daß es auch praktisch arbeitenden Ingenieuren und Mathematikern möglich sein sollte, das Buch in endlicher Zeit zu lesen. Daher konnte hier auch nur eine Einführung in ausgewählte Teilgebiete der Funksignalanalyse gegeben werden, die jedoch den aufmerksamen Leser in die Lage versetzen sollte, sich anhand der im Literaturverzeichnis angegebenen Veröffentlichungen in das Thema zu vertiefen.

Dem Verlag danke ich für die Aufnahme des Buches in seine Reihe Teubner Studienbücher. Die technische Herstellung des Buches wurde von der TELEFUNKEN SYSTEMTECHNIK GMBH großzügig unterstützt. Diese Unterstützung spiegelt die guten Arbeitsbedingungen in der Firma, die auch seit einigen Jahren meine Vorlesungstätigkeit an der Universität Ulm fördert, wider. Darüber hinaus haben mir viele Fachdiskussionen, insbesondere mit Kollegen aus „unserem" Fachbereich Empfänger und Peiler, bei der Formulierung des Textes geholfen.

An dieser Stelle möchte ich auch zu bedenken geben, daß jeder auf wissenschaftlichem Gebiet arbeitende stark von Lehrern und Vorbildern geprägt wird. Auf meine persönliche Entwicklung hat in diesem Zusammenhang Prof. Dr. Ernst Henze, an den ich aus diesem Grund hier erinnern möchte, den bleibenden Einfluß ausgeübt.

Meine Frau Brigitte und meine Töchter Isabel und Annabel haben sich, glaube ich, inzwischen wohl daran gewöhnt, daß das Hobby, neben dem Beruf Hochschullehrer zu sein, manchmal auf Kosten gemeinsamer Freizeit geht.

In Dankbarkeit widme ich dieses Buch meiner Mutter Marie Jondral, geborene Puchebuhr, und dem Gedenken an meinen Vater Erich Jondral.

Ulm im Juni 1990   Friedrich Jondral

Inhalt

1 Einleitung 7

2 Signale 11
  2.1 Signalformen 11
  2.2 Verallgemeinerte Funktionen und Bandbegrenzung 19
  2.3 Hilberttransformation und analytisches Signal 23
  2.4 Modulation 27
    2.4.1 Analoge Modulationsverfahren 28
    2.4.2 Digitale Modulationsverfahren 33
  2.5 Die Bandspreiztechnik 42

3 Zufallsprozesse 51
  3.1 Einführung 51
  3.2 Spezielle stochastische Prozesse 57
    3.2.1 Poissonprozesse 57
    3.2.2 Telegraphiesignale 63
    3.2.3 Irrfahrt 66
    3.2.4 Brownsche Bewegung 68
    3.2.5 Binäre Signale 70
  3.3 Begriffe 72
  3.4 Stationäre Prozesse 77

4 Grundlagen der digitalen Signalverarbeitung 82
  4.1 Das Abtasttheorem 83
  4.2 Transformationen 94
    4.2.1 Die z-Transformation 95
    4.2.2 Die diskrete Fouriertransformation 102
    4.2.3 Komplexwertige zeitdiskrete Signale 112
    4.2.4 Koordinatentransformation 114
  4.3 Systeme 115
    4.3.1 Definitionen 116
    4.3.2 Lineare zeitinvariante Systeme 118
    4.3.3 Die Übertragungsfunktion 121

5 Empfang und Peilung 125
  5.1 Digitale Signalverarbeitung beim Funkempfang 125
  5.2 Zur Definition des Dynamikbereichs digitaler Empfänger . 130

5.3 Der digitale Vielkanalempfänger 132
5.3.1 Die digitale Vielkanalempfangstechnik 133
5.3.2 Die Realisierung digitaler Vielkanalempfänger 136
5.4 Die wichtigsten Prinzipien der Funkpeilung 138
5.4.1 Der Doppler-Peiler 139
5.4.2 Der Watson-Watt-Peiler 142
5.4.3 Der Interferometer-Peiler 145

6 Parametrische digitale Spektralschätzverfahren 148
6.1 Zeitdiskrete Zufallsprozesse 148
6.2 AR-, MA- und ARMA-Prozeßmodelle 152
6.3 Funkpeilung und Prozeßmodelle 155
6.3.1 Das Kompensationsprinzip 156
6.3.2 Wullenwever-Systeme 163
6.3.3 Antennengruppen und digitale Spektralschätzverfahren .. 166

7 Signalanalyse in der Funkaufklärung 175
7.1 Die Bandsegmentierung 175
7.2 Automatische Klassifikation von Kurzwellensignalen 178
7.2.1 Komponenten des Signalklassifikators 178
7.2.2 Die Vorverarbeitung 179
7.2.3 Die Merkmalsextraktion 182
7.2.4 Die Klassifikation 185
7.2.5 Ergebnisse eines Klassifikations-Experiments 188
7.2.6 Ein Anwendungsbeispiel 192
7.3 Erfassung von Frequenzsprungsendern 192
7.3.1 Entdeckung durch Frequenz Scan 193
7.3.2 Einsatz einer Empfängerbank 194

8 Literatur 196

9 Stichwortverzeichnis 199

1 Einleitung

Mit den Fortschritten der Mikroelektronik und den damit verbundenen Möglichkeiten zur digitalen Verarbeitung von Signalen, haben sich für die Signalanalyse weite Anwendungsbereiche eröffnet. Das Spektrum der in der Literatur veröffentlichten Untersuchungen reicht von der Erdölsuche über die Materialprüfung und die Spracherkennung bis zur Computertomographie. Einen weiteren Signaltyp, der einer eingehenden Analyse unterworfen werden kann, bilden die Funksignale. Die Analyse von Funksignalen bekam, verglichen etwa mit der passiven SONARtechnik, spät Bedeutung. Der Grund ist in erster Linie in den relativ hohen Bandbreiten und Trägerfrequenzen sowie in den damit verbundenen Anforderungen an die verarbeitenden Prozessoren einerseits und in bestimmten funkspezifischen Problemen andererseits zu suchen.

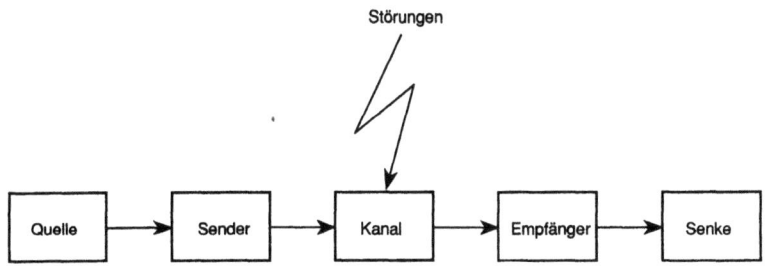

Bild 1-1 Nachrichtenübertragungssystem

Das vorliegende Buch beschäftigt sich mit der Funksignalanalyse. Unter Funksignalen werden hier Signale verstanden, die sich in Form elektromagnetischer Wellen über den freien Raum (Aether) ausbreiten. Allgemein geht die Nachrichtentechnik von dem in Bild 1-1 dargestellten Nachrichtenübertragungssystem aus: Von der Quelle werden Nachrichten erzeugt, die im Sender in eine übertragbare Form umgewandelt werden. Dazu gehören insbesondere die Codierung der Nachricht und ihre Modulation, d. h. ihre Umsetzung auf eine Frequenz, die es gestattet, weite Entfernungen zu überbrücken. Das Signal wird über den Kanal zum Empfänger übertragen. Auf dem Kanal treten (ungewollte oder absichtliche) Störungen zum Signal hinzu. Die Aufgabe des Empfängers besteht in der Rückgewinnung der gesendeten Information, d. h. insbesondere in der Demodulation und der Decodierung. Das so rekonstruierte Signal gibt der Empfänger an die Senke weiter.
In den hier dargestellten Untersuchungen wird das größte Gewicht auf die Beschreibung von Empfängerfunktionen gelegt. Dabei wird insbesondere damit gerechnet, daß der betrachtete Empfänger nicht zum Kommunikations-

8 1 Einleitung

system gehört, also nichtautorisiert arbeiten muß. Diese Betrachtungsweise spielt natürlich in erster Linie in der militärischen Funkaufklärung, aber auch bei postalischen Überwachungsaufgaben eine Rolle.

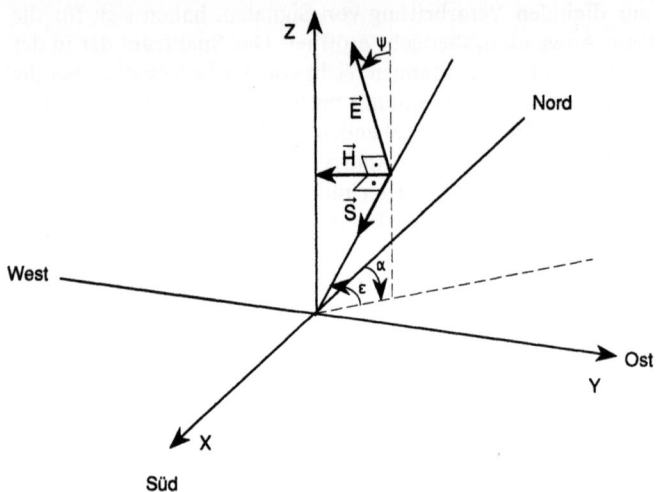

Bild 1-2 Zur Beschreibung einer elektromagnetischen Welle

An der Empfangsstation kommt das zu analysierende Signal als elektromagnetische Welle an. Im Fernfeld des Senders stehen dabei der elektrische Feldstärkenvektor $\vec{E}$ und der magnetische Feldstärkenvektor $\vec{H}$ senkrecht aufeinander (vergleiche Bild 1-2). Beide stehen wiederum senkrecht auf dem Poyntingvektor $\vec{S} = \vec{E} \times \vec{H}$, der in Richtung der Ausbreitung der elektromagnetischen Welle zeigt. Die Einfallsrichtung der Welle kann auch durch den gegen die Nordrichtung gemessenen Azimutwinkel α und den Elevationswinkel ε beschrieben werden. Die Bestimmung von α (und zusätzlich eventuell von ε) heißt Peilung. Können α und ε gleichzeitig bestimmt werden, ist u. U. eine Angabe des Senderstandortes möglich (Single Station Location, SSL). Auf jeden Fall kann der Senderstandort durch die Berechnung des Schnittpunktes mehrerer von verschiedenen Standorten aus gezogenen Peilstrahlen geschätzt werden.

Empfängerseitig sind (mindestens) folgende signalcharakteristische Kenngrößen bestimmbar, ohne daß a priori Wissen über die beobachtete Funkstrecke zur Verfügung stehen muß:
- Zeitpunkt der Signaldetektion,
- Mittenfrequenz,
- Bandbreite,

1 Einleitung 9

- Modulationsart,
- Verkehrsart,
- Signalparameter (wie Schrittgeschwindigkeit, Frequenzhub, Augendiagramme usw.),
- Struktur- und Informationseigenschaften,
- Senderstandort.

In den folgenden Kapiteln werden wir uns im großen und ganzen mit der Bestimmung der hier genannten signalcharakteristischen Kenngrößen beschäftigen. Dazu werden im zweiten Kapitel zunächst **Signale** betrachtet. Insbesondere werden Signalformen, Spektren, die Bedeutung verallgemeinerter Funktionen (Distributionen) als Signalmodelle und der damit im Zusammenhang stehende Begriff der Bandbreite diskutiert. Die Einführung der Hilberttransformation und des analytischen Signals leitet zur Besprechung von Modulationsverfahren über. Als Sonderfälle von Modulationsverfahren können auch die Bandspreiztechniken, die bekanntlich auch als Doppelmodulationen [LEU 88] interpretierbar sind, angesehen werden.

In Kapitel 3 wird dargestellt, wie **Signale als Pfade von Zufallsprozessen** angesehen werden können. Dabei werden insbesondere Prozesse zweiter Ordnung behandelt.

Kapitel 4 beschäftigt sich mit den **Grundlagen der digitalen Signalverarbeitung**. Eine zentrale Rolle spielt dabei das Abtasttheorem, das formuliert und bewiesen wird und für das einige Erweiterungen kurz diskutiert werden. Dazu werden die Grenzen der praktischen Anwendung dieses theoretischen Ergebnisses aufgezeigt. z-Transformation, diskrete Fouriertransformation (DFT) und ihre rechentechnisch effektive Variante FFT (Fast Fourier Transform) und die Berechnung äquivalenter Basisbandsignale machen den Weg zur Diskussion linearer zeitinvarianter Systeme frei. Schließlich wird die für die Signaldemodulation wichtige Koordinatenwandlung von rechtwinkligen in Polarkoordinaten behandelt.

Die Anwendung der digitalen Signalverarbeitung bei **Empfang und Peilung** von Funksignalen ist das Thema des fünften Kapitels. Insbesondere werden Strukturen für Empfänger mit digitaler Hauptselektion diskutiert und die wichtigsten Peilprinzipien beschrieben.

Das sechste Kapitel beschäftigt sich mit der **Anwendung digitaler Spektralschätzmethoden** in der Peiltechnik und zeigt ihre enge Verwandtschaft mit der Richtstrahlbildung durch Antennenfelder, die aus mehreren Einzelstrahlern aufgebaut sind, auf.

Im siebenten Kapitel werden Beispiele für **Signalanalysesysteme**, die insbesondere im Kurzwellenbereich (1,5 MHz; ...; 30 MHz) Anwendung finden, dargestellt: Die auf Vielkanalempfangs- und Peilsystemen basierende Bandsegmentierung gestattet die Feststellung der Mittenfrequenzen und

Bandbreiten der in einem Band vorhandenen Signale. Die Signalklassifikation ist ein Verfahren zur empfängerseitigen Erkennung des von einem Sender angewendeten Modulationsverfahrens; mit Hilfe ihrer Ergebnisse wird der Demodulator des Empfängers eingestellt. Schließlich werden Möglichkeiten zur Erfassung von Frequenzsprungsendern skizziert.

Die bei der Ausarbeitung des Manuskripts benutzten Veröffentlichungen, bei denen es sich im wesentlichen um Lehrbücher und Übersichtsartikel handelt, sind in der Literaturliste zusammengestellt.

2 Signale

An der Empfangsantenne treten Funksignale in Form von sich zeitlich ändernden elektromagnetischen Feldern in Erscheinung. Mathematisch werden sie durch reell- oder komplexwertige Funktionen der Zeit dargestellt, d. h. es handelt sich um eindeutige Abbildungen von $\mathbb{R}$ nach $\mathbb{R}$ oder nach $\mathbb{C}$. Es wäre natürlich sinnlos, jede Funktion der Zeit als physikalisch erzeugbares Signal anzusehen. Andererseits erscheint es notwendig, auch physikalisch nicht realisierbare Signale (z. B. Cosinusfunktionen oder sogar Diracstöße) als Signalmodelle für theoretische Untersuchungen zur Verfügung zu haben.

Der einführende Charakter der vorliegenden Arbeit macht eine wirklich formal richtige Einteilung der Signaltypen in Funktionenklassen unmöglich. Dazu wäre eine eingehende Behandlung von Funktionentheorie und Funktionalanalysis unumgänglich. Trotzdem sollen im folgenden die theoretischen Schwierigkeiten nicht verschwiegen werden.

2.1 Signalformen

Signale können bezüglich ihrer Definitions- und Wertebereiche klassifiziert werden:
Eine wertkontinuierliche Funktion $x(t)$ der kontinuierlichen Zeit t ist ein zeit- und wertkontinuierliches Signal (siehe Bild 2.1-1).

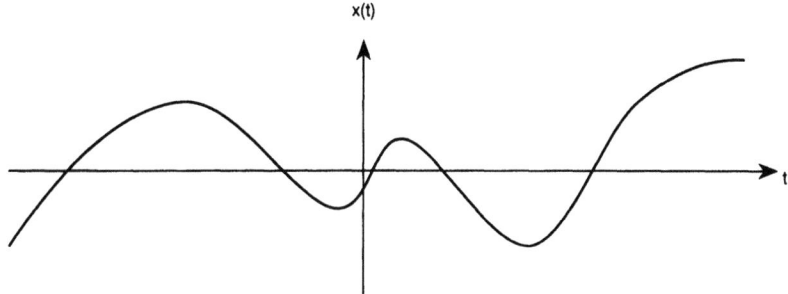

Bild 2.1-1 Zeit- und wertkontinuierliches Signal

Eine an festen äquidistanten Zeitpunkten $n\Delta t$, $n \in \mathbb{Z}$, definierte wertkontinuierliche Funktion $\{x(n\Delta t)\} = \{x(n)\}$ heißt zeitdiskretes Signal. Zeitdiskrete Signale kommen z. B. durch die zeitlich äquidistante Abtastung von zeit- und wertkontinuierlichen Signalen zustande (vergleiche Bild 2.1-2).

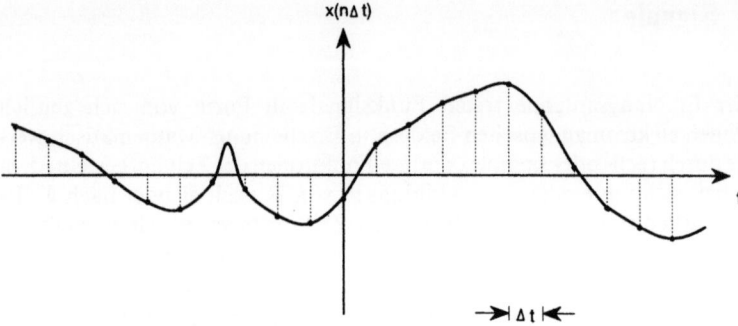

Bild 2.1-2 Zeitdiskretes Signal

Wird noch ein Schritt weiter gegangen und neben der zeitlichen Diskretisierung die Quantisierung des Wertebereichs der Funktion betrachtet, ergeben sich zeitdiskrete quantisierte Signale. Als technisch besonders wichtig hat sich die Quantisierung in 2^m Stufen erwiesen. Jeder Zustand im Wertebereich des Signals wird dann durch eine Binärzahl dargestellt. $q = 2^{-m}$ heißt Quantisierungsstufe (siehe Bild 2.1-3).

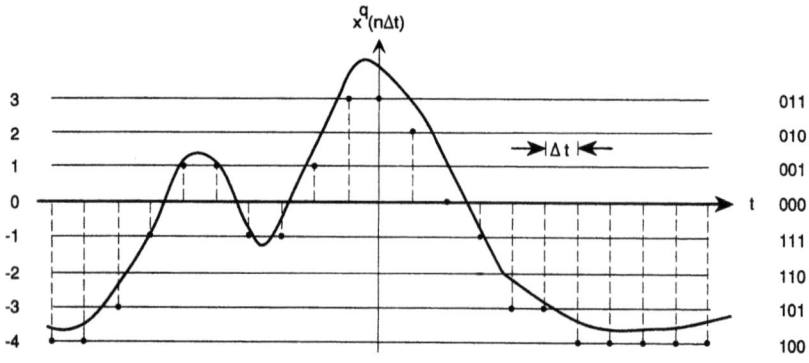

Bild 2.1-3 Zeitdiskretes, quantisiertes Signal

Die Signalanalyse beschäftigt sich aus technischen Gründen (Realisierbarkeit von Geräten und Systemen, Reproduzierbarkeit von Ergebnissen etc., siehe Kapitel 4) hauptsächlich mit zeitdiskreten quantisierten Signalen, wobei zur Vereinfachung theoretischer Überlegungen jedoch die Wertequantisierung oft außer acht gelassen wird. Zur weiteren Erleichterung des Verständnisses wird hin und wieder auf zeit- und wertkontinuierliche Signale zurückgegriffen. Im vierten Kapitel wird noch näher darauf eingegangen, daß unter geeigneten Voraussetzungen (Gültigkeit des Abtasttheorems) wert- und zeitkontinuierliche Signale und zeitdiskrete wertkontinuierliche Signale äquivalent sind.

2.1 Signalformen

Signale werden allgemein als komplexwertig angesehen. Die zu $a \in \mathbb{C}$ konjugiert komplexe Größe wird mit a^* bezeichnet.

Definition 2.1-1 Die Funktion $x(t)$ beschreibt ein **Energiesignal**, wenn

$$\int_{-\infty}^{\infty} |x(t)|^2 \, dt < \infty \qquad (2.1\text{-}1)$$

gilt. Man sagt dann auch, das Signal $x(t)$ habe endliche Energie.

Bemerkungen
(i) Funktionen, die (2.1-1) erfüllen, heißen quadratintegrabel. Der Raum $L^2(\mathbb{R})$ aller dieser Funktionen ist mit dem skalaren Produkt

$$(f, g) = \int_{-\infty}^{\infty} f(t) g^*(t) \, dt; \quad f, g \in L^2(\mathbb{R}); \qquad (2.1\text{-}2)$$

und der daraus abgeleiteten Norm

$$\|f\|^2 = \int_{-\infty}^{\infty} |f(t)|^2 \, dt \qquad (2.1\text{-}3)$$

ein Hilbertraum ([KOL 75]).
(ii) Einige wichtige Signale, z. B. alle die durch periodische Funktionen beschrieben werden, haben keine endliche Energie. Physikalisch realisierbare Signale besitzen hingegen stets endliche Energie.

Definition 2.1-2 Signale, die eine mittlere endliche Energie besitzen, für die also

$$\lim_{T \to \infty} \frac{1}{2T} \int_{-T}^{T} |x(t)|^2 \, dt < \infty \qquad (2.1\text{-}4)$$

gilt, heißen **Leistungssignale**.

Beispiele für Leistungssignale sind stetige periodische Funktionen. So ist z. B. $x(t) = \cos \omega t$ wegen

$$\lim_{T \to \infty} \frac{1}{2T} \int_{-T}^{T} \cos^2 \omega t \, dt = \frac{1}{2}$$

ein Leistungssignal.

2 Signale

Definition 2.1-3

$$\mathfrak{F}\{x(t)\} = X(\omega) = \int_{-\infty}^{\infty} x(t)e^{-j\omega t} dt, \quad j = \sqrt{-1} \qquad (2.1\text{-}5)$$

heißt **Fouriertransformierte** des Signals $x(t)$.

Bemerkungen

(i) Durch (2.1-5) ist die Fouriertransformation zunächst einmal nur für Signale, die aus dem Raum $L(\mathbb{R})$ der integrablen Funktionen stammen, definiert. Diese Signale lassen sich dann auch in Form der inversen Fouriertransformation

$$x(t) = \frac{1}{2\pi} \int_{-\infty}^{\infty} X(\omega)e^{j\omega t} d\omega \qquad (2.1\text{-}6)$$

schreiben.

Die Fouriertransformation läßt sich jedoch innerhalb der Distributionentheorie (siehe z. B. [WAL 74], [KOL 75]) auf Distributionen und auch auf Energiesignale erweitern. Darauf wird im folgenden Abschnitt 2.2 kurz eingegangen.

(ii) Das Argument ω der Fouriertransformierten $X(\omega)$ nennen wir **Kreisfrequenz**. Diese ist mit der Frequenz f über $\omega = 2\pi f$ verbunden.

(iii) Definitionsgemäß ist die Fouriertransformierte $X(\omega)$ im allgemeinen eine komplexwertige Funktion. Ihr Betrag $|X(\omega)|$ heißt **Amplitudenspektrum** oder kurz **Spektrum**. Ihr Argument arg $X(\omega)$ wird **Phasenspektrum** genannt.

Auf bandbegrenzte Signale wird in Abschnitt 2.2 noch näher eingegangen. Etwas vorgreifend erklären wir hier:

Definition 2.1-4 Ein Signal $x(t)$ ist **tiefpaßbegrenzt**, wenn eine Kreisfrequenz $\Omega > 0$ existiert, so daß

$$X(\omega) = 0 \quad \text{für alle } \omega \text{ mit } |\omega| > \Omega \qquad (2.1\text{-}7)$$

gilt.

Bemerkungen

(i) Für Energiesignale $x(t), y(t) \in L^2(\mathbb{R})$ gilt die Parsevalsche Formel ([PAP 77], S. 65):

$$\int_{-\infty}^{\infty} x(t)y^*(t) dt = \frac{1}{2\pi} \int_{-\infty}^{\infty} X(\omega)Y^*(\omega) d\omega \qquad (2.1\text{-}8)$$

Dabei sind $X(\omega)$ und $Y(\omega)$ die Fouriertransformierten von $x(t)$ bzw. $y(t)$.

2.1 Signalformen   15

(ii) Ein Signal $x(t)$ kann nicht gleichzeitig bandbegrenzt und zeitbegrenzt sein ([PAP 77], S. 188). Diese Aussage wird in Abschnitt 2.2 bewiesen. Für technische Systeme folgen aus ihr zunächst einmal keine wesentlichen Einschränkungen.

In Analogie zu den Definitionen 2.1-1 und 2.1-2 ergibt sich für zeitdiskrete Signale, die im allgemeinen auch als komplexwertig angesehen werden:

Definition 2.1-5 Ein zeitdiskretes Signal $\{x(n)\} = \{x(n\Delta t)\}$ heißt **Energiesignal**, wenn seine Energie endlich ist, d. h. wenn gilt:

$$\sum_{n=-\infty}^{\infty} |x(n)|^2 < \infty \qquad (2.1\text{-}9)$$

Definition 2.1-6 $\{x(n)\}$ heißt **Leistungssignal**, wenn seine mittlere Energie endlich ist, d. h. wenn

$$\lim_{N \to \infty} \frac{1}{2N} \sum_{n=-N}^{N} |x(n)|^2 < \infty \qquad (2.1\text{-}10)$$

gilt.

Bemerkungen
(i) Folgen, für die (2.1-9) gilt, heißen quadratisch summierbar. Der Raum l^2 dieser Folgen ist mit dem skalaren Produkt

$$(f(n), g(n)) = \sum_{n=-\infty}^{\infty} f(n)g^*(n); \quad \{f(n)\}, \{g(n)\} \in l^2 \qquad (2.1\text{-}11)$$

und der daraus abgeleiteten Norm

$$\|f(n)\|^2 = \sum_{n=-\infty}^{\infty} |f(n)|^2 \qquad (2.1\text{-}12)$$

ein Hilbertraum.
(ii) Einige wichtige zeitdiskrete Signale, z. B. zeitdiskrete periodische Signale oder die zeitdiskrete Sprungfunktion (s. u. (2.1-13)), haben keine endliche Energie.

Beispiel Die diskrete Cosinusfunktion $\{\cos(\omega n \Delta t)\}$ ist ein Leistungssignal, da gilt (siehe auch [GRA 81]):

$$\lim_{N\to\infty} \frac{1}{2N} \sum_{n=-N}^{N} \cos^2(\omega n \Delta t) = \lim_{N\to\infty} \left\{ \frac{1}{2N} \left[1 + 2 \sum_{n=1}^{N} \cos^2(\omega n \Delta t) \right] \right\}$$

$$= \lim_{N\to\infty} \left\{ \frac{1}{2N} + \frac{1}{2} + \frac{\cos[\omega(N+1)\Delta t] \sin[\omega N \Delta t]}{2N \sin[\omega \Delta t]} \right\} = \frac{1}{2}.$$

Im folgenden wollen wir einige **Beispiele** zeitdiskreter Signale kennenlernen:
(i) Das Signal

$$\{u(n)\} = \begin{cases} 1 \\ 0 \end{cases} \text{ für } \begin{array}{l} n \geq 0 \\ n < 0 \end{array} \tag{2.1-13}$$

heißt Sprungfolge (Bild 2.1-4). $\{u(n-n_0)\}$ ist dann die Folge, die einen Einheitssprung an der Stelle n_0 hat. Somit kann durch $\{u(n)-u(n-n_0-1)\}$, $n_0 \geq 0$, die Folge dargestellt werden, für die gilt

$$\{u(n) - u(n-n_0-1)\} = \begin{cases} 1 \\ 0 \end{cases} \text{ für } \begin{array}{l} 0 \leq n \leq n_0 \\ \text{sonst} \end{array}. \tag{2.1-14}$$

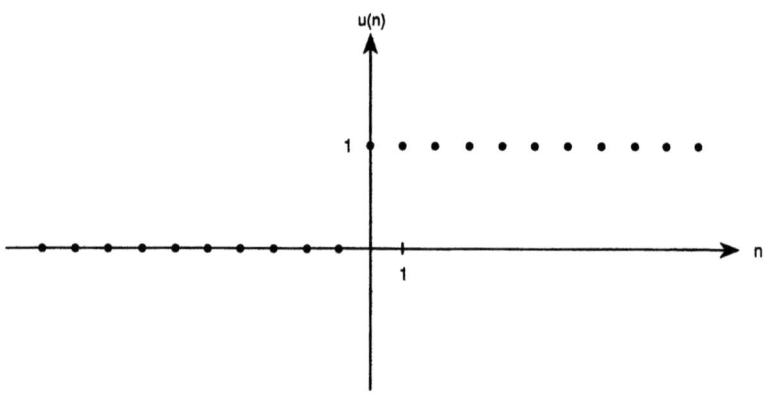

Bild 2.1-4 Sprungfolge $\{u(n)\}$

(ii) Für $n_0 = 0$ erhalten wir aus (2.1-14) das Signal

$$\{\delta(n)\} = \begin{cases} 1 \\ 0 \end{cases} \text{ für } \begin{array}{l} n = 0 \\ n \neq 0 \end{array}, \tag{2.1-15}$$

die sogenannte δ-Folge (Bild 2.1-5). Eine Indexverschiebung im Argument der δ-Folge um k liefert:

$$\{\delta(n-k)\} = \begin{cases} 1 \\ 0 \end{cases} \text{ für } \begin{array}{l} n = k \\ n \neq k \end{array}$$

2.1 Signalformen 17

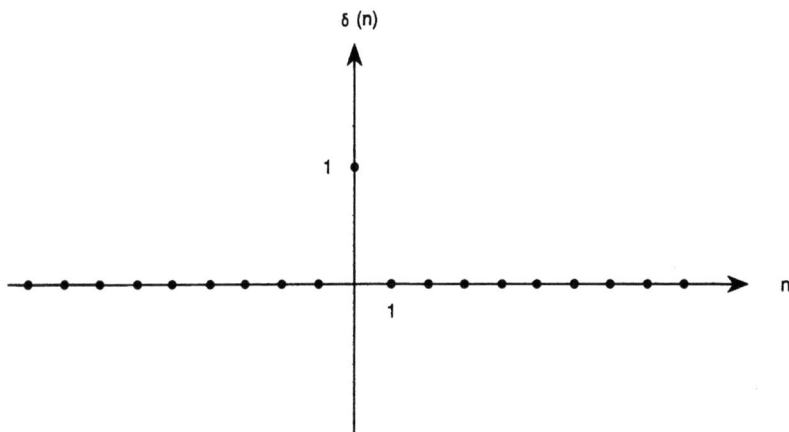

Bild 2.1-5 $\{\delta\}$-Folge

Daraus ergibt sich eine neue Darstellung für die Sprungfolge, nämlich

$$\{u(n)\} = \left\{ \sum_{\nu=-\infty}^{n} \delta(\nu) \right\} \qquad (2.1\text{-}16)$$

(iii) Eine Folge der Form

$$\{x(n)\} = \{A \cos(\omega n \Delta t + \varphi)\} \qquad (2.1\text{-}17)$$

heißt cosinusförmige Folge mit der Amplitude A, der Kreisfrequenz ω und der Nullphase φ (Bild 2.1-6).

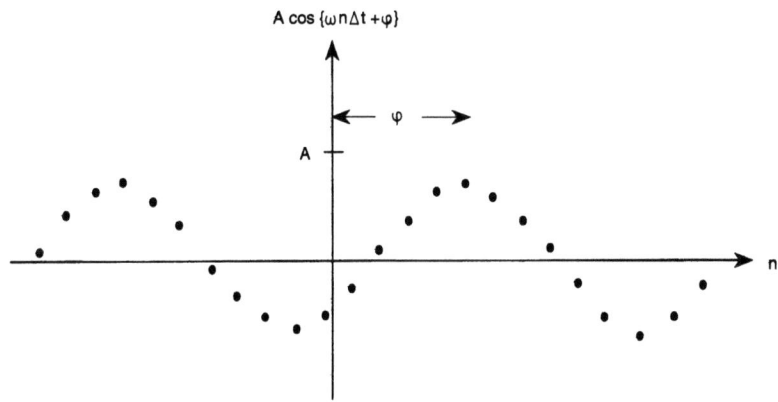

Bild 2.1-6 Cosinusförmige Folge

(iv) Das komplexwertige zeitdiskrete Signal

$$\{x(n)\} = \{a^n\}, \quad a \in \mathbb{C}, \tag{2.1-18}$$

ist eine komplexwertige Exponentialfolge. Mit $0<a<1$, $a\in\mathbb{R}$, ergibt sich eine streng monoton fallende reellwertige Exponentialfolge (vergleiche Bild 2.1-7 für $a=\frac{1}{2}$).

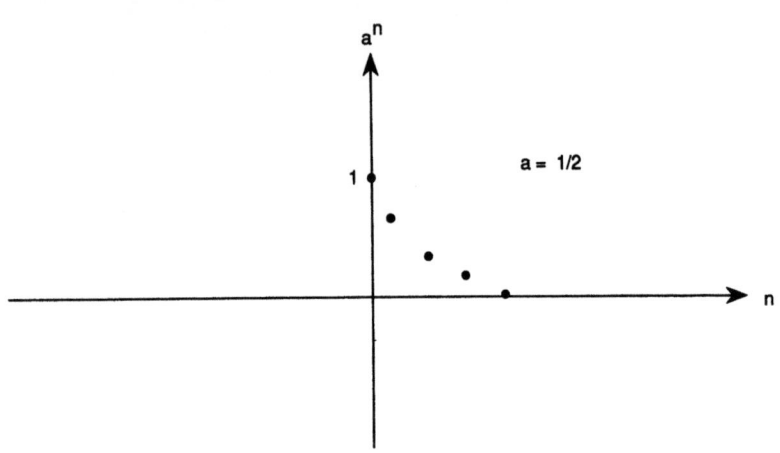

Bild 2.1-7 Reellwertige Exponentialfolge

Für zwei zeitdiskrete Signale $\{x(n)\}$, $\{y(n)\}$ gelten die Rechenregeln

$$a\{x(n)\} = \{ax(n)\} \tag{2.1-19}$$

$$\{x(n)\} + \{y(n)\} = \{x(n) + y(n)\} \tag{2.1-20}$$

$$\{x(n)\} \cdot \{y(n)\} = \{x(n) \cdot y(n)\} \tag{2.1-21}$$

Durch

$$\{z(n)\} = \{x(n)\} * \{y(n)\} = \left\{ \sum_{m=-\infty}^{\infty} x(m)y(n-m) \right\} \tag{2.1-22}$$

ist die Faltung der Folgen $\{x(n)\}$ und $\{y(n)\}$ definiert.

Durch die Substitution von $v := n - m$ auf der rechten Seite von (2.1-22), ergibt sich:

$$\{z(n)\} = \left\{ \sum_{v=-\infty}^{\infty} x(n-v)y(v) \right\} = \{y(n)\} * \{x(n)\},$$

2.2 Verallgemeinerte Funktionen und Bandbegrenzung

woraus folgt, daß die Faltung zweier zeitdiskreter Signale eine kommutative Operation ist.

2.2 Verallgemeinerte Funktionen und Bandbegrenzung

Innerhalb einer umfassenden Signaltheorie ist die Definition 2.1-4 insofern unbefriedigend, als sie nur Aussagen über das Verhalten der Signale im Frequenzbereich macht. Dabei treten sofort Fragen nach der Beschaffenheit von Spektren periodischer Signale (z. B. $\cos \omega_0 t$) in den Vordergrund. Ihre Beantwortung führt in die Distributionentheorie, deren wichtigste Grundlagen in diesem Abschnitt angerissen werden sollen.

Die Definitionsbereiche von Distributionen (oder besser: von verallgemeinerten Funktionen) sind die sogenannten Testfunktionenräume. Für die Signaltheorie sind insbesondere die folgenden Testfunktionenräume von Interesse:

$\mathfrak{D}$, der Raum aller beliebig oft differenzierbaren Funktionen einer reellen Veränderlichen t mit kompaktem Träger,

$\mathfrak{S}$, der Raum aller beliebig oft differenzierbaren Funktionen einer reellen Veränderlichen t, die genauso wie alle ihre Ableitungen für $|t| \to \infty$ schneller als jede Potenz von $\dfrac{1}{|t|}$ gegen Null gehen,

$\mathfrak{E}$, der Raum aller beliebig oft differenzierbaren Funktionen einer reellen Veränderlichen t, auf dem durch das System

$$\|\varphi\|_p = \sup_{\alpha \leqslant p} \sup_{t \in K} \left| \frac{d^\alpha}{dt^\alpha} \varphi(t) \right| \qquad (2.2\text{-}1)$$

abzählbar vieler Normen eine Topologie definiert ist. K läuft über alle kompakten Untermengen von $\mathbb{R}$, α und p sind natürliche Zahlen.

Alle drei genannten Testfunktionenräume sind vollständig und abzählbar normiert. Im Sinne der Mengenlehre gilt (vergleiche [WAL 74], S. 166):

$$\mathfrak{D} \subset \mathfrak{S} \subset \mathfrak{E} \qquad (2.2\text{-}2)$$

Ein auf einem Testfunktionenraum definiertes stetiges lineares Funktional heißt verallgemeinerte Funktion oder Distribution. Die Gesamtheit der stetigen linearen Funktionale über einem bestimmten Testfunktionenraum bildet einen Vektorraum, den Dualraum des Testfunktionenraums. So sind

$\mathfrak{D}'$ der Raum der Distributionen über $\mathfrak{D}$,
$\mathfrak{S}'$ der Raum der temperierten Distributionen,
$\mathfrak{E}'$ der Raum der Distributionen mit kompaktem Träger.

Bemerkungen

(i) Zu jeder Funktion $\varphi(t) \in \mathfrak{D}$ kann eine abgeschlossene Menge Tr φ in $\mathbb{R}$ gefunden werden, auf deren Komplement $\varphi(t)$ identisch verschwindet. Diese Menge

$$\text{Tr } \varphi = \overline{\{t; \varphi(t) \neq 0\}}$$

heißt **Träger der Funktion** $\varphi(t)$.

(ii) Die Distribution f verschwindet im Gebiet $G \subset \mathbb{R}$, wenn die Anwendung von f auf jede Testfunktion φ, deren Träger Teilmenge von G ist, Null ergibt. Die Menge aller Punkte, zu denen keine Umgebung existiert, auf der die Distribution f verschwindet, heißt **Träger der Distribution** f.

Für die drei Distributionenräume $\mathfrak{D}'$, $\mathfrak{S}'$, $\mathfrak{E}'$ gilt (vergleiche [WAL 74], S. 167):

$$\mathfrak{E}' \subset \mathfrak{S}' \subset \mathfrak{D}' \tag{2.2-3}$$

Die Anwendung der Distribution f auf eine Testfunktion φ wird symbolisch

$$(f, \varphi) = \int_{-\infty}^{\infty} f(t) \varphi^*(t) \, dt \tag{2.2-4}$$

geschrieben.

Die Fouriertransformation $\mathfrak{F}$ (2.1-5) ist eine topologische Abbildung von $\mathfrak{S}$ auf $\mathfrak{S}$. Durch

$$(\mathfrak{F}\{f\}, \varphi) := 2\pi(f, \mathfrak{F}^{-1}\{\varphi\}) \tag{2.2-5}$$

wird (siehe [CON 74]) die Fouriertransformation zu einer topologischen Abbildung von $\mathfrak{S}'$ auf $\mathfrak{S}'$ erweitert. Hieraus ergibt sich, daß auch die inverse Fouriertransformation $\mathfrak{F}^{-1}$ eine topologische Abbildung von $\mathfrak{S}'$ auf $\mathfrak{S}'$ ist.

Im Zusammenhang mit bandbegrenzten Signalen sind vor allen Dingen die Distributionen mit kompaktem Träger, d. h. die Elemente von $\mathfrak{E}'$, der (beachte (2.2-3)) Unterraum von $\mathfrak{S}'$ ist, interessant. Es gelten folgende Aussagen [HÖR 76]:

1. $F \in \mathfrak{E}'$ sei eine Distribution mit kompaktem Träger. Die Fourierrücktransformierte f von F gehört zur Funktionenklasse

$$\Theta_M = \left\{ a(t) \in C^{\infty}(\mathbb{R}); \forall \alpha \in \mathbb{N} \cup \{0\} : \exists C_\alpha \in \mathbb{R} \wedge \right.$$

$$\left. \exists m_\alpha \in \mathbb{N} : \left|\frac{d^\alpha}{dt^\alpha} a(t)\right| \leqslant C_\alpha (1 + |t|)^{m_\alpha} \right\} \tag{2.2-6}$$

und ist durch

$$f(t) = \frac{1}{2\pi} (F(\omega), \eta(\omega) e^{-j\omega t}) \tag{2.2-7}$$

gegeben. Dabei ist $\eta \in \mathfrak{D}$ konstant 1 in einer Umgebung des Trägers von F.

2.2 Verallgemeinerte Funktionen und Bandbegrenzung 21

2. Es seien $G \in \mathfrak{E}'$ eine temperierte und $F \in \mathfrak{E}'$ eine Distribution mit kompaktem Träger. Dann gilt für die Faltung $G * F$:

(i) $\quad G(\omega) * F(\omega) = \dfrac{1}{2\pi} \int\limits_{-\infty}^{\infty} G(\zeta) F(\omega - \zeta) \mathrm{d}\zeta \in \mathfrak{E}'$

(ii) $\quad \mathfrak{F}^{-1}\{G * F\} = \mathfrak{F}^{-1}\{G\} \cdot \mathfrak{F}^{-1}\{F\}$ (2.2-8)

Für den Rest dieses Abschnitts werden alle Testfunktionen und alle verallgemeinerten Funktionen über $\mathbb{R}$ als Signale angesehen.

Die exakte Erklärung des Begriffs „bandbegrenztes Signal" führt nun konsequenterweise über die Distributionentheorie:

Definition 2.2-1 Das Signal $s(t)$ heißt **bandbegrenzt**, wenn seine Fouriertransformierte $S(\omega)$ eine Distribution mit kompaktem Träger, d. h. Element von $\mathfrak{E}'$, ist.

Bemerkungen

(i) Nach Gleichung (2.2-6) gehören bandbegrenzte Signale zur Funktionenklasse Θ_M. Es handelt sich also um beliebig oft nach der Zeit differenzierbare komplexwertige Funktionen, die genauso wie alle ihre Ableitungen höchstens polynomiales Wachstum aufweisen.

(ii) Innerhalb der hier dargestellten Theorie läßt sich z. B. die Fouriertransformierte des Signals $s(t) = \cos \omega_0 t$, $\omega_0 \in \mathbb{R}$, leicht angeben. Mit (2.2-7) und der Diracschen δ-Distribution gilt nämlich:

$$\mathfrak{F}^{-1}\{\pi[\delta(\omega - \omega_0) + \delta(\omega + \omega_0)]\}$$
$$= \dfrac{1}{2}(\delta(\omega - \omega_0), \eta(\omega)\mathrm{e}^{-\mathrm{j}\omega t}) + \dfrac{1}{2}(\delta(\omega + \omega_0), \eta(\omega)\mathrm{e}^{-\mathrm{j}\omega t})$$
$$= \dfrac{1}{2}\eta(\omega_0)\mathrm{e}^{-\mathrm{j}\omega_0 t} + \dfrac{1}{2}\eta(-\omega_0)\mathrm{e}^{+\mathrm{j}\omega_0 t} = \cos \omega_0 t$$

Die Funktion $\eta(\omega)$ ist aus $\mathfrak{D}$ und hat auf einem (endlichen) Intervall U, das $[-\omega_0, \omega_0]$ umfaßt, den Wert 1. U enthält offenbar den Träger der Distribution $\pi[\delta(\omega - \omega_0) + \delta(\omega + \omega_0)]$.

Daß bandbegrenzte Signale nicht zeitbegrenzt sind, d. h. daß zu $s(t)$ kein $T \in \mathbb{R}$ angegeben werden kann, mit dem $s(t) = 0 \; \forall \; |t| > T$ gilt, ergibt sich aus dem Identitätssatz für analytische Funktionen (siehe [KNO 70], S. 89), aus dem folgt, daß die (eindeutige) analytische Fortsetzung einer holomorphen Funktion, die auf einem Intervall der reellen Achse verschwindet, auf der gesamten komplexen Ebene, d. h. insbesondere auch auf der gesamten reellen Achse, identisch Null sein muß.

Auf dem System der bandbegrenzten Signale wird folgendermaßen die Struktur eines Vektorraums (über $\mathbb{C}$) eingeführt.

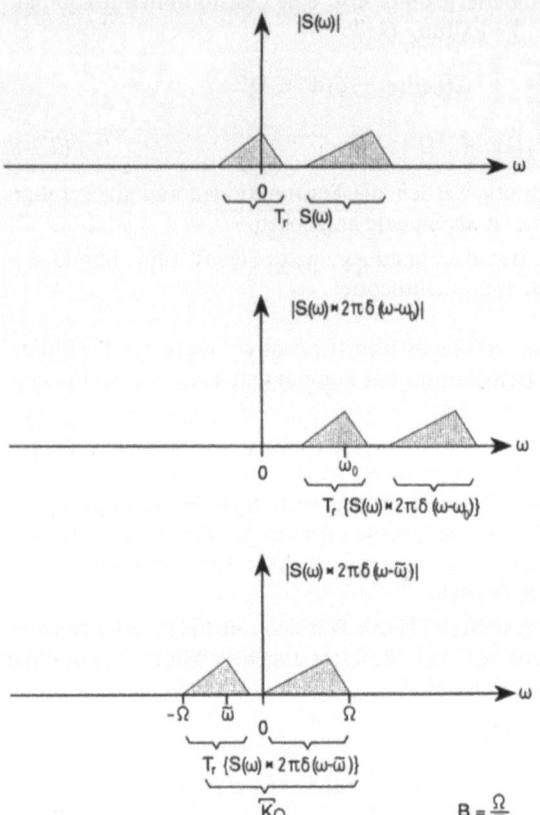

Bild 2.2-1
Zur Definition
der Bandbreite

Sowohl die Fouriertransformation $\mathfrak{F}$ als auch die inverse Fouriertransformation $\mathfrak{F}^{-1}$ bilden $\mathfrak{E}'$ stetig und eineindeutig auf sich ab. Wegen $\mathfrak{E}' \subset \mathfrak{S}'$ ist insbesondere $\mathfrak{F}^{-1}$ auch eine umkehrbar eindeutige lineare Abbildung der Elemente von $\mathfrak{E}'$. $\mathfrak{E}'$ ist ein Vektorraum, womit dann aber auch

$$BS = \{s(t); \mathfrak{F}\{s(t)\} = S(\omega) \in \mathfrak{E}'\} \subset \Theta_M \qquad (2.2\text{-}9)$$

ein Vektorraum, der Raum der bandbegrenzten Signale, ist.

Ein bandbegrenztes Signal $s(t)$, dessen Fouriertransformierte $S(\omega)$ einen Träger besitzt, der innerhalb eines abgeschlossenen Intervalls $\overline{K}_{\Omega'}$ liegt,

$$\operatorname{Tr} S(\omega) \subset \overline{K}_{\Omega'} = \{\omega; |\omega| \leqslant \Omega'\}, \qquad (2.2\text{-}10)$$

heißt durch Ω' tiefpaßbegrenzt.

Die Multiplikation des bandbegrenzten Signals $s(t)$ mit $e^{j\omega_0 t}$ verschiebt den Träger von $S(\omega)$. Mit (2.2-8) folgt nämlich

$$\mathfrak{F}^{-1}\{S(\omega - \omega_0)\} = \mathfrak{F}^{-1}\{S(\omega) * 2\pi\delta(\omega - \omega_0)\} = s(t)e^{j\omega_0 t}.$$

Wird nun durch geeignete Wahl von $\tilde{\omega}$ der Träger von $S(\omega)$ durch Faltung von $S(\omega)$ mit $2\pi\delta(\omega - \tilde{\omega})$ so verschoben, daß $\text{Tr}\{S(\omega) * 2\pi\delta(\omega - \tilde{\omega})\}$ symmetrisch zur Frequenz 0 liegt (d. h. die kleinste im Signal $s(t)e^{j\tilde{\omega}t}$ auftretende Frequenz genau so weit vom Ursprung der Frequenzachse entfernt ist wie die größte darin auftretende Frequenz), heißt $B = \dfrac{\Omega}{\pi}$, wobei $\Omega \in \mathbb{R}$ die kleinste Zahl ist, für die

$$\text{Tr}\{S(\omega) * 2\pi\delta(\omega - \tilde{\omega})\} \subset \overline{K}_\Omega = \{\omega; |\omega| \leqslant \Omega\} \quad (2.2\text{-}11)$$

gilt, die **Bandbreite** des Signals $s(t)$ (siehe Bild 2.2-1).
Offenbar ist die Bandbreite des Signals $s(t)$ gegen Verschiebungen von $S(\omega)$ auf der Frequenzachse invariant, d. h. $s(t)$ und $s(t)e^{j\omega_0 t}$ haben dieselbe Bandbreite.
Die Bandbreite B und die Mittenfrequenz ω_0 eines Signals $s(t)$ gehören zu den charakteristischen Größen seiner Fouriertransformierten $S(\omega)$.

2.3 Hilberttransformation und analytisches Signal

Definition 2.3-1 Es sei $x(t)$ ein reellwertiges Signal. Dann heißt

$$\hat{x}(t) = \mathfrak{H}\{x(t)\} = \lim_{\varepsilon \to 0} \frac{1}{\pi} \int_{|t-u|>\varepsilon} \frac{x(u)}{t-u} du \quad (2.3\text{-}1)$$

die **Hilberttransformierte** von $x(t)$.

Bemerkungen

(i) Wie die Fouriertransformation, mit der sie (siehe Satz 2.3-1) eng verwandt ist, ist die Hilberttransformation zunächst einmal nur für Signale, die aus $L(\mathbb{R})$ stammen, definiert. Genauso wie die Fouriertransformation kann jedoch auch die Hilberttransformation auf Distributionen und damit auch auf Energiesignale erweitert werden.

(ii) (2.3-1) ist (siehe [WAL 74], S. 50) die Anwendung einer Distribution, des Cauchyschen Hauptwertes $CH \dfrac{1}{t}$, auf $x(t)$. Diese läßt sich auch in der Form

$$\hat{x}(t) = \frac{1}{\pi} \int_{-\infty}^{\infty} \frac{x(u)}{t-u} du = x(t) * \frac{1}{\pi t} \quad (2.3\text{-}2)$$

schreiben und damit als Faltung zweier Funktionen interpretieren.

2 Signale

Satz 2.3-1 Für die Fouriertransformierte von $\hat{x}(t)$ gilt:

$$\hat{X}(\omega) = \mathfrak{F}\{\hat{x}(t)\} = (-\mathrm{j}\,\text{sign}\,\omega) \cdot X(\omega), \tag{2.3-3}$$

wobei $\text{sign}\,\omega = \begin{cases} -1 & \omega < 0 \\ 0 & \text{für } \omega = 0 \\ 1 & \omega > 0 \end{cases}$ die Signumfunktion ist.

Beweis Aufgrund der Gleichung (2.3-2) genügt es, die Fouriertransformierte von $\dfrac{1}{\pi t}$ zu bestimmen:

$$\mathfrak{F}\left\{\frac{1}{\pi t}\right\} = \frac{1}{\pi} \int_{-\infty}^{\infty} \frac{1}{t} e^{-\mathrm{j}\omega t}\, \mathrm{d}t = -\mathrm{j}\frac{2}{\pi} \int_{0}^{\infty} \frac{\sin \omega t}{t}\, \mathrm{d}t = -\mathrm{j}\,\text{sign}\,\omega$$

(vergleiche [BRO 70], S. 351). Die Anwendung des Faltungssatzes der Fouriertransformation liefert dann die Gleichung (2.3-3). ∎

Satz 2.3-2 Mit $X(\omega) = X_R(\omega) + \mathrm{j}\, X_I(\omega)$ gelten die Gleichungen

$$x(t) = \frac{1}{\pi} \int_{0}^{\infty} X_R(\omega) \cos \omega t\, \mathrm{d}\omega - \frac{1}{\pi} \int_{0}^{\infty} X_I(\omega) \sin \omega t\, \mathrm{d}\omega \tag{2.3-4}$$

$$\hat{x}(t) = \frac{1}{\pi} \int_{0}^{\infty} X_I(\omega) \cos \omega t\, \mathrm{d}\omega + \frac{1}{\pi} \int_{0}^{\infty} X_R(\omega) \sin \omega t\, \mathrm{d}\omega \tag{2.3-5}$$

Beweis Für das reellwertige Signal $x(t)$ sind $X_R(\omega)$ eine gerade und $X_I(\omega)$ eine ungerade Funktion:

$$X_R(-\omega) = X_R(\omega), \quad X_I(-\omega) = -X_I(\omega)$$

Aufgrund der entsprechenden Symmetrien von $\cos \omega t$ und $\sin \omega t$ folgt mit

$$x(t) = \frac{1}{2\pi} \int_{-\infty}^{\infty} X(\omega)\, e^{\mathrm{j}\omega t}\, \mathrm{d}\omega$$

$$= \frac{1}{2\pi} \int_{-\infty}^{\infty} (X_R(\omega) + \mathrm{j}\, X_I(\omega))(\cos \omega t + \mathrm{j} \sin \omega t)\, \mathrm{d}\omega$$

$$= \frac{1}{2\pi} \int_{-\infty}^{\infty} X_R(\omega) \cos \omega t\, \mathrm{d}\omega - \frac{1}{2\pi} \int_{-\infty}^{\infty} X_I(\omega) \sin \omega t\, \mathrm{d}\omega$$

die Gleichung (2.3-4). Genauso wird (2.3-5) bewiesen. ∎

2.3 Hilberttransformation und analytisches Signal

Satz 2.3-3 Die Hilberttransformation ist negativ reziprok:

$$\mathcal{H}\{\hat{x}(t)\} = \mathcal{H}\{\mathcal{H}\{x(t)\}\} = -x(t) \tag{2.3-6}$$

Beweis Die zweimalige Anwendung von Satz 2.3-1 liefert:

$$\mathfrak{F}\{\mathcal{H}\{\hat{x}(t)\}\} = (-j\,\text{sign}\,\omega)\mathfrak{F}\{\hat{x}(t)\} = (-j\,\text{sign}\,\omega)^2 X(\omega) = -X(\omega)$$

Da die Fouriertransformation eine lineare Operation ist, folgt hieraus im Zeitbereich die Gleichung (2.3-6). ∎

Satz 2.3-4 Es gilt

$$\int_{-\infty}^{\infty} x(t)\hat{x}(t)\,dt = 0 \tag{2.3-7}$$

Beweis $\text{sign}\,\omega$ ist eine ungerade und $|X(\omega)|^2$ eine gerade Funktion, woraus folgt, daß $(\text{sign}\,\omega)|X(\omega)|^2$ ungerade ist. Hieraus, aus der Parsevalschen Formel (2.1-8) und aus Satz 2.3-1 folgt:

$$\int_{-\infty}^{\infty} x(t)\hat{x}(t)\,dt = \frac{1}{2\pi}\int_{-\infty}^{\infty} X(\omega)\hat{X}^*(\omega)\,d\omega$$

$$= \frac{1}{2\pi}\int_{-\infty}^{\infty} X(\omega)(j\,\text{sign}\,\omega)X^*(\omega)\,d\omega$$

$$= \frac{j}{2\pi}\int_{-\infty}^{\infty} (\text{sign}\,\omega)|X(\omega)|^2\,d\omega = 0 \qquad ∎$$

Bemerkung Ist $x(t)$ ein Energiesignal, bedeutet (2.3-7), daß $x(t)$ und seine Hilberttransformierte $\hat{x}(t)$ L^2-orthogonal sind.
Eine direkte Folgerung aus (2.3-3) ist der

Satz 2.3-5 Die Energiedichtespektren $E_x(\omega)$ von $x(t)$ und $E_{\hat{x}}(\omega)$ von $\hat{x}(t)$ sind gleich:

$$E_x(\omega) = E_{\hat{x}}(\omega) = |X(\omega)|^2 \tag{2.3-8}$$

Definition 2.3-2 Die komplexwertige Funktion

$$\underline{x}(t) = x(t) + j\,\hat{x}(t) \tag{2.3-9}$$

der reellen Veränderlichen t ist das zu $x(t)$ gehörende **analytische Signal**.

Bemerkung $x(t)$ und $\hat{x}(t)$ heißen Real- bzw. maginärteil des analytischen Signals $\underline{x}(t)$. Durch

$$a(t) = |\underline{x}(t)| = \sqrt{x^2(t) + \hat{x}^2(t)} \qquad (2.3\text{-}10)$$

und $\quad \varphi(t) = \arg\{\underline{x}(t)\} = \arctan \dfrac{\hat{x}(t)}{x(t)} \qquad (2.3\text{-}11)$

sind seine Amplitude bzw. seine Phase bestimmt.
Aus Satz 2.3-1 folgt wegen der Linearität der Fouriertransformation:

Satz 2.3-6 Die Fouriertransformierte $\underline{X}(\omega)$ von $\underline{x}(t)$ ist gegeben durch

$$\underline{X}(\omega) = \begin{cases} 2X(\omega) & \omega > 0 \\ X(0) & \text{für } \omega = 0 \\ 0 & \omega < 0 \end{cases} \qquad (2.3\text{-}12)$$

Bemerkungen
(i) Die Fouriertransformierte $\underline{X}(\omega)$ des analytischen Signals $\underline{x}(t)$ verschwindet für alle negativen Frequenzen. Aus dieser Einseitigkeit der Fouriertransformierten folgt eine wichtige Eigenschaft des analytischen Signals: Die Fortsetzung von $\underline{x}(t)$ auf die gesamte komplexe z-Ebene ($z = t + \mathrm{j}s$) ergibt sich aus der Laplace-Rücktransformation von $\underline{X}(\omega)$ (siehe [AME 79]):

$$\underline{x}(z) = \frac{1}{2\pi} \int_0^\infty \underline{X}(\omega)\,\mathrm{e}^{\mathrm{j}\omega z}\,\mathrm{d}\omega = \frac{1}{2\pi} \int_0^\infty (\underline{X}(\omega)\,\mathrm{e}^{-\omega s})\,\mathrm{e}^{\mathrm{j}\omega t}\,\mathrm{d}\omega \qquad (2.3\text{-}13)$$

Das Integral (2.3-13) ist konvergent, woraus folgt (vergleiche [PES 68]), daß $\underline{x}(z)$ eine in der oberen z-Halbebene analytische Funktion ist.
(ii) Die Theorie analytischer Signale ist auf zeitdiskrete Signale nicht übertragbar. Die entsprechende Theorie basiert hier auf dem Zusammenhang (2.3-12), der Einseitigkeit der Fouriertransformierten. Da der Begriff der Differenzierbarkeit für zeitdiskrete Signale unpassend ist, spricht man dann besser nicht von analytischen, sondern von komplexwertigen diskreten Signalen.
Wir schließen diesen Abschnitt mit dem folgenden wichtigen **Beispiel** ab:

Gemäß Gleichung (2.3-3) (Satz 2.3-1) kann die Hilberttransformierte des Signals $x(t) = \cos \omega_0 t$ folgendermaßen berechnet werden:
Es gilt

$$\mathfrak{F}\{\cos \omega_0 t\} = \pi[\delta(\omega - \omega_0) + \delta(\omega + \omega_0)]$$

und damit

$$\hat{X}(\omega) = \mathfrak{F}\{\hat{x}(t)\} = -j\,\text{sign}\,\omega \cdot X(\omega)$$
$$= -j\,\text{sign}\,\omega \cdot \pi[\delta(\omega - \omega_0) + \delta(\omega + \omega_0)]$$
$$= -j\pi[\delta(\omega - \omega_0) - \delta(\omega + \omega_0)],$$

woraus folgt:

$$\hat{x}(t) = \sin \omega_0 t \tag{2.3-14}$$

2.4 Modulation

Modulation ist die Veränderung der Signalparameter einer sinusförmigen Trägerwelle durch ein modulierendes Signal. Analytisch gesehen werden bei einem Modulationsvorgang Amplitude a, Informationskreisfrequenz ω, Nullphase Θ oder Kombinationen dieser drei Parameter in einer Funktion der Form

$$s(t) = a(t) \cos\{\omega_T t + \omega(t)t + \Theta(t)\} \tag{2.4-1}$$

in Abhängigkeit von der zu übertragenden Information beeinflußt.

Nach Abschnitt 2.3 ist das zu $s(t)$ gehörende analytische Signal

$$\underline{s}(t) = a(t) e^{j\{\omega_T t + \omega(t)t + \Theta(t)\}}. \tag{2.4-2}$$

Danach kann jedes modulierte Signal als Zeiger interpretiert werden, der mit der Frequenz $f_T = \omega_T/(2\pi)$ in der komplexen Zahlenebene rotiert und dessen Länge, Rotationsgeschwindigkeit und Rotationsrichtung von der übertragenen Information abhängen.

Für $\omega_T = 0$ ergibt sich aus (2.4-2) das **Basisbandsignal**

$$\underline{s}_B(t) = a(t) e^{j\{\omega(t)t + \Theta(t)\}}, \tag{2.4-3}$$

das die gesamte durch den Modulationsvorgang auf den Träger aufzubringende Information enthält.

In der gröbsten Unterteilung werden zwei Gruppen von Modulationsverfahren unterschieden: Wird das Informationssignal in Form einer zeit- und wertkontinuierlichen Funktion auf die Trägerschwingung aufgebracht, spricht man von analogen Modulationsverfahren. Ist das Informationssignal wertdiskret, handelt es sich um ein Digitalsignal.

Die Anzahl denkbarer Modulationsverfahren ist unübersichtlich groß. Ihre Einordnung in eine übersichtliche Systematik erfolgt nach einer 1979 von der WARC (World Administrative Radio Conference) beschlossenen Konvention (vergleiche [R&S 82]), an die wir uns auch bei der Kurzbezeichnung der im folgenden diskutierten Modulationsverfahren halten wollen.

2.4.1 Analoge Modulationsverfahren

Bei der Amplitudenmodulation (Zweiseitenband, A3E) wird der unmodulierten Trägerwelle $a \cos\{\omega_T t + \Theta\}$ das Informationssignal $p(t)$ so aufgeprägt, daß das modulierte Signal

$$s(t) = [C + p(t)] \cos\{\omega_T t + \Theta\} \tag{2.4-4}$$

entsteht (siehe Bild 2.4-1). Die Konstante C ist dabei so zu wählen, daß $C + p(t)$ stets positiv ist, weil nur dann die Spitzendetektion auf der Seite des Empfängers das ursprüngliche Informationssignal liefert. Anders ausgedrückt muß der Modulationsgrad

$$m = \frac{\max_t (C + p(t)) - \min_t (C + p(t))}{\max_t (C + p(t)) + \min_t (C + p(t))}$$

$$= \frac{\max_t p(t) - \min_t p(t)}{2C + \max_t p(t) + \min_t p(t)}$$

immer kleiner als 1 bleiben.

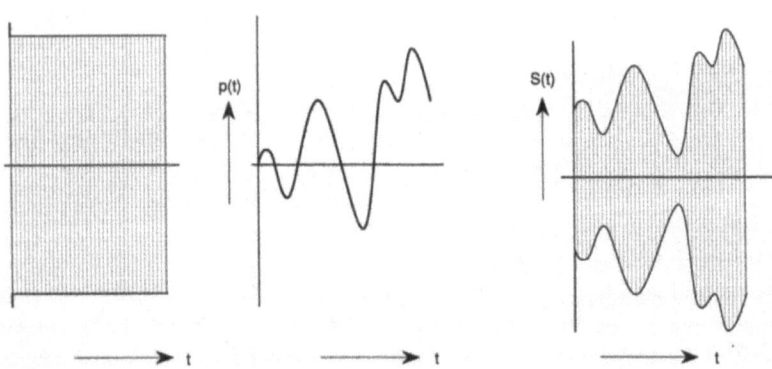

Bild 2.4-1 Amplitudenmodulation

2.4 Modulation

Beispiel Wir wählen $p(t) = A \cos \omega_p t$, d. h. das Informationssignal ist sinusförmig. Dann erhalten wir aus (2.4-4) für das modulierte Signal

$$s(t) = C \cos \{\omega_T t + \Theta\} \qquad (2.4\text{-}5)$$
$$+ \frac{1}{2} A \cos \{(\omega_T + \omega_p)t + \Theta\} + \frac{1}{2} A \cos \{(\omega_T - \omega_p)t + \Theta\}.$$

Das Spektrum von $s(t)$ besteht aus drei Linien bei den Frequenzen $f_T, f_T + f_p$ und $f_T - f_p$. Im Vektordiagramm von Bild 2.4-2 sind die drei Komponenten von $s(t)$ dargestellt: Um den mit der Kreisfrequenz ω_T drehenden Träger der Amplitude C drehen sich mit der Winkelgeschwindigkeit ω_p gegenläufig die beiden Vektoren mit der Amplitude $A/2$, so daß sich insgesamt nur die Amplitude des Signals ändert.

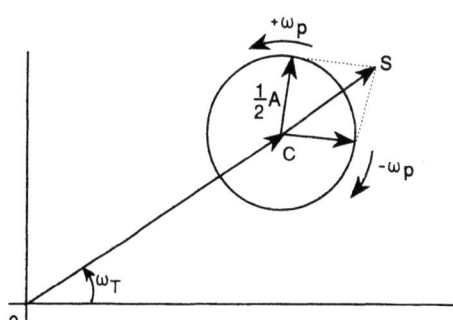

Bild 2.4-2
Zeigerdiagramm
zur Amplitudenmodulation

Ein periodisches, nicht sinusförmiges Signal läßt sich in eine Fourierreihe entwickeln. Jede Komponente der Fourierreihe bildet mit der Trägerwelle ein Signal der Form (2.4-5). Das gesamte Spektrum hat also die in Bild 2.4-3 gezeigte Form: Eine Linie bei der Trägerfrequenz f_T und zwei spiegelsymmetrisch dazu liegende Seitenbänder.

Jedes der beiden Seitenbänder eines A3E-Signals enthält die gesamte zu übertragende Information. Es erscheint daher, zumindest für bestimmte

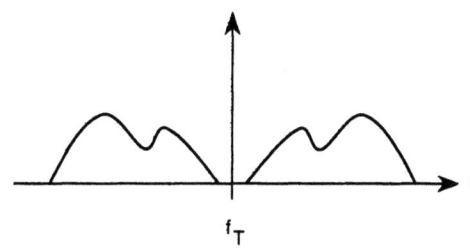

Bild 2.4-3
Spektrum eines
amplitudenmodulierten Signals

30 2 Signale

Signale, sinnvoll, eins der beiden Seitenbänder und den Träger zu unterdrücken, um Bandbreite und Energie zu sparen.

Beispiel Bild 2.4-4 zeigt das Vektordiagramm eines J3E-Signals für den Spezialfall eines sinusförmigen Informationssignals. Nach Gleichung (2.4-5) gilt für das so modulierte Signal

$$s(t) = \frac{1}{2} A \cos\{(\omega_T - \omega_p)t + \Theta\} \tag{2.4-6}$$

(unteres Seitenband). Der Vektor $s(t)$ im Vektordiagramm ändert seine Richtung, jedoch nicht seinen Betrag.

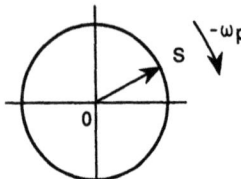

Bild 2.4-4
Zeigerdiagramm zur Einseitenbandmodulation
(hier: unteres Seitenband)

Zur empfängerseitigen Demodulation ist es notwendig, dem J3E-Signal einen Referenzträger hinzuzufügen. Ein Phasenfehler des Referenzsignals führt zu einer Phasenverschiebung des detektierten Signals. Bei nicht sinusförmigen Informationssignalen bewirkt ein Phasenfehler, daß alle Fourierkomponenten in ihrer Phase verschoben werden, jedoch ihre Amplituden beibehalten. Die Toleranz für die Referenzfrequenz beträgt einige 10 Hz für gute Verständlichkeit von Sprache.

Ein Beispiel für die Erzeugung von Einseitenbandsignalen zeigt Bild 2.4-5: Das Informationssignal $p(t)$ wird mit dem Träger zweimal multipliziert. Im oberen Bildteil direkt und im unteren Bildteil nachdem sämtliche Komponenten

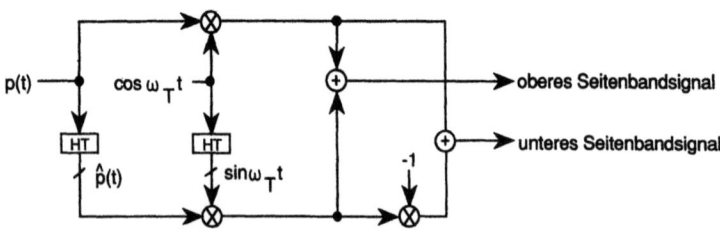

HT: Hilberttransformation

Bild 2.4-5 Erzeugung von Einseitenbandsignalen

2.4 Modulation

Hilberttransformiert wurden. Die durch $p(t)$ erzeugten Einseitenbandsignale sind

oberes Seitenbandsignal: $p(t) \cos \omega_T t + \hat{p}(t) \sin \omega_T t$

unteres Seitenbandsignal: $p(t) \cos \omega_T t - \hat{p}(t) \sin \omega_T t$

Beide Seitenbänder eines amplitudenmodulierten Signals können auch zur Übertragung voneinander unabhängiger Nachrichten benutzt werden. Man spricht dann von unabhängigen Seitenbändern.

Auf der Empfängerseite kann auch ausgenutzt werden, daß das Ausgangssignal bei Synchrondetektion verschwindet, wenn sich die Phase der Trägerwelle und der Referenz im Empfänger um exakt 90° unterscheiden: Man addiert einfach zwei unterschiedliche Informationssignale, die auf denselben um 90° phasenverschobenen Träger moduliert wurden und erhält:

$$s(t) = p(t) \cos (\omega_T t + \Theta) + q(t) \sin (\omega_T t + \Theta) \qquad (2.4\text{-}7)$$

$s(t)$ ist im Vektordiagramm von Bild 2.4-6 wiedergegeben. Wie man leicht nachrechnet, liefert die Synchrondetektion mit dem Referenzsignal $\cos(\omega_T t + \Theta)$ die Information $p(t)$ und die Synchrondetektion mit dem Referenzsignal $\sin(\omega_T t + \Theta)$ die Information $q(t)$. Dieses Modulationsverfahren heißt Quadraturmodulation.

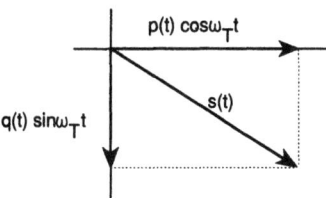

Bild 2.4-6
Zeigerdiagramm zur Quadraturmodulation

Mit Gleichung (2.4-4) haben wir die Amplitudenmodulation so beschrieben, daß in dem analytischen Ausdruck für die Trägerwelle

$$s(t) = a \cos \{\omega_T t + \Theta\} \qquad (2.4\text{-}8)$$

die Konstante a durch die Zeitfunktion $C + p(t)$ ersetzt wird, wobei $p(t)$ die zu übertragene Information beschreibt.

Frequenz- und Phasenmodulation des Trägers (2.4-8) mit analogen Informationssignalen stellen sich schwieriger dar, weil in diesem Fall jede Frequenzmodulation gleichzeitig eine Phasenmodulation ist und umgekehrt. Ersetzen wir nämlich die Konstante Θ in (2.4-8) durch eine Zeitfunktion $\Theta(t)$, erhalten wir eine Welle des in Bild 2.4-7 dargestellten Typs, bei der auffällt, daß die Frequenz (das ist die Anzahl der Perioden von $s(t)$ pro Sekunde) sich ebenfalls mit der Zeit ändert. Diese Beobachtung legt die Einführung des Begriffes der

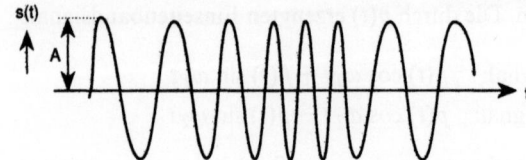

Bild 2.4-7
In Phase oder Frequenz
moduliertes Signal

Momentanfrequenz nahe: Schreibt man nämlich das Argument von $s(t)$ aus (2.4-8) in der Form $\psi(t) := \omega_T t + \Theta(t)$, ergibt sich

$$s(t) = a \cos \psi(t),$$

worin a konstant und $\dfrac{\mathrm{d}\psi(t)}{\mathrm{d}t}$ positiv ist. Wird nun im Zeitintervall Δt eine bestimmte Anzahl n von Perioden durchlaufen, ergibt diese Anzahl n dividiert durch Δt die über Δt gemittelte Frequenz. n ist gleich dem Faktor, mit dem ψ bezogen auf 2π zugenommen hat, d. h. $n = \Delta\psi/(2\pi)$. $\dfrac{\Delta\psi}{2\pi\Delta t}$ ist also die mittlere Frequenz im Zeitintervall Δt.

Damit erhalten wir

Definition 2.4-1

$$f_m(t_0) = \lim_{\Delta t \to 0} \frac{1}{2\pi} \frac{\Delta\psi}{\Delta t}\bigg|_{t=t_0} = \frac{1}{2\pi} \frac{\mathrm{d}\psi}{\mathrm{d}t}\bigg|_{t=t_0} \qquad (2.4\text{-}9)$$

heißt **Momentanfrequenz** des Signals $s(t)$ zum Zeitpunkt t_0.

Die Momentanfrequenz $f_m(t)$ entspricht einem Momentanwert der Winkelgeschwindigkeit $\omega_m(t) = \mathrm{d}\psi(t)/\mathrm{d}t$. Für einen unmodulierten Träger ist die Momentanfrequenz stets gleich der Trägerfrequenz $f_T = \omega_T/(2\pi)$. Ändert sich die Phase $\Theta(t)$, gilt:

$$\psi(t) = \omega_T t + \Theta(t) \qquad (2.4\text{-}10)$$

$$\omega_m(t) = \omega_T + \mathrm{d}\Theta(t)/\mathrm{d}t \qquad (2.4\text{-}11)$$

Variiert in (2.4-10) die Phase $\Theta(t)$ proportional zum Informationssignal $p(t)$, liegt eine Phasenmodulation vor. Nach (2.4-11) ändert sich dann die Momentanfrequenz proportional zu $\mathrm{d}p(t)/\mathrm{d}t$. Eine Frequenzmodulation liegt vor, wenn die Änderung der Momentanfrequenz proportional zu $p(t)$ ist; d. h. es ist in (2.4-11) $\mathrm{d}\Theta(t)/\mathrm{d}t$ proportional zu $p(t)$ und die Phase (2.4-10) ändert sich proportional zu $\int p(t)\,\mathrm{d}t$.

2.4 Modulation

Beispiel Ist das Informationssignal $p(t)$ sinusförmig und wird die Phase $\Theta(t)$ durch

$$\Theta(t) = \alpha \cos \omega_p t \qquad (2.4\text{-}12)$$

beschrieben, zeigt das Vektordiagramm Bild 2.4-8 für den Vektor des modulierten Signals

$$s(t) = a \cos \{\omega_T t + \alpha \cos \omega_p t\} \qquad (2.4\text{-}13)$$

eine konstante Amplitude a. Die Richtung des Zeigers pendelt um den Trägerfrequenzvektor hin und her.

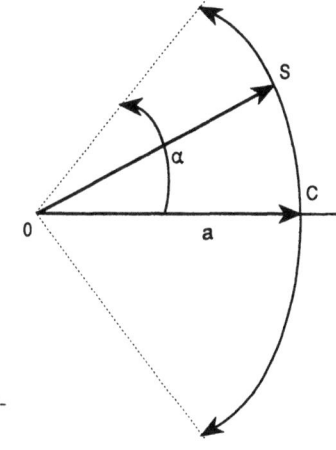

Bild 2.4-8
Zeigerdiagramm zur Phasen- oder Frequenzmodulation

Definition 2.4-2 Die Winkelamplitude α, um die ein frequenzmodulierter Träger schwingt, heißt **Modulationsindex**.

Bemerkung Für den **Frequenzhub** Δf, d. h. für die Amplitude der Variation der Momentanfrequenz gilt:

$$\Delta f = \alpha f_p \qquad (2.4\text{-}14)$$

2.4.2 Digitale Modulationsverfahren

Zur Diskussion der digitalen Modulationsverfahren kehren wir zunächst einmal zur Gleichung (2.4-1)

$$s(t) = a(t) \cos \{\omega_T t + \omega(t)t + \Theta(t)\}$$

zurück, in der nun die Amplitude a, die Informationskreisfrequenz ω und die Nullphase Θ endlich viele diskrete Werte annehmen können. Im folgenden wollen wir einige dieser Modulationsverfahren näher beschreiben:

Bleiben in (2.4-1) $\omega(t)$ und $\Theta(t)$ konstant und wird im Idealfall während der Symboldauer T jeweils eine der Signalformen

$$s_0(t) = 0$$
$$s_1(t) = A \cos \{\omega_T t + \varphi\}$$
(2.4-15)

übertragen, ergibt sich die Modulationsart A1A/A1B (Amplitudentastung). Ein Beispiel für eine solche Signalform zeigt Bild 2.4-9.

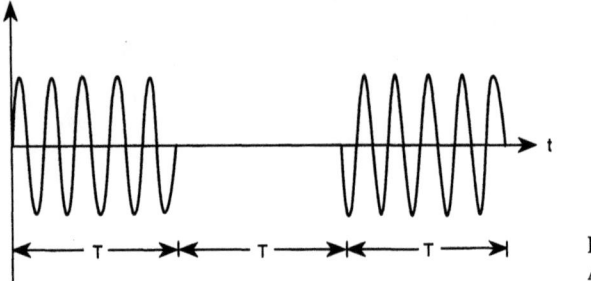

Bild 2.4-9
A1B-Signal

Ändert sich in (2.4-1) nur die Informationskreisfrequenz zwischen zwei diskreten Werten und wird im Idealfall während der Symboldauer T eine der Signalformen

$$s_0(t) = A \cos \{\omega_T t + \omega_0 t + \varphi_0\}$$
$$s_1(t) = A \cos \{\omega_T t + \omega_1 t + \varphi_1\}$$
(2.4-16)

übertragen, hat man es mit einem F1A/F1B-Signal zu tun. Die Umtastung zwischen den beiden Signalformen sollte phasenkontinuierlich erfolgen. Ein Beispiel zeigt Bild 2.4-10. Die Frequenzumtastung zwischen vier verschiedenen Frequenzen heißt in der Kurzschreibweise F7B.

Phasengetastete Signale bekommen für die gesamte Funkübertragungstechnik eine immer stärkere Bedeutung. Aus diesem Grund werden wir im folgenden auf die Phasenumtastung (G1DB/DD/Dx) näher eingehen.

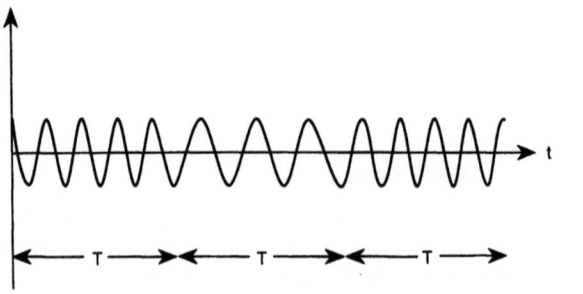

Bild 2.4-10
F1B-Signal

2.4 Modulation

Die einfachste Form der Phasenumtastung ist PSK2 (Binäre Phasenumtastung, BPSK). Im Idealfall wird dabei während der Symboldauer T eine der Signalformen

$$s_0(t) = +A \cos\{\omega_T t\}$$
$$s_1(t) = -A \cos\{\omega_T t\}$$
(2.4-17)

gesendet. Aus der äquivalenten Schreibweise

$$s_0(t) = A \cos\{\omega_T t\}$$
$$s_1(t) = A \cos\{\omega_T t + \pi\}$$
(2.4-18)

wird deutlich, daß es sich um eine phasengetastete Übertragung handelt. Unter der Voraussetzung, daß die hier zunächst als rechteckig angenommenen Datenpulse zufällig und mit gleicher Wahrscheinlichkeit auftreten, ergibt sich als Signalspektrum (vergleiche Bild 2.4-11)

$$P(f) = \frac{1}{4} A^2 T [\text{sinc}^2\{(f - f_T)T\} + \text{sinc}^2\{(f + f_T)T\}],$$
(2.4-19)

wobei sinc $x = \dfrac{\sin x}{x}$ gilt.

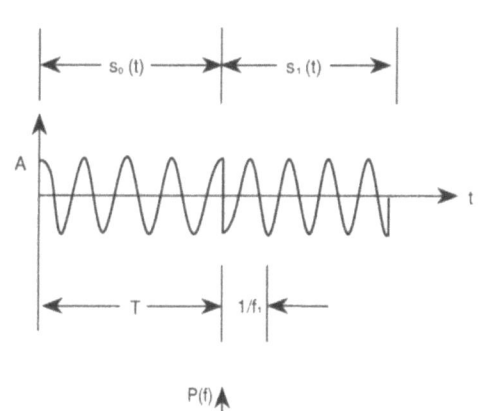

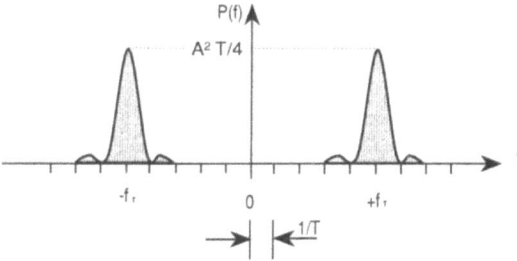

Bild 2.4-11
PSK2-Signalelemente
und -Spektrum

36 2 Signale

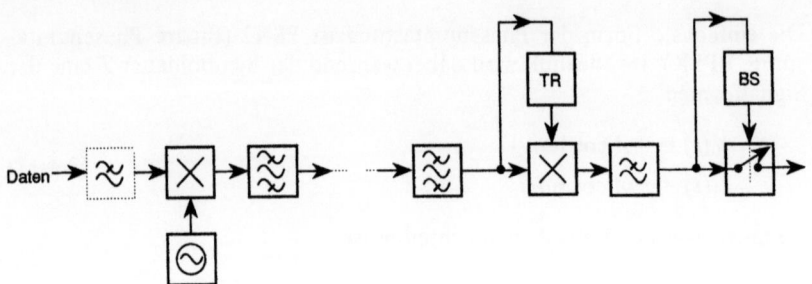

TR: Trägerrückgewinnung, BS: Bit-Synchronisation

Bild 2.4-12 PSK2-Modulator und -Demodulator

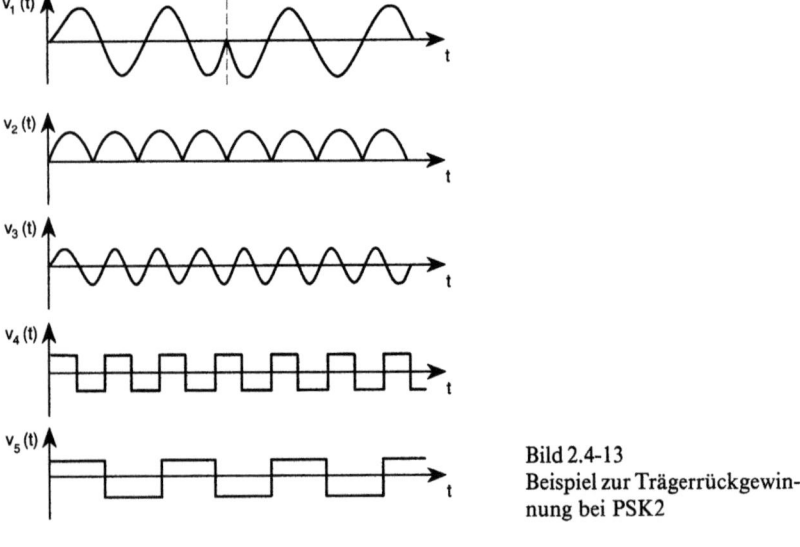

Bild 2.4-13
Beispiel zur Trägerrückgewinnung bei PSK2

Bild 2.4-12 zeigt die vereinfachte Darstellung eines PSK2-Übertragungssystems.

Ein generell bei PSK-Übertragungen auftretendes Problem ist die empfängerseitige Regeneration der Trägerphase (siehe Bild 2.4-13). Falls Phasenmehr-

2.4 Modulation 37

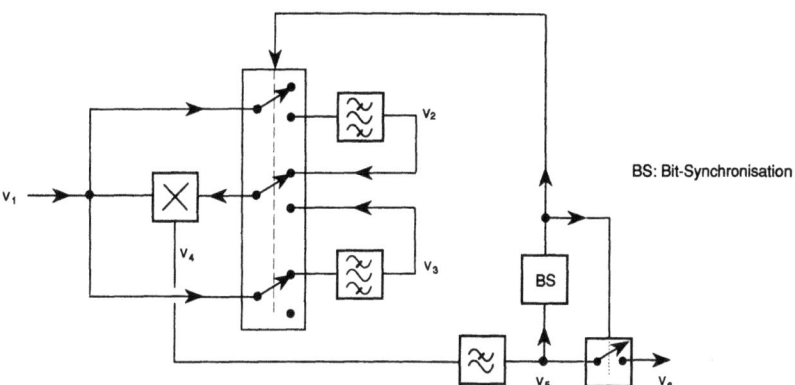

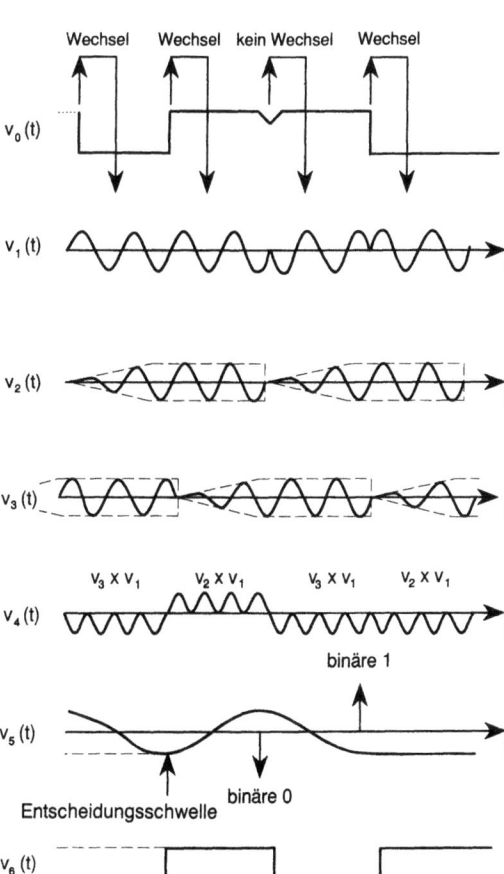

Bild 2.4-14 Beispiel für einen DPSK-Detektor

Bild 2.4-15 DPSK-Detektion

deutigkeit möglich ist, kann dieser durch die Verwendung von (zeitlich) differentieller PSK (DPSK) begegnet werden, für die in Bild 2.4-14 eine Detektorschaltung skizziert ist. Mit DPSK wird eine binäre 1 übertragen, wenn in den zu sendenden Daten ein Wechsel von 0 nach 1 oder von 1 nach 0 auftritt. Eine binäre 0 wird gesendet, wenn kein Wechsel in den Daten stattfindet. Die in Bild 2.4-15 dargestellten Wellenzüge deuten die Verarbeitungsschritte an, in denen der in Bild 2.4-14 angegebene Detektor das gesendete Basisbandsignal rekonstruiert.

Zur besseren Frequenzausnutzung werden statt der Umtastung zwischen nur zwei Phasenzuständen (0 und π) auch mehr Phasenzustände (etwa 4 oder 8) benutzt. Zur Umsetzung in das neue Format wird dann eine binär zu M-fach Codierung (z. B. $M=4$ oder 8) vorgenommen.

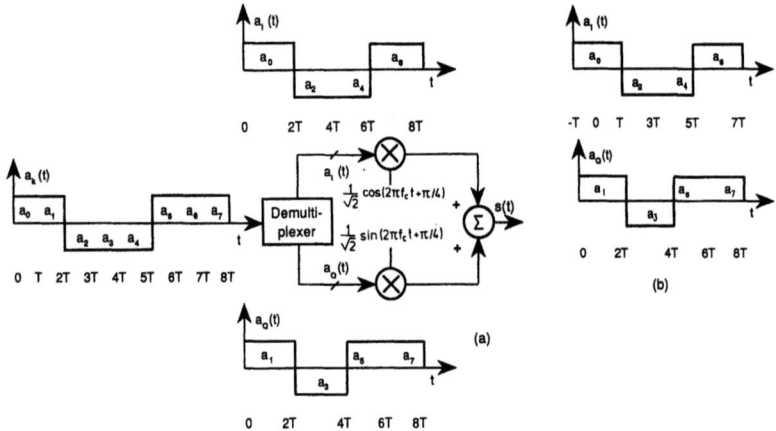

Bild 2.4-16 (a) QPSK-Modulation, (b) Zeitversatz im OQPSK-Signal

Ein solches Verfahren, das die Bandbreiteneffektivität um den Faktor 2 erhöht, ist z. B. die in Bild 2.4-16 angedeutete Quadratur-PSK (QPSK), eine Variante der Übertragungsart PSK4: Der einlaufende Datenstrom $\{a_k; a_k=1$ oder $-1, k=0,1,2,...\}$ hat eine Datenrate von $1/T$ bit/s und wird in zwei Datenströme $a_I(t)$ und $a_Q(t)$ (die „geraden" und die „ungeraden" Bits) zerlegt. Die beiden so erhaltenen Datenströme modulieren unabhängig voneinander die Inphasen-(I) bzw. die Quadratur-(Q)Komponente eines sinusförmigen Trägers. Die Summe der modulierten Träger ist das QPSK-Signal

$$s(t) = \frac{1}{\sqrt{2}} a_I(t) \cos\left\{\omega_T t + \frac{\pi}{4}\right\} + \frac{1}{\sqrt{2}} a_Q(t) \sin\left\{\omega_T t + \frac{\pi}{4}\right\} \quad (2.4\text{-}20)$$

Die beiden Summanden auf der rechten Seite dieser Gleichung stellen je ein PSK2-Signal dar. Sie können wegen der Orthogonalität der Funktionen

2.4 Modulation

$\cos\left\{\omega_T t + \dfrac{\pi}{4}\right\}$ und $\sin\left\{\omega_T t + \dfrac{\pi}{4}\right\}$ unabhängig voneinander empfangen werden. Aufgrund der bekannten trigonometrischen Identitäten

$$\sin(\alpha \pm \beta) = \sin\alpha\cos\beta \pm \cos\alpha\sin\beta$$
$$\cos(\alpha \pm \beta) = \cos\alpha\cos\beta \mp \sin\alpha\sin\beta$$

folgt, daß $s(t)$ zu

$$s(t) = \cos\{\omega_T t + \Theta(t)\} \qquad (2.4\text{-}21)$$

umgeschrieben werden kann. $\Theta(t)$ nimmt dabei die Werte $0°$, $\pm 90°$, $180°$ an, je nachdem, welche Werte $a_T(t)$ und $a_Q(t)$ haben.

Eine andere Variante der PSK4, die ebenfalls durch die Gleichungen (2.4-20) bzw. (2.4-21) beschrieben werden kann, ist die Offset-QPSK (OQPSK). Der Unterschied zur QPSK liegt, oberflächlich betrachtet, zunächst einmal nur in der zeitlichen Lage der beiden Bitströme zueinander (siehe Bild 2.4-16(b)): $a_I(t)$ und $a_Q(t)$ werden, wie bei QPSK, beide mit $1/(2T)$ bit/s übertragen. Der entscheidende Unterschied liegt darin, daß bei QPSK beide Bitströme synchron, bei OQPSK jedoch um die Zeit T gegeneinander verschoben übertragen werden. Bei QPSK können Phasenübergänge nur im zeitlichen Abstand $2T$ auftreten und die Werte $\pm 90°$ und $180°$ annehmen. Bei OQPSK ist der Takt der Phasenübergänge T, es treten aber nur Übergänge um $\pm 90°$ auf (vergleiche Bild 2.4-17).

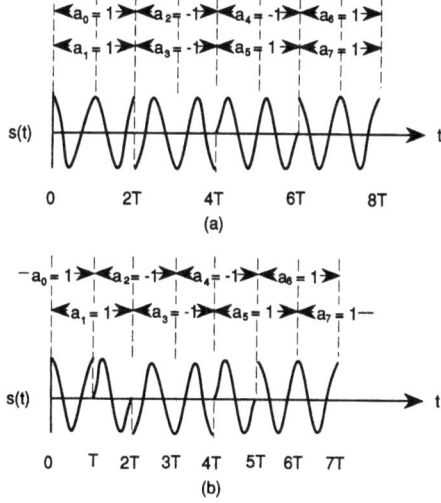

Bild 2.4-17
(a) QPSK-Signal, (b) OQPSK-Signal

2 Signale

Das Modulationsverfahren MSK (Minimum Shift Keying) kann als Spezialfall einer OQPSK mit sinusförmiger Pulsgewichtung angesehen werden. Aus (2.4-20) wird dann

$$s(t) = a_I(t) \cos\left\{\frac{\pi t}{2T}\right\} \cos\{\omega_T t\} + a_Q(t) \sin\left\{\frac{\pi t}{2T}\right\} \sin\{\omega_T t\} \quad (2.4\text{-}22)$$

Bild 2.4-18 zeigt den Aufbau eines MSK-Signals.

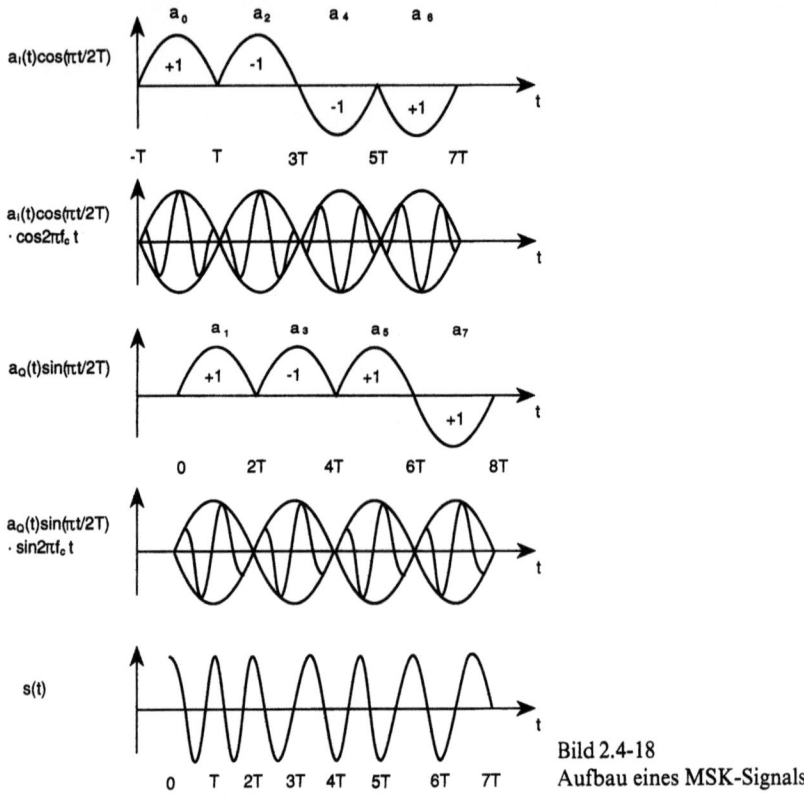

Bild 2.4-18 Aufbau eines MSK-Signals

Durch die Erweiterung auf acht verschiedene Phasenzustände werden PSK8-Signale definiert.

Die verschiedenen PSK-Signalformen unterscheiden sich im wesentlichen durch

1. die Anzahl der möglichen Phasenzustände,
2. die Beträge der Phasenwechsel, die von der Symbolmitte zur Mitte des nächsten Symbols auftreten,

2.4 Modulation   41

3. die Zuordnung der übertragenen Phasenzustände zu Bits oder Bitgruppen.

Für PSK2, PSK4 und PSK8 gibt Bild 2.4-19 Beispiele für solche Zuordnungen. Im internationalen Telefonverkehr gelten dabei bestimmte Normen, die in den Empfehlungen V.26 bzw. V.27 des CCITT (Comité Consultatif International Téléphonique et Télégraphique) festgelegt sind.

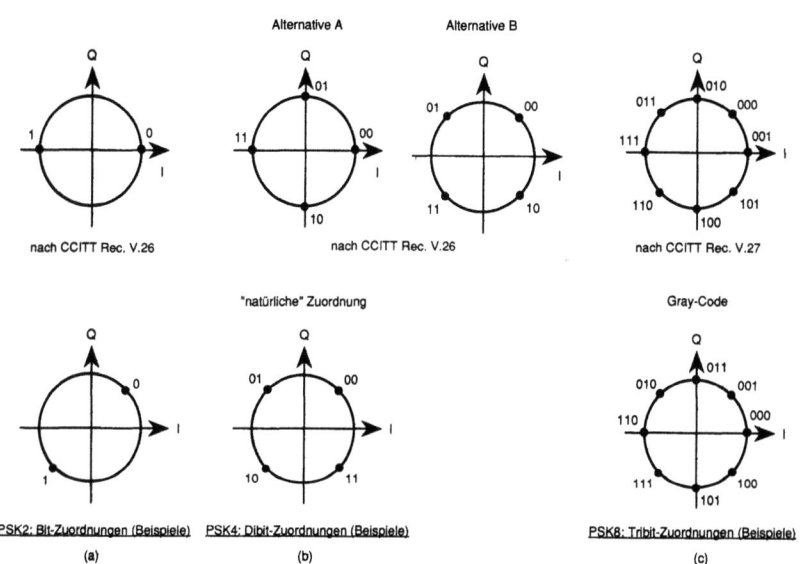

Bild 2.4-19 PSKn, Zuordnung der Phasenzustände

Wie bereits erwähnt, läßt sich durch die Erhöhung der Anzahl möglicher Phasenzustände in einem PSK-Signal die Bandbreiteneffektivität einer digitalen Übertragung (auf Kosten des zum Empfang benötigten Signal-Rausch-Verhältnisses) steigern.

Der gleiche Effekt wird z. B. auch erreicht, wenn in einem PSK8-Signal zusätzlich mehrere Zustände der Amplitude zugelassen werden. Dieses Vorgehen führt auf Signale, die phasen- und amplitudengetastet sind. Zu ihnen gehören auch die QAM-(Quadratur Amplituden Modulation)Signale. Solche Signale können offenbar in der Form

$$s_i(t) = r_i \cos\{\omega_T t + \Theta_i\}, \quad 0 \leqslant t < T \qquad (2.4\text{-}23)$$

geschrieben werden, wobei z. B. r_i die Werte $\sqrt{2}$, 3, $3\sqrt{2}$, 5 und Θ_i die Werte 0°, 45°, 90°, 135°, 180°, 225°, 270°, 315° annehmen können.

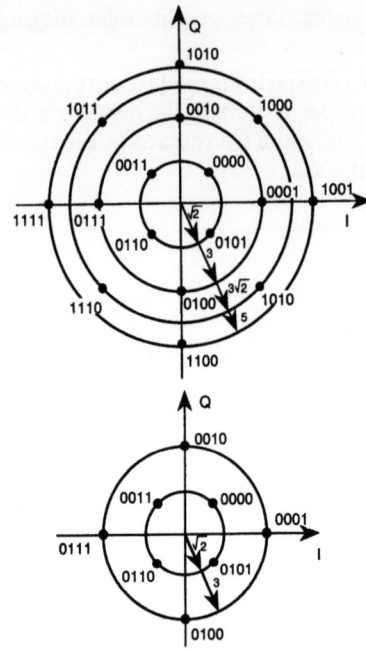

16-QAM: Quabit-Zuordnungen nach CCITT Rec. V.29

Bild 2.4-20
QAM, Zuordnung von Signalzuständen

Bild 2.4-20 zeigt zwei Beispiele für solche Zuordnungen. Auch hier gelten für den internationalen Fernsprechverkehr bestimmte Normen, die in der Empfehlung V.29 des CCITT festgelegt sind.

2.5 Die Bandspreiztechnik

Gemäß der Shannonschen Formel

$$C = B \log_2 (1 + S/N) \qquad (2.5\text{-}1)$$

für die Kanalkapazität C, kann die Bandbreite B eines Signals mit dem Signal-Rausch-Verhältnis S/N in Zusammenhang gebracht werden: Zum Erreichen einer bestimmten Kanalkapazität ist mit wachsender Bandbreite ein geringeres Signal-Rausch-Verhältnis notwendig. So gesehen stellt Gleichung (2.5-1) die Grundlage der Bandspreiztechnik (Englisch: Spread Spectrum Technique) dar. Spread Spectrum Systeme verwenden zur Bandspreizung eine Hilfsfunktion $g(t)$, deren Verlauf empfängerseitig exakt bekannt ist. Darauf beruht die Eigenschaft von Spread Spectrum Systemen, auch bei extrem niedrigen Signal-Störleistungsverhältnissen arbeiten zu können.

2.5 Die Bandspreiztechnik

Das Blockdiagramm eines Spread Spectrum Systems zeigt Bild 2.5-1: In der Modulatorstufe wird das Signal $s(t)$ in ein konventionelles Bandpaßsignal $m(t)$ umgesetzt. In der Spreizstufe wird $m(t)$ dann so mit einer geeigneten Hilfsfunktion $g(t)$ verknüpft, daß eine hohe Bandspreizung stattfindet. Der Spreizfaktor liegt für heute bekannte Systeme etwa zwischen 10^2 und 10^5. Empfängerseitig wird zuerst die Spreizung durch die erneute Zuführung derselben Hilfsfunktion $g(t)$ rückgängig gemacht. Das Nachrichtensignal $s(t)$ wird in der Demodulatorstufe zurückgewonnen. Die Bandspreiztechnik kann also als Doppelmodulationsverfahren angesehen werden, in dem die Nachricht zunächst konventionell auf einen Träger aufgebracht und das resultierende Signal dann mit einer Hilfsfunktion, die, wie z. B. pseudo-statistische Codesequenzen, ein großes Zeit-Bandbreite-Produkt besitzt, multipliziert wird. Die Art der Hilfsfunktion und die verwendete Primärmodulation bestimmen im wesentlichen die Übertragungseigenschaften eines Spread Spectrum Systems.

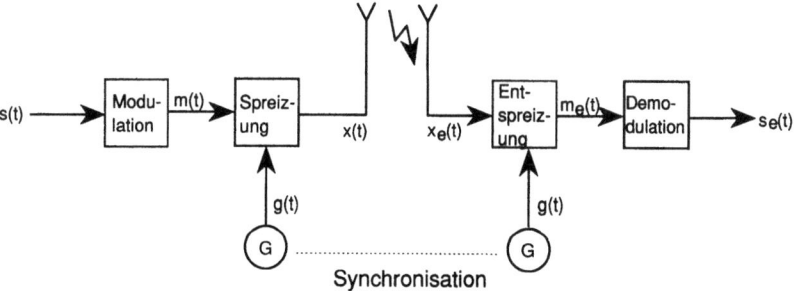

Bild 2.5-1 Blockdiagramm eines Spread Spectrum Systems

Ein konventionell moduliertes Signal $x(t)$ mit der Trägerfrequenz f_T kann gemäß (2.4-2) geschrieben werden als

$$x(t) = \text{Re}\{a_x(t)e^{j[\omega(t)t + \Theta(t)]}e^{j\omega_T t}\}, \quad (2.5-2)$$

worin mit

$$\gamma_x(t) = a_x(t)e^{j[\omega(t)t + \Theta(t)]} = a_x(t)e^{j\varphi_x(t)} \quad (2.5-3)$$

das Basisbandsignal von $x(t)$ bezeichnet wird.
Mit der komplexen Einhüllenden $\gamma_m(t)$ des Primärsignals $m(t)$ und der Hilfsfunktion $g(t)$ erhält das Basisbandsignal eines Spread Spectrum Signals die Form

$$\gamma_x(t) = \gamma_m(t) \cdot g(t). \quad (2.5-4)$$

Bild 2.5-2(a) zeigt den Verlauf einer pseudo-statistischen Binärfolge, die sich in besonderem Maße für den Aufbau der Hilfsfunktion $g(t)$ eignet, während einer Periode T. In Bild 2.5-2(b) ist das zugehörige Amplitudenspektrum

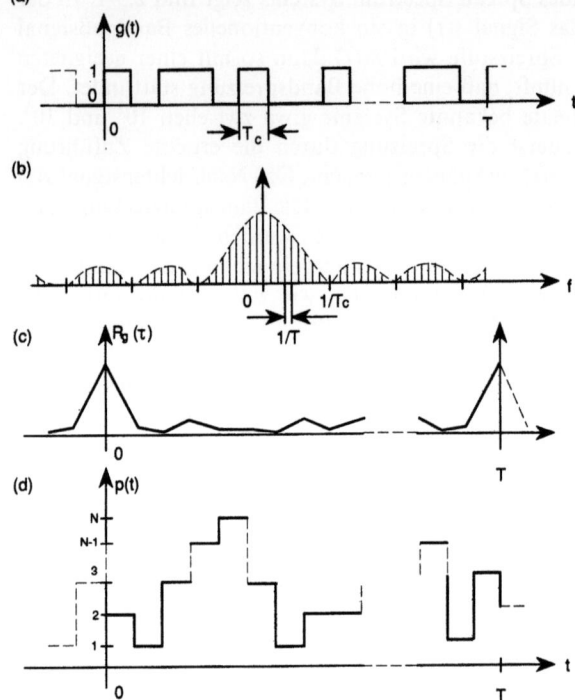

Bild 2.5-2
(a) pseudo-statistische, binäre Codesequenz,
(b) zugehöriges Amplitudenspektrum,
(c) Autokorrelationsfunktion von $g(t)$,
(d) Überlagerung zeitlich verschobener Codesequenzen

skizziert: Es ist ein Linienspektrum mit einer $\left|\dfrac{\sin x}{x}\right|$-förmigen Berandung, die bekanntlich durch das Spektrum eines Rechteckimpulses der Dauer T_C (aus solchen Impulsen ist $g(t)$ aufgebaut!) gegeben ist. Die zugehörige technische Bandbreite $B_C = 1/T_C$ eignet sich hervorragend für die vorgesehene Bandspreizung. Der Abstand der Spektrallinien entspricht der reziproken Periodendauer der Binärfolge $1/T$.
Wegen des großen Zeit-Bandbreite-Produkts

$$P = T \cdot B_C = T/T_C \tag{2.5-5}$$

hat $g(t)$ eine Autokorrelationsfunktion (AKF, vergleiche Abschnitt 3.1) gemäß Bild 2.5-2(c), die sich durch eine ausgeprägte Spitze im Ursprung und steilen Abfall auf einen relativ niedrigen Wert auszeichnet. Im Hinblick auf die Synchronisation von Sende- und Empfangsstation eines Spread Spectrum Systems erscheint dieses Verhalten der AKF von $g(t)$ besonders wichtig.

2.5 Die Bandspreiztechnik

Die störunterdrückende Wirkung der Bandspreiztechnik gegenüber einem Schmalbandstörer läßt sich nun folgendermaßen abschätzen:
Die Fouriertransformation von Gleichung (2.5-4) liefert:

$$\Gamma_x(\omega) = \Gamma_m(\omega) * G(\omega) \qquad (2.5\text{-}6)$$

Der Träger des Spektrums $\Gamma_m(\omega)$ ist beschränkt. Für das Tiefpaßsignal $\gamma_m(t)$ bedeutet dies, daß es bandbegrenzt ist. Ist die Bandbreite B von $\gamma_m(t)$ relativ klein gegenüber der Bandbreite B_C des spreizenden Hilfssignals $g(t)$, bestimmt $G(\omega)$ im wesentlichen die spektrale Ausdehnung von $\Gamma_x(\omega)$. Ein Schmalbandstörer, der das Signal auf dem Übertragungsweg mit der Leistung J_1 beeinflußt, wird in der Entspreizungsstufe (vergleiche Bild 2.5-1) auf das Band der Breite B_C verteilt. Die Störleistung „zerfließt" in ein breites Frequenzband und weist hinter der Rückspreizstufe nur noch die Störleistungsdichte

$$N_J = J_1 / B_C \qquad (2.5\text{-}7)$$

auf. Hinter dem Eingangsfilter der Demodulatorstufe, das die Durchlaßbandbreite B hat, erscheint dann nur noch die Störleistung

$$J_2 = N_J \cdot B = \frac{J_1}{B_C} B \qquad (2.5\text{-}8)$$

Das Nutzsignal $x(t)$, das die Leistung S_1 hat, wird in der Entspreizungsstufe auf die Bandbreite B komprimiert und passiert daher ungehindert das Filter des Demodulators. Es gilt $S_2 = S_1$. Für die Störfestigkeit folgt damit

$$\frac{S_2}{J_2} = \frac{B_C}{B} \cdot \frac{S_1}{J_1} \qquad (2.5\text{-}9)$$

Die Störfestigkeit ist also proportional dem Verhältnis der Bandbreiten vor und nach der Rückspreizung. Der Quotient B_C/B heißt Prozeßgewinn.

Bemerkung In praktischen Systemen ist der Prozeßgewinn niemals voll ausschöpfbar. Das liegt daran, daß weder ein idealer Kanal noch eine exakte Synchronisation vorliegt.

In einem Breitbandkanal der Breite W können offensichtlich gleichzeitig mehrere Spread Spectrum Signale übertragen werden, wenn diesen verschiedene Hilfsfunktionen $g(t)$ (d.h. verschiedene Binärsequenzen) zugeordnet werden. Es ergibt sich so ein Netz mit Vielfachzugriff im Codebereich (CDMA: Code Division Multiple Access). Für eine bestimmte Punkt-zu-Punkt-Verbindung müssen natürlich alle fremden Signale als Störungen angesehen werden. Diese sind jedoch bis zu einer bestimmten Höhe tolerierbar. Wesentlich ist, daß die verschiedenen Hilfsfunktionen nur niedrige Kreuzkorrelationswerte aufweisen dürfen (der Idealfall wäre die vollständige Orthogonalität).

Zur Übertragung von Bandspreizsignalen ist eine konstante Einhüllende der Signalfunktion wünschenswert. Daher finden bei der Datenübertragung als Primärmodulation üblicherweise Frequenz- oder Phasenumtastung Anwendung. Die Primärmodulation kann auch ganz entfallen. Dann wird die Spreizfunktion $g(t)$ direkt zur Datenübertragung benutzt. Auch zur Übertragung analoger Nachrichten mittels Spread Spectrum Verfahren kommen in erster Linie Frequenz- und Phasenmodulation in Frage.

Direct Sequence Spread Spectrum (DSSS)

Die Direct Sequence Spread Spectrum Technik (auch Pseudo Noise (PN) Technik, Phase Hopping (PH)) basiert auf der Hilfsfunktion

$$g(t) = e^{jPN(t)\pi} = \text{sign}\left\{PN(t) - \frac{1}{2}\right\}, \qquad (2.5\text{-}10)$$

wobei mit $PN(t)$ eine binäre (0,1) Pseudo Noise Funktion bezeichnet ist. Mit (2.5-10) wird die Phase des primärmodulierten Signals $m(t)$ zwischen 0° und 180° umgetastet. Bild 2.5-3 zeigt das zugehörige Blockdiagramm. Spreizung und Rückspreizung erfolgen dabei in Multiplikatoren, die von dem Signal (2.5-10) angesteuert werden. Die Entstehung eines DSSS-Signals ist in Bild 2.5-4 skizziert. Wegen

$$g(t) \cdot g(t) \equiv 1 \quad \forall \, t \qquad (2.5\text{-}11)$$

liefert die Entspreizungsstufe das Primärsignal $m(t)$ (oder eine hinreichend gute Schätzung $m_e(t)$) zurück.

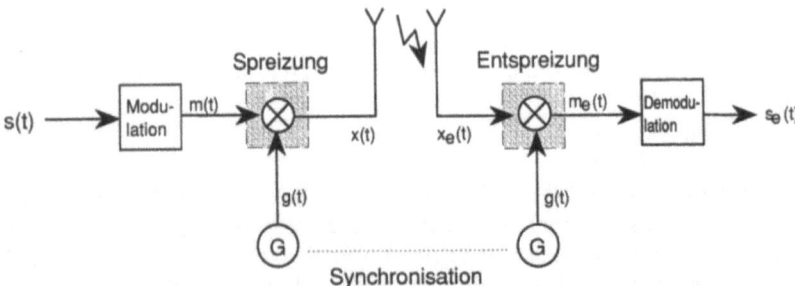

Bild 2.5-3 Blockschema eines Direct Sequence Spread Spectrum (DSSS) Systems

DSSS-Systeme eignen sich sowohl zur Übertragung analoger als auch digitaler Nachrichtensignale. Für Digitalsignale wird die Symboldauer des Nachrichtensymbols T_S als ganzzahliges Vielfaches der Codeimpulsdauer T_C („Chipdauer") gewählt. In praktischen Systemen kann die Taktfrequenz $f_C = 1/T_C$ einige MHz erreichen.

2.5 Die Bandspreiztechnik   47

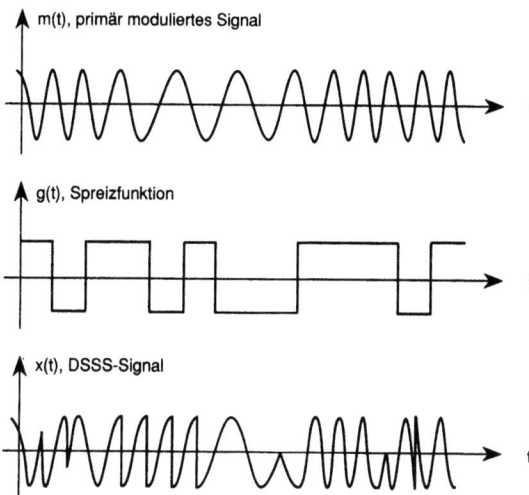

Bild 2.5-4
Entstehung eines
DSSS-Signals

Frequency Hopping (FH)

Die Hilfsfunktion der Frequenzsprungsysteme ist

$$g(t) = e^{j2\pi[f_u + p(t)\Delta f]t}, \tag{2.5-12}$$

worin $p(t)$ die Treppenfunktion

$$p(t) = \sum_{n=0}^{N-1} PN(t - nT_C) \tag{2.5-13}$$

und $PN(t)$ wieder eine binäre Pseudo-Noise-Funktion ist. Δf gibt in (2.5-12) den Abstand der Frequenzen, auf die gesprungen werden kann, an. Mit der Übertragungsbandbreite W und der Stufenzahl N ergibt sich

$$\Delta f = W/N, \quad N < T/T_C.$$

Die eckige Klammer in (2.5-12) beschreibt, mit f_u als unterer Grenzfrequenz, die augenblickliche Frequenz der im Band der Breite W herumspringenden harmonischen Komponente $q(t)$, die (vergleiche Bild 2.5-5) vom Synthesizer geliefert wird. Das Primärsignal $m(t)$ wird multiplikativ mit $g(t)$ verknüpft. Dieser Mischvorgang wird im Empfänger im synchronisierten Zustand durch Multiplikation mit demselben Signal $g(t)$ wieder rückgängig gemacht. Die Entstehung eines FH-Signals im Frequenzbereich skizziert Bild 2.5-6.

Mit FH-Systemen können praktisch nur digitale Nachrichtensignale übertragen werden, da wegen der Inkohärenz der Übertragungsbandbreite am Diskriminator störende Phasensprünge auftreten. Die heute zur Verfügung stehenden Synthesizer gestatten Umschaltfrequenzen bis zu etwa 10 kHz.

48   2 Signale

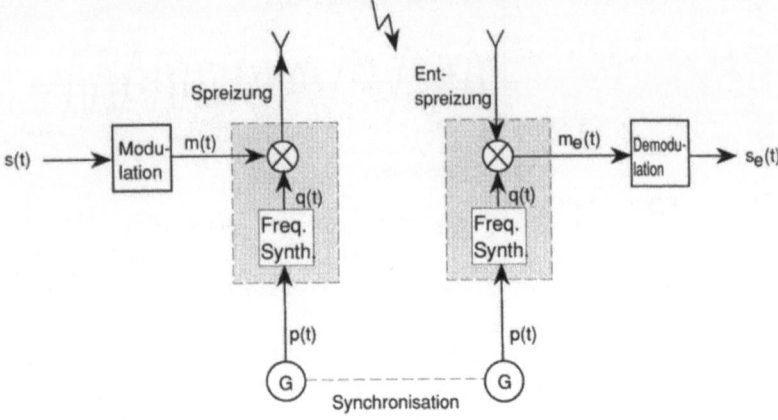

Bild 2.5-5 Blockschema eines Frequency Hopping (FH) Systems

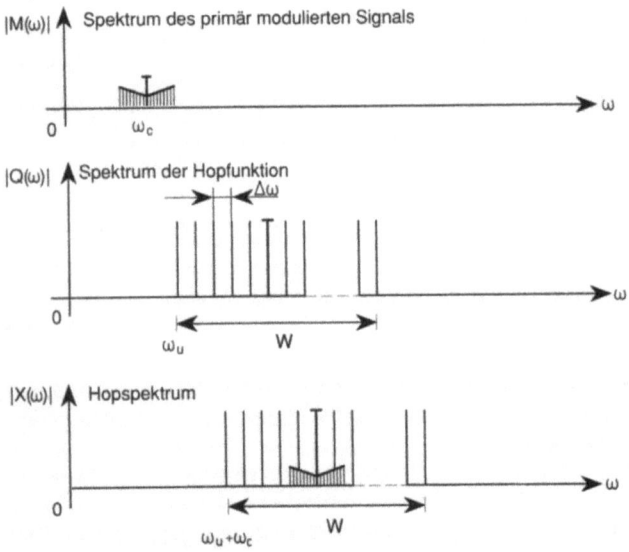

Bild 2.5-6 Entstehung eines FH-Signals

Time Hopping (TH)

Zeitsprungsysteme sind durch die Hilfsfunktion

$$g(t) = \sum_{i=0}^{\infty} \operatorname{rect}\left\{t - iT - p\left[\left(i + \frac{1}{2}\right)T_C\right]\Delta t, \Delta t\right\} \quad (2.5\text{-}14)$$

mit dem Rechteckimpuls

$$\operatorname{rect}(t, \Delta t) = \begin{cases} 1 & \text{für} \quad 0 \leqslant t < \Delta t \\ 0 & \text{sonst} \end{cases} \quad (2.5\text{-}15)$$

charakterisiert. $\Delta t = T/N$ ($N < T/T_C$) ist die Dauer des Rechteckimpulses. $g(t)$ ist also eine Folge zu diskreten Zeiten $k\Delta t$ innerhalb des Zeitschlitzes T pseudostatistisch auftretender Rechteckimpulse. k ist dabei eine zwischen 0 und N liegende ganze Zahl.

TH-Systeme, für die zweckmäßigerweise die Symboldauer T_S gleich der Codesequenzdauer T gewählt wird, eignen sich praktisch nur zur Übertragung digitaler Signale.

Chirp-Systeme

Aus der RADARtechnik sind Signalformen mit großem Zeit-Bandbreite-Produkt bekannt, die auch zur Übertragung digitaler Nachrichtensignale benutzt werden können. Bei diesem Spread Spectrum Verfahren handelt es sich um die sogenannte Chirptechnik. Statt mit Hilfe einer Pseudo-Noise-Folge wird hier die Hilfsfunktion durch Parabelsegmente der Form

$$\beta(t) = \begin{cases} \mu \dfrac{t^2}{2} & \text{für } |t| \leqslant T/2 \\ 0 & \text{sonst} \end{cases} \quad (2.5\text{-}16)$$

aufgebaut. Es ist dann

$$g(t) = \sum_{i=0}^{\infty} \beta(t - iT) \quad (2.5\text{-}17)$$

Ist das Nachrichtensignal $s(t)$ eine Folge von Werten $s_i = \pm 1$ ($i = 0, 1, 2, \ldots$), ergibt sich die Darstellung der komplexen Einhüllenden des Chirpsignals:

$$\gamma_x(t) = e^{j \sum_{i=0}^{\infty} s_i \beta(t - iT)} \quad (2.5\text{-}18)$$

Aus (2.5-2), (2.5-16) und (2.5-17) folgt, daß jedes Informationsbit durch ein Paket harmonischer Schwingungen dargestellt wird. Die Momentanfrequenz ändert sich dabei linear nach der Formel

$$f_m = f_T \pm \frac{\mu}{2\pi} t, \quad |t| \leq T/2 \qquad (2.5\text{-}19)$$

Bemerkungen

(i) Neben den hier beschriebenen „reinen" Verfahren finden auch kombinierte Verfahren (z. B. die FH-TH- oder die PH-Chirp-Technik) Anwendung. Daraus resultiert eine erhöhte Resistenz gegenüber Störern. Es muß allerdings auch berücksichtigt werden, daß die Systemkomplexität bei der Kombination steigt.

(ii) Spread Spectrum Systeme funktionieren nur mit exakter und zuverlässiger Synchronisation einwandfrei.

Die Synchronisation von Pseudo-Noise-Folgen wird grundsätzlich in zwei Schritten durchgeführt:

– Akquisition und Tracking.

In der Akquisitionsphase wird die Pseudo-Noise-Folge des Empfangssignals mit derjenigen des Empfängers bis auf eine Chiplänge T_C zur Übereinstimmung gebracht. Dieser Zustand wird durch einen seriellen Suchprozeß (hunting) oder über ein Matched Filter erreicht. Danach kann unter Ausnutzung der AKF der Pseudo-Noise-Folge die Feinabstimmung durchgeführt werden. Hierfür werden z. B. Delay Locked Loops (DLL) angewendet.

Die Synchronisation ist die Schwachstelle von Spread Spectrum Systemen. Wenn sie versagt (oder gestört ist), wird eine Übertragung unmöglich.

3 Zufallsprozesse

Signale, die Information übertragen, werden zweifach vom Zufall beeinflußt: Erstens ist im allgemeinen die Nachricht selbst zufällig, da ihre Übertragung andernfalls für den Empfänger nutzlos wäre. Zweitens wirken auf dem Übertragungsweg zufällige Störungen auf das Signal ein (vergleiche auch Bild 1-1). Zum Kennenlernen der Signalanalyse gehört daher auch das Studium der Grundbegriffe stochastischer Prozesse. Da in der Nachrichtentechnik mit ω die Kreisfrequenz bezeichnet wird, benutzen wir zur Kennzeichnung des Zufallsparameters den Buchstaben ζ.

3.1 Einführung

Definition 3.1-1 Gegeben seien eine Parametermenge T und ein Wahrscheinlichkeitsraum $W = (\Omega, \mathfrak{B}, P)$. Eine vom Parameter $t \in T$ abhängige Familie von Zufallsvariablen $X(t, \zeta)$, $\zeta \in \Omega$, über W heißt stochastischer Prozeß oder Zufallsprozeß.

Bemerkungen

(i) Die Parametermenge T, auch Zeit genannt, ist im allgemeinen Teilmenge von $\mathbb{R}$.

(ii) Der Wahrscheinlichkeitsraum $W = (\Omega, \mathfrak{B}, P)$ besteht aus der Ereignismenge Ω, der kleinsten von den Teilmengen von Ω erzeugten σ-Algebra $\mathfrak{B}$ (der sogenannten Ereignisalgebra) und dem auf $\mathfrak{B}$ definierten Wahrscheinlichkeitsmaß P.

(iii) Ein stochastischer Prozeß $X(t, \zeta)$ kann als (meßbare) Funktion der beiden Variablen t und ζ interpretiert werden. Tabelle 3.1-1 gibt einen Überblick über die Interpretationen von $X(t, \zeta)$.

Tab. 3.1-1 Interpretationen von $X(t, \zeta)$

	Zufallsparameter ζ	
	fest	variabel
Zeitparameter t fest	Zahl (aus $\mathbb{R}$ oder $\mathbb{C}$)	Zufallsvariable
Zeitparameter t variabel	Zeitfunktion	Familie von Zeitfunktionen

(iv) Eine reelle Zufallsvariable $X(\xi)$ ist eine reellwertige Funktion von $\xi \in \Omega$ (d. h. eine Vorschrift, die jedem $\xi \in \Omega$ eine reelle Zahl zuordnet), so daß
- für jedes $x \in \mathbb{R}$ die Menge $\{\xi; X(\xi) \leqslant x\}$ ein Ereignis ist,
- $P\{\xi; X(\xi) = -\infty\} = P\{\xi; X(\xi) = \infty\} = 0$ gilt.

Eine komplexe Zufallsvariable $Z(\xi)$ ist eine Vorschrift, die jedem $\xi \in \Omega$ eine komplexe Zahl zuordnet mit

$$Z(\xi) = X(\xi) + j Y(\xi),$$

wobei $X(\xi)$ und $Y(\xi)$ reelle Zufallsvariable sind.

(v) Wenn Verwechslungen ausgeschlossen sind, schreiben wir statt $X(t, \xi)$ kurz $X(t)$, denken dabei aber immer daran, daß es sich bei $X(t)$ um eine Familie von Zufallsvariablen handelt.

(vi) Die Gleichheit zweier stochastischer Prozesse bedeutet, daß für (genau gesagt: fast) jedes $\xi_0 \in \Omega$ die zugehörigen Zeitfunktionen übereinstimmen:

$$X(t) = Y(t) \Leftrightarrow x(t, \xi_0) = y(t, \xi_0) \quad \text{für (fast) alle } \xi_0 \in \Omega.$$

(vii) Ähnlich werden die Addition $X(t) + Y(t)$, die Multiplikation $X(t) \cdot Y(t)$ und andere Operationen (z. B. die Differentiation), die auf stochastische Prozesse angewendet werden können, definiert. Dabei muß natürlich vorausgesetzt werden, daß diese Operationen auf sämtliche in Frage kommenden Funktionen anwendbar sind.

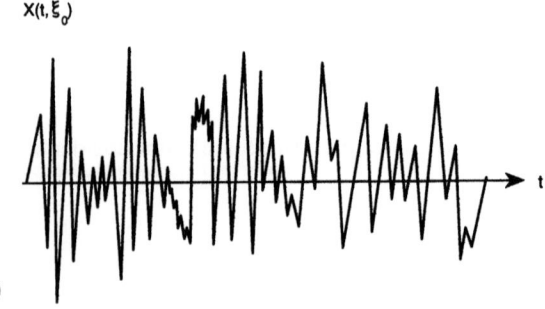

(a)

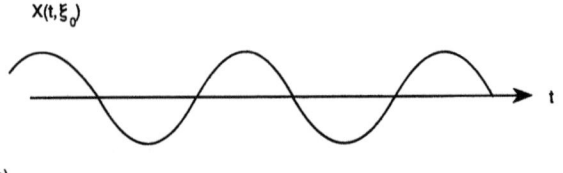

(b)

Bild 3.1-1
(a) Spannungsverlauf an einem rauschenden Widerstand,
(b) Pfad eines regulären Prozesses

3.1 Einführung

(viii) Die sich für festes $\xi_0 \in \Omega$ ergebende Zeitfunktion $x(t) = X(t, \xi_0)$ eines stochastischen Prozesses $X(t, \xi)$ heißt **Realisierung** oder **Pfad** des stochastischen Prozesses.

Im allgemeinen sind die Realisierungen eines stochastischen Prozesses recht komplizierte Funktionen. Dazu betrachte man z. B. den Spannungsverlauf an einem rauschenden Widerstand (siehe Bild 3.1-1(a)), der sehr irregulär und mathematisch nicht einfach beschreibbar erscheint. Ist der Spannungsverlauf für $t < t_1$ bekannt, kann daraus keinerlei Kenntnis über seinen zukünftigen Verlauf abgeleitet werden.

Allerdings sind nicht alle Prozesse so irregulär. Dazu betrachte man (vergleiche Bild 3.1-1(b)) z. B. die Familie

$$X(t, \xi) = A(\xi) \sin \{\zeta(\xi)t + \Theta(\xi)\},$$

in der A, ζ und Θ Zufallsvariable sind. D. h. $X(t)$ ist ein stochastischer Prozeß mit ausgesprochen regulären Pfaden: Ist $X(t)$ nämlich für $t < t_1$ bekannt, kennt man auch seinen zukünftigen Verlauf vollständig.

Beispiel Es sei ein Münzwurf auszuführen, so daß gilt

$$X(t) = \begin{cases} \sin \omega_0 t, & \text{falls Kopf fällt} \\ 2\omega_0 t, & \text{falls Zahl fällt} \end{cases}.$$

$X(t)$ hat extrem reguläre Pfade, ist aber trotzdem ein Zufallsprozeß.

Für das folgende sei $X(t)$ ein reeller stochastischer Prozeß. Für festes t ist $X(t)$ eine reellwertige Zufallsvariable, deren **Verteilungsfunktion** im allgemeinen von t abhängt. Die Verteilungsfunktion ist definiert durch

$$F(x; t) = P\{\xi; X(t, \xi) \leq x\}. \tag{3.1-1}$$

$F(x; t)$ kann folgendermaßen interpretiert werden: Für feste $x, t \in \mathbb{R}$ ist $F(x; t)$ die Wahrscheinlichkeit des Ereignisses $\{\xi; X(t, \xi) \leq x\}$ aller $\xi \in \Omega$, für die zum Zeitpunkt t die Pfade $x(t)$ des Prozesses kleiner als x bleiben.

Die Verteilungsfunktion $F(x; t)$ heißt auch **Verteilung erster Ordnung** des stochastischen Prozesses $X(t)$. Die zugehörige **Dichte** ergibt sich aus der Differentiation von $F(x; t)$ nach x:

$$f(x; t) := \frac{\partial F(x; t)}{\partial x} \tag{3.1-2}$$

Bemerkung Das durch den Wahrscheinlichkeitsraum $(\Omega, \mathfrak{B}, P)$ beschriebene Experiment werde n-mal durchgeführt. Als Ergebnis erhalten wir jedesmal eine Zeitfunktion (siehe Bild 3.1-2). Für feste $x, t_0 \in \mathbb{R}$ sei $n_{t_0}(x)$ die Anzahl der Versuche, bei denen zum Zeitpunkt t_0 die Ordinate der Realisierung nicht

54   3 Zufallsprozesse

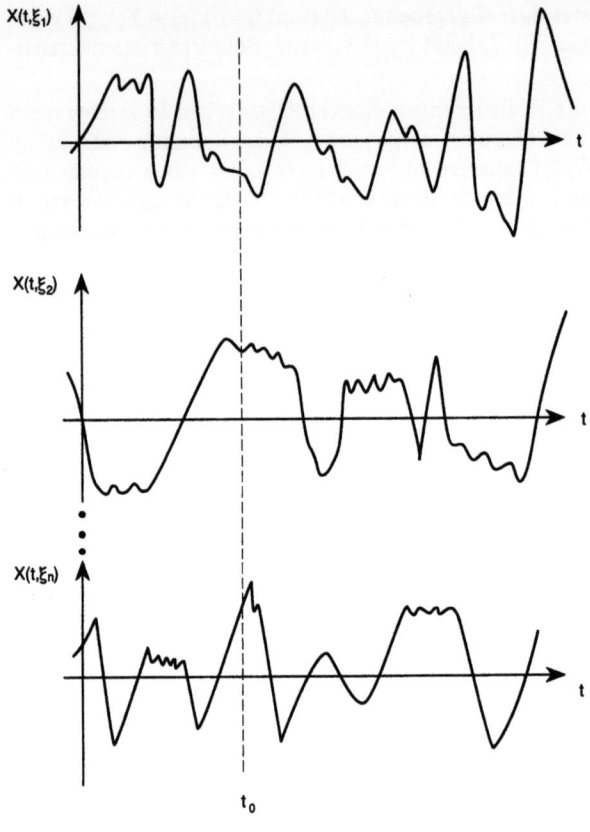

Bild 3.1-2
Pfade eines stochastischen Prozesses

größer als x ist. Näherungsweise gilt:

$$F(x; t_0) \approx \frac{n_{t_0}(x)}{n} \tag{3.1-3}$$

Betrachtet man den stochastischen Prozeß $X(t)$ zu zwei Zeitpunkten t_1 und t_2, so ergeben sich zwei Zufallsvariable $X(t_1)$ und $X(t_2)$. Ihre gemeinsame Verteilungsfunktion $F(x_1, x_2; t_1, t_2)$ hängt im allgemeinen von t_1 und t_2 ab. Es gilt

$$F(x_1, x_2; t_1, t_2) = P\{\xi; X(t_1, \xi) \leqslant x_1, X(t_2, \xi) \leqslant x_2\}. \tag{3.1-4}$$

Diese Funktion heißt auch Verteilungsfunktion zweiter Ordnung des stochastischen Prozesses $X(t)$. Die zugehörige Dichte ist

$$f(x_1, x_2; t_1, t_2) := \frac{\partial^2 F(x_1, x_2; t_1, t_2)}{\partial x_1 \partial x_2} \tag{3.1-5}$$

Die Verteilungsfunktion zweiter Ordnung erfüllt die Gleichung

$$F(x_1, \infty; t_1, t_2) = F(x_1; t_1) \quad \text{für alle } t_2$$

und für die Dichte gilt

$$f(x_1; t_1) = \int_{-\infty}^{\infty} f(x_1, x_2; t_1, t_2) \, dx_2 \quad \text{für alle } t_2.$$

Die bedingte Dichte

$$f(x_1, t_1 | X(t_2) = x_2) = \frac{f(x_1, x_2; t_1, t_2)}{f(x_2, t_2)} \tag{3.1-6}$$

ist eine Funktion von x_1, x_2, t_1, t_2 und spielt eine zentrale Rolle bei der Untersuchung Markovscher Prozesse (vergleiche Definition 3.3-2).
Vom Standpunkt der Praxis sind die Momentenfunktionen für das Studium stochastischer Prozesse besonders wichtig.

Definition 3.1-2
(a) Der Mittelwert $\eta_X(t)$ eines Prozesses $X(t)$ ist der (im allgemeinen zeitabhängige) Erwartungswert der Zufallsvariablen $X(t)$:

$$\eta_X(t) = E\{X(t)\} = \int_{-\infty}^{\infty} x f(x; t) \, dx \tag{3.1-7}$$

(b) Die Funktion

$$R_X(t_1, t_2) = E\{X(t_1) \cdot X(t_2)\} = \int_{-\infty}^{\infty} \int_{-\infty}^{\infty} x_1 x_2 f(x_1, x_2; t_1, t_2) \, dx_1 \, dx_2 \tag{3.1-8}$$

heißt Autokorrelationsfunktion (AKF) des stochastischen Prozesses $X(t)$.
(c) Die Autokovarianz des stochastischen Prozesses $X(t)$ ist die Kovarianz der Zufallsvariablen $X(t_1)$ und $X(t_2)$:

$$C_X(t_1, t_2) = E\{[X(t_1) - \eta_X(t_1)][X(t_2) - \eta_X(t_2)]\} \tag{3.1-9}$$

Folgerungen
(i) Offenbar gilt

$$C_X(t_1, t_2) = R_X(t_1, t_2) - \eta_X(t_1)\eta_X(t_2) \tag{3.1-10}$$

(ii) Die Varianz des stochastischen Prozesses $X(t)$ ist gegeben durch

$$\sigma_X^2(t) := C_X(t, t) = R_X(t, t) - \eta_X^2(t) \tag{3.1-11}$$

Beispiele

(i) P und Q seien zwei Zufallsvariable, mit deren Hilfe der stochastische Prozeß

$$X(t) = P + Qt$$

erklärt wird. Er besteht aus einer Familie von Geraden. Mittelwert und Autokorrelationsfunktion berechnen sich zu

$$\eta_X(t) = E\{P\} + E\{Q\}t$$
$$R_X(t_1, t_2) = E\{[P + Qt_1]\{P + Qt_2\}]\}$$
$$= E\{P^2\} + E\{PQ\}(t_1 + t_2) + E\{Q^2\}t_1 t_2.$$

Unter den weiteren Voraussetzungen, daß P und Q unabhängig sind und die Dichten $f_P(p)$ und $f_Q(q)$ haben, ergibt sich nach den Rechenregeln für Dichten (siehe z. B. [PAP 81], S. 190) für die Dichte $f(x; t)$ von $X(t)$:

$$f(x; t) = \frac{1}{|t|} \int_{-\infty}^{\infty} f_P(x - q) f_Q\left(\frac{q}{t}\right) dq$$

(ii) P und Q seien wie in (i) definiert. Die Lösung der Differentialgleichung

$$P \frac{dX(t)}{dt} + QX(t) = 0 \quad \text{mit } X(0) = 2 \text{ und } X(t) = 0 \text{ für alle } t < 0$$

ist ein stochastischer Prozeß, dessen Pfade eine Familie von Exponentialfunktionen

$$X(t) = 2e^{-\frac{Q}{P}t} \cdot u(t)$$

bilden, wobei mit $u(t)$ hier und im folgenden die Heaviside'sche Sprungfunktion

$$u(t) = \begin{cases} 0 & \text{für } t < 0 \\ 1 & \text{für } t \geqslant 0 \end{cases}$$

bezeichnet wird.

(iii) Gegeben seien eine Funktion $h(t)$ und eine Zufallsvariable $\tau(\xi)$, mit denen der stochastische Prozeß

$$X(t) = h(t - \tau(\xi))$$

definiert wird. Eine Realisierung von $X(t)$ ergibt sich durch eine Zeitverschiebung in $h(t)$. Die Größe $\tau(\xi)$, um die das Argument von $h(t)$ zu verschieben ist, hängt vom Ausgang eines durch einen Wahrscheinlichkeitsraum $(\Omega, \mathfrak{B}, P)$ beschriebenen Zufallsexperiments ab.

$X(t)$ kann als Antwort eines linearen zeitinvarianten Systems (siehe Definitionen 4.3-1 und 4.3-2) mit der Impulsantwort $h(t)$ auf den Diracimpuls $\delta(t-\tau)$ zum zufällig gewählten Zeitpunkt $t=\tau$ interpretiert werden (vergleiche auch Bild 3.1-3).

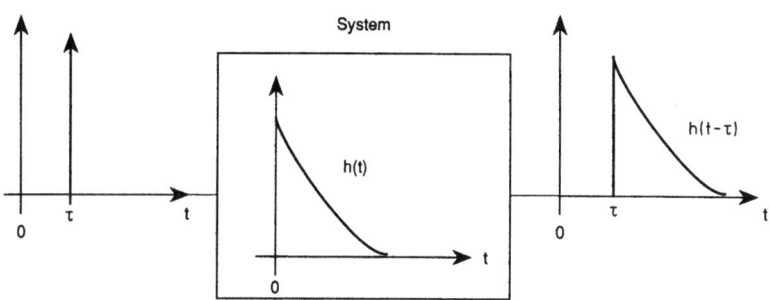

Bild 3.1-3 Impulsantwort

3.2 Spezielle stochastische Prozesse

Bevor wir uns im Abschnitt 3.3 mit den grundlegenden Begriffen der Theorie stochastischer Prozesse vertraut machen, wollen wir uns, um ein intuitives Gefühl für Zufallsprozesse zu entwickeln, mit einigen speziellen Beispielen beschäftigen.

3.2.1 Poissonprozesse

Aus dem Zeitintervall $(0, T)$ werden zufällig und unabhängig voneinander zufällig n Zeitpunkte ausgewählt. Wie groß ist die Wahrscheinlichkeit dafür, daß k dieser n Punkte in das Teilintervall (t_1, t_2) von $(0, T)$ fallen? (vergleiche Bild 3.2-1).

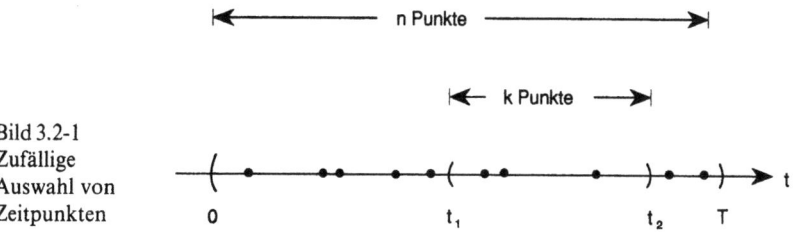

Bild 3.2-1
Zufällige
Auswahl von
Zeitpunkten

Die Wahrscheinlichkeit dafür, daß einer der Punkte in das Intervall (t_1, t_2) fällt, ist

$$P(A) = \frac{t_2 - t_1}{T} := p$$

Bei n vollständig voneinander unabhängigen Ausführungen desselben Experiments erhält man, wenn mit B_k das Ereignis bezeichnet wird, bei dem in n Versuchen genau k-mal ein Punkt aus (t_1, t_2) ausgewählt wird:

$$P(B_k) = \binom{n}{k} p^k (1-p)^{n-k}$$

Mit $n \gg 1$, $p \ll 1$ und der „Punktdichte" $\lambda = \dfrac{n}{T}$ ergibt sich

$$P(B_k) = \binom{n}{k} \left[\frac{\lambda(t_2 - t_1)}{n} \right]^k \left[1 - \frac{\lambda(t_2 - t_1)}{n} \right]^{n-k}.$$

Mit der Abkürzung $\mu = \lambda(t_2 - t_1)$ führen wir eine Zwischenrechnung durch

$$P(B_k) = \binom{n}{k} \left[\frac{\mu}{n} \right]^k \left[1 - \frac{\mu}{n} \right]^{n-k} = \frac{n! \mu^k \left(1 - \dfrac{\mu}{n}\right)^{n-k}}{k!(n-k)! n^k}$$

und erhalten daraus durch Anwendung der Stirlingschen Formel ([BRO 70], S. 138)

$$n! \approx n^n e^{-n} \sqrt{2\pi n}:$$

$$P(B_k) = \frac{n^n e^{-n} \sqrt{2\pi n}}{(n-k)^{n-k} e^{-n+k} \sqrt{2\pi(n-k)}\, n^k} \frac{\mu^k}{k!} \left(1 - \frac{\mu}{n}\right)^n \left(1 - \frac{\mu}{n}\right)^{-k}$$

$$= \frac{e^{-k}}{\sqrt{1 - \dfrac{k}{n}} \left(1 - \dfrac{k}{n}\right)^{n-k}} \frac{\mu^k}{k!} \left(1 - \frac{\mu}{n}\right)^n \left(1 - \frac{\mu}{n}\right)^{-k}$$

$$\xrightarrow{n \to \infty} \frac{\mu^k}{k!} e^{-\mu}$$

D.h. für $n \to \infty$, $T \to \infty$ (also $p \to 0$) und $\dfrac{n}{T} \to \lambda =$ konstant ergibt sich eine Poissonverteilung mit dem Parameter $\lambda(t_2 - t_1)$:

$$P(B_k) = e^{-\lambda(t_2-t_1)} \frac{[\lambda(t_2-t_1)]^k}{k!} \qquad (3.2\text{-}1)$$

Der Poissonprozeß $X(t)$ wird nun wie folgt erklärt: Es ist $X(0)=0$ und $X(t_2)-X(t_1)$ ist die Anzahl der bei der Punktdichte λ zufällig in das Zeitintervall (t_1, t_2) fallenden Zeitpunkte.

Bemerkungen

(i) Die Pfade des Poissonprozesses sind Treppenfunktionen mit Stufen der Höhe 1 an den zufällig gewählten Zeitpunkten t_i (siehe Bild 3.2-2).

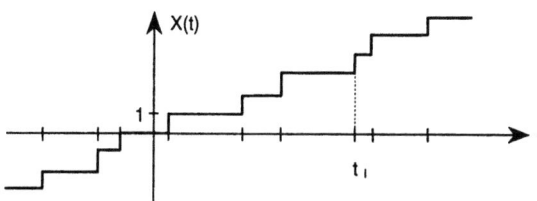

Bild 3.2-2
Pfad eines
Poissonprozesses

(ii) Für gegebenes $t > 0$ ist $X(t)$ die Anzahl der Punkte im Intervall $(0, t)$. D. h. $X(t)$ ist eine Poissonverteilte Zufallsvariable mit dem Parameter λt.

(iii) Wenn z. B. ein Material zu zufälligen Zeitpunkten t_i Elektronen emittiert, zeigt ein Anzeigegrät, das diese Elektronen einfängt, deren Anzahl $X(t)$ an. Dies ist ein Beispiel für einen Poissonprozeß.

Wir wollen uns nun mit den statistischen Eigenschaften des Poissonprozesses befassen:

Gemäß (3.2-1) ist für gegebene Zeitpunkte t_a und t_b ($t_a > t_b$) die Zufallsvariable

$$X(t_a) - X(t_b)$$

mit dem Parameter $\lambda(t_a - t_b)$ Poissonverteilt:

$$P\{X(t_a) - X(t_b) = k\} = e^{-\lambda(t_a-t_b)} \frac{[\lambda(t_a-t_b)]^k}{k!}$$

In der folgenden Nebenrechnung schreiben wir X statt $X(t_a)-X(t_b)$ und a statt $\lambda(t_a-t_b)$:

$$P\{X=k\} = e^{-a} \frac{a^k}{k!}$$

Durch Differenzieren der Reihe

$$e^a = \sum_{k=0}^{\infty} \frac{a^k}{k!}$$

3 Zufallsprozesse

nach a ergibt sich

$$e^a = \sum_{k=1}^{\infty} k \frac{a^{k-1}}{k!} = \frac{1}{a} \sum_{k=1}^{\infty} k \frac{a^k}{k!}$$

und durch nochmaliges Differenzieren erhalten wir:

$$e^a = \sum_{k=1}^{\infty} k(k-1) \frac{a^{k-2}}{k!} = \frac{1}{a^2} \sum_{k=1}^{\infty} k^2 \frac{a^k}{k!} - \frac{1}{a^2} \sum_{k=1}^{\infty} k \frac{a^k}{k!}$$

Hieraus folgt für Erwartungswert und zweites Moment von X:

$$E\{X\} = e^{-a} \sum_{k=1}^{\infty} k \frac{a^k}{k!} = a$$

$$E\{X^2\} = e^{-a} \sum_{k=1}^{\infty} k^2 \frac{a^k}{k!} = a^2 + a$$

Für die Zufallsvariable $X(t_a) - X(t_b)$ haben wir damit erhalten

$$E\{X(t_a) - X(t_b)\} = \lambda(t_a - t_b) \tag{3.2-2}$$

$$E\{[X(t_a) - X(t_b)]^2\} = \lambda^2(t_a - t_b)^2 + \lambda(t_a - t_b) \tag{3.2-3}$$

Gilt $t_a > t_b > t_c > t_d$, sind die Zufallsvariablen $X(t_a) - X(t_b)$ und $X(t_c) - X(t_d)$ voneinander unabhängig (sie repräsentieren die Anzahlen der Punkte in nichtüberlappenden Zeitintervallen). Der Erwartungswert ihres Produkts ist daher das Produkt ihrer Erwartungswerte:

$$E\{[X(t_a) - X(t_b)][X(t_c) - X(t_d)]\} = \lambda^2(t_a - t_b)(t_c - t_d) \tag{3.2-4}$$

Bild 3.2-3 Überlappende Zeitintervalle

Für $t_a > t_c > t_b > t_d$ gilt (3.2-4) nicht mehr, weil die Zeitintervalle (t_b, t_a) und (t_d, t_c) sich überlappen (siehe Bild 3.2-3). Zur Berechnung des (3.2-4) entsprechenden Erwartungswertes setzen wir nun zunächst

$$X(t_a) - X(t_b) = [X(t_a) - X(t_c)] + [X(t_c) - X(t_b)],$$

$$X(t_c) - X(t_d) = [X(t_c) - X(t_b)] + [X(t_b) - X(t_d)]$$

und erhalten dann

$$E\{[X(t_a) - X(t_b)][X(t_c) - X(t_d)]\}$$
$$= \lambda^2(t_a - t_b)(t_c - t_d) + \lambda(t_c - t_b) \tag{3.2-5}$$

$t_c - t_b$ ist gerade die Überlappungslänge der Intervalle (t_b, t_a) und (t_d, t_c).

3.2 Spezielle stochastische Prozesse   61

Satz 3.2-1 Mittelwert und Autokorrelationsfunktion des Poissonprozesses sind

$$\eta_X(t) = E\{X(t)\} = \lambda t \tag{3.2-6}$$

$$R_X(t_1, t_2) = E\{X(t_1)X(t_2)\} = \begin{cases} \lambda t_2 + \lambda^2 t_1 t_2 & \text{falls } t_1 \geqslant t_2 \\ \lambda t_1 + \lambda^2 t_1 t_2 & \text{falls } t_2 \geqslant t_1 \end{cases} \tag{3.2-7}$$

Beweis (3.2-6) bzw. (3.2-7) folgen mit $t_a = t$, $t_b = 0$ aus (3.2-2) bzw. mit $t_a = t_1$, $t_c = t_2$, $t_b = t_d = 0$ aus (3.2-5). ∎

Ist die Punktdichte λ nicht mehr, wie bisher vorausgesetzt, konstant, sondern eine Funktion von t, bleiben die bisherigen Ergebnisse aus diesem Abschnitt gültig, wenn überall $(t_2 - t_1)\lambda$ durch $\int_{t_1}^{t_2} \lambda(t)\,dt$ ersetzt wird. Es folgen:

$$E\{X(t)\} = \int_0^t \lambda(t)\,dt \tag{3.2-8}$$

und mit $t_2 > t_1$

$$R_X(t_1, t_2) = \int_0^{t_1} \lambda(t)\,dt \cdot \left[1 + \int_0^{t_2} \lambda(t)\,dt\right] \tag{3.2-9}$$

Für $t_1 > t_2$ müssen in (3.2-9) einfach t_1 und t_2 vertauscht werden.

Nun seien $X(t)$ ein Poissonprozeß und $\varepsilon > 0$, $\varepsilon \in \mathbb{R}$, eine feste Konstante. Wir betrachten den Prozeß

$$Y(t) = \frac{X(t+\varepsilon) - X(t)}{\varepsilon} \tag{3.2-10}$$

Natürlich ist $Y(t) = \frac{k}{\varepsilon}$, wobei k die Anzahl der zufällig ins Zeitintervall $(t, t+\varepsilon)$ fallenden Punkte ist. D. h.

$$P\left\{\xi; Y(t, \xi) = \frac{k}{\varepsilon}\right\} = e^{-\lambda \varepsilon} \frac{(\lambda \varepsilon)^k}{k!} \tag{3.2-11}$$

und (vergleiche (3.2-6))

$$E\{Y(t)\} = \frac{1}{\varepsilon} E\{X(t+\varepsilon)\} - \frac{1}{\varepsilon} E\{X(t)\} = \lambda \tag{3.2-12}$$

Zur Berechnung der AKF von $Y(t)$ werden zwei Fälle unterschieden:
(i) $t_2 > t_1 + \varepsilon$; d. h. die Zeitintervalle $(t_1, t_1 + \varepsilon)$ und $(t_2, t_2 + \varepsilon)$ überlappen nicht, woraus mit (3.2-4) folgt:

$$E\{\varepsilon^2 Y(t_1) \cdot Y(t_2)\} = \lambda^2 \varepsilon^2$$

(ii) $t_2 < t_1 < t_2 + \varepsilon$; d. h. die beiden Zeitintervalle überlappen um $\varepsilon - (t_1 - t_2)$. Dann folgt aus (3.2-5):

$$E\{\varepsilon^2 Y(t_1) \cdot Y(t_2)\} = \lambda^2 \varepsilon^2 + \lambda[\varepsilon - (t_1 - t_2)]$$

Insgesamt ergibt sich damit:

$$R_Y(t_1, t_2) = \begin{cases} \lambda^2 & \text{für } |t_1 - t_2| > \varepsilon \\ \lambda^2 + \dfrac{\lambda}{\varepsilon} - \dfrac{\lambda |t_1 - t_2|}{\varepsilon^2} & \text{für } |t_1 - t_2| \leq \varepsilon \end{cases} \qquad (3.2\text{-}13)$$

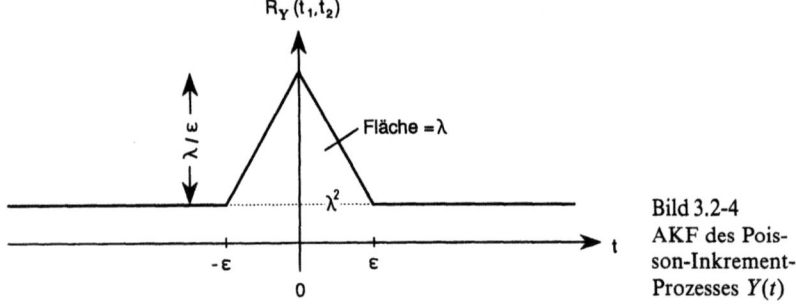

Bild 3.2-4
AKF des Poisson-Inkrement-Prozesses $Y(t)$

Bild 3.2-4 zeigt $R_Y(t_1, t_2)$ als Funktion von $t = t_1 - t_2$. Diese Funktion ist die Summe aus einem konstanten Anteil λ^2 und einer Dreiecksfunktion der Fläche λ. Für $\varepsilon \to 0$ geht diese Dreiecksfunktion in einen Diracimpuls $\lambda \delta(t_2 - t_1)$ über.

Der Prozeß $Y(t)$ heißt Poisson-Inkrement-Prozeß.

Nun seien t_i die zufällig ausgewählten Zeitpunkte und $Z(t)$ der stochastische Prozeß

$$Z(t) = \sum_i \delta(t - t_i), \qquad (3.2\text{-}14)$$

dessen Realisierungen aus einer Impulsfolge (vergleiche Bild 3.2-5) bestehen. Offenbar gilt

$$Z(t) = \frac{dX(t)}{dt} = \lim_{\varepsilon \to 0} Y(t), \qquad (3.2\text{-}15)$$

wobei $X(t)$ ein Poissonprozeß und $Y(t)$ der dazugehörende Poisson-Inkrement-Prozeß sind. Die Grenzübergänge in (3.2-15) sind als gewöhnliche Grenzübergänge für jeden der Pfade von $X(t)$ bzw. $Y(t)$ zu verstehen. Mit $\varepsilon \to 0$ erhalten wir aus (3.2-12) bzw. (3.2-13):

$$E\{Z(t)\} = \lambda \quad \text{bzw.} \quad R_Z(t_1, t_2) = \lambda^2 + \lambda \delta(t_2 - t_1) \qquad (3.2\text{-}16)$$

3.2 Spezielle stochastische Prozesse 63

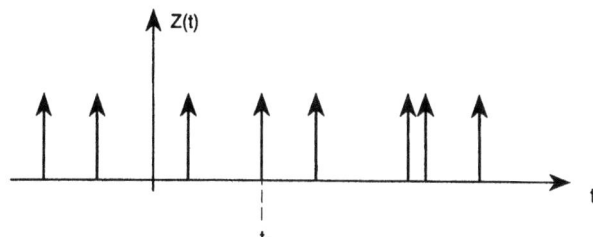

Bild 3.2-5
Pfad eines Poisson-
Impuls-Prozesses

$Z(t)$ heißt Poisson-Impuls-Prozeß.
Mit den zufälligen Zeitpunkten t_i und der gegebenen Funktion $h(t)$ erzeugen wir den Prozeß

$$S(t) = \sum_{i=-\infty}^{\infty} h(t - t_i) \tag{3.2-17}$$

$S(t)$ ist die abzählbar unendliche Summe von Funktionen, die aus h durch Verschiebung an die Zeitpunkte t_i entstehen. $S(t)$ kann als Antwort eines linearen zeitinvarianten Systems mit der Impulsantwort $h(t)$ auf die Eingabe eines Poisson-Impuls-Prozesses $Z(t)$ (3.2-14) interpretiert werden:

$$S(t) = Z(t) * h(t) \tag{3.2-18}$$

$S(t)$ ist ein Schrot-Rauschen.

3.2.2 Telegraphiesignale

Wie bei den Poissonprozessen ist das zugrundeliegende Zufallsexperiment auch hier wieder die zufällige Auswahl von Zeitpunkten, die auf der Zeitachse mit der konstanten Dichte λ verteilt sind.
Das quasizufällige Telegraphiesignal $X(t)$ wird wie folgt definiert: Wenn im Zeitintervall $(0, t)$ die Anzahl der zufällig ausgewählten Zeitpunkte gerade ist, gilt $X(t) = 1$. Ist die Anzahl ungerade, folgt $X(t) = -1$ (siehe Bild 3.2-6).

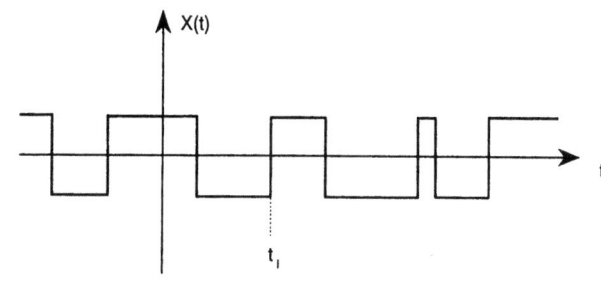

Bild 3.2-6
Pfad eines
quasizufälligen
Telegraphiesignals

Die Wahrscheinlichkeit des Ereignisses $A_k = \{\xi; \text{in } (0, t) \text{ liegen genau } k \text{ Punkte}\}$ ist

$$P\{A_k\} = P\{k\} = e^{-\lambda t} \frac{(\lambda t)^k}{k!}.$$

Die Ereignisse A_k schließen sich für $k = 0, 2, 4, \ldots$ gegenseitig aus. D. h. die Wahrscheinlichkeit dafür, daß in $(0, t)$ eine gerade Anzahl von Zeitpunkten liegt, ist

$$P\{X(t) = 1\} = P\{0\} + P\{2\} + \ldots = e^{-\lambda t}\left[1 + \frac{(\lambda t)^2}{2!} + \ldots\right] = e^{-\lambda t}\cosh \lambda t.$$

Entsprechend ergibt sich für die Wahrscheinlichkeit, daß in $(0, t)$ eine ungerade Anzahl zufällig gewählter Zeitpunkte liegt:

$$P\{X(t) = -1\} = P\{1\} + P\{3\} + \ldots = e^{-\lambda t}\left[\lambda t + \frac{(\lambda t)^3}{3!} + \ldots\right] = e^{-\lambda t}\sinh \lambda t$$

Insgesamt folgt:

$$\begin{aligned}P\{X(t) = 1\} &= e^{-\lambda t}\cosh \lambda t \\ P\{X(t) = -1\} &= e^{-\lambda t}\sinh \lambda t\end{aligned} \quad (3.2\text{-}19)$$

Für den Erwartungswert des quasizufälligen Telegraphiesignals $X(t)$ erhalten wir mit den Identitäten

$$\sinh x = \frac{e^x - e^{-x}}{2}; \quad \cosh x = \frac{e^x + e^{-x}}{2}:$$

$$E\{X(t)\} = e^{-\lambda t}\{\cosh \lambda t - \sinh \lambda t\} = e^{-2\lambda t} \quad (3.2\text{-}20)$$

Zur Berechnung der AKF von $X(t)$ brauchen wir die gemeinsame Verteilung von $X(t_1)$ und $X(t_2)$. Um diese zu bestimmen, nehmen wir zunächst einmal an

$$t_1 - t_2 = \tau > 0.$$

Ist nun $X(t_2) = 1$ und liegt in (t_2, t_1) eine gerade Anzahl zufällig gewählter Zeitpunkte, gilt $X(t_1) = 1$, d. h.

$$P\{X(t_1) = 1 \mid X(t_2) = 1\} = e^{-\lambda \tau}\cosh \lambda \tau.$$

Mit der Definitionsgleichung für bedingte Wahrscheinlichkeiten erhält man hieraus

$$\begin{aligned}P\{X(t_1) = 1, X(t_2) = 1\} &= P\{X(t_1) = 1 \mid X(t_2) = 1\} \cdot P\{X(t_2) = 1\} \\ &= e^{-\lambda \tau}\cosh \lambda \tau \, e^{-\lambda t_2}\cosh \lambda t_2\end{aligned}$$

3.2 Spezielle stochastische Prozesse

Genauso berechnet man

$$P\{X(t_1) = -1, X(t_2) = -1\} = e^{-\lambda\tau} \cosh \lambda\tau \, e^{-\lambda t_2} \sinh \lambda t_2$$
$$P\{X(t_1) = 1, X(t_2) = -1\} = e^{-\lambda\tau} \sinh \lambda\tau \, e^{-\lambda t_2} \sinh \lambda t_2$$
$$P\{X(t_1) = -1, X(t_2) = 1\} = e^{-\lambda\tau} \sinh \lambda\tau \, e^{-\lambda t_2} \cosh \lambda t_2$$

und daraus den Erwartungswert

$$\begin{aligned}E\{X(t_1) \cdot X(t_2)\} &= P\{X(t_1) = 1, X(t_2) = 1\} + P\{X(t_1) = -1, X(t_2) = -1\} \\ &\quad - P\{X(t_1) = 1, X(t_2) = -1\} - P\{X(t_1) = -1, X(t_2) = 1\} \\ &= e^{-\lambda\tau} e^{-\lambda t_2} [\cosh \lambda t_2 + \sinh \lambda t_2] \cosh \lambda\tau \\ &\quad - e^{-\lambda\tau} e^{-\lambda t_2} [\sinh \lambda t_2 + \cosh \lambda t_2] \sinh \lambda\tau \\ &= e^{-\lambda\tau} [\cosh \lambda\tau - \sinh \lambda\tau] = e^{-2\lambda\tau}\end{aligned}$$

Die Beachtung der entsprechenden Ergebnisse für $t_2 - t_1 = \tau > 0$ (d. h. die Vertauschung von t_1 und t_2) führt auf

$$R_X(t_1, t_2) = e^{-2\lambda\tau} = e^{-2\lambda|t_2-t_1|} \tag{3.2-21}$$

Zur Erklärung des zufälligen Telegraphiesignals betrachten wir eine Zufallsvariable A, die nur die Werte 1 und -1 annimmt und für die gilt

$$P\{A = 1\} = P\{A = -1\} = \frac{1}{2}.$$

Daraus folgt

$$E\{A\} = 0, \quad E\{A^2\} = 1.$$

Nehmen wir nun an, daß die Zufallsvariable A von dem oben eingeführten quasizufälligen Telegraphiesignal unabhängig ist (d. h. für jedes t sind die Zufallsvariablen A und $X(t)$ unabhängig), und definieren einen neuen stochastischen Prozeß

$$Y(t) = A \cdot X(t),$$

dann folgt

$$E\{Y(t)\} = E\{A\}E\{X(t)\} = 0$$
$$E\{Y(t_1)Y(t_2)\} = E\{A^2 X(t_1)X(t_2)\} = E\{X(t_1)X(t_2)\}$$

Die AKF des zufälligen Telegraphiesignals $Y(t)$ ist also

$$R_Y(t_1, t_2) = e^{-2\lambda|t_2-t_1|}$$

und die Prozesse $X(t)$ und $Y(t)$ haben asymptotisch (d. h. für $t \to \infty$) identische Statistiken bis zur Ordnung 2.

3.2.3 Irrfahrt

Das grundlegende Experiment der eindimensionalen Irrfahrt ist der unendlich oft durchgeführte Wurf einer unverfälschten Münze. Alle T Sekunden finde ein Wurf statt. Danach wird in Ordinatenrichtung ein Schritt der Weite s ausgeführt: Nach oben, wenn beim Münzwurf Kopf fällt, nach unten, wenn Zahl fällt. Die in Ordinatenrichtung zum Zeitpunkt t erreichte Gesamthöhe bezeichnen wir mit $X(t)$. Sie hängt natürlich vom Ausgang des Experiments, d. h. von der speziellen Folge der Wurfergebnisse, ab. Durch $X(t)$ ist ein stochastischer Prozeß, die eindimensionale Irrfahrt, definiert. Mehrdimensionale Irrfahrten werden entsprechend durch taktsynchrone aber sonst unabhängige Experimente in mehreren Koordinatenrichtungen, deren Ergebnisse vektoriell addiert werden, erklärt.

Die Pfade der eindimensionalen Irrfahrt haben Treppenform mit Stufen der Höhe s zu den Zeitpunkten $t = nT$ (siehe Bild 3.2-7).

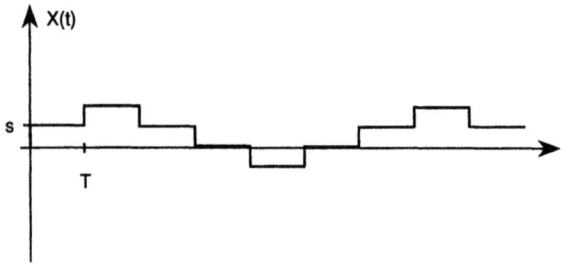

Bild 3.2-7
Pfad einer Irrfahrt

Nehmen wir an, daß innerhalb der ersten n Würfe k-mal Kopf fällt. Zum Zeitpunkt $t = nT$ wurden dann k Schritte nach oben und $n - k$ Schritte nach unten ausgeführt. Es gilt also

$$X(nT) = ks - (n - k)s = (2k - n)s$$

Setzt man abkürzend $2k - n = r$, ist $X(nT)$ eine Zufallsvariable, die Werte rs annimmt ($-n \leqslant r \leqslant n$). $A_r = \{\xi; X(nT) = rs\}$ ist das Ereignis „k-mal Kopf bei n Würfen" mit $k = \dfrac{r + n}{2}$.

Wegen der vorliegenden Binomialverteilung gilt:

$$P\{A_r\} = P\{\xi; X(nT) = rs\} = \binom{n}{\dfrac{n+r}{2}} \dfrac{1}{2^n} \qquad (3.2\text{-}23)$$

3.2 Spezielle stochastische Prozesse

Satz 3.2-2 Es ist

$$E\{X(nT)\} = 0, \quad E\{X^2(nT)\} = ns^2 \qquad (3.2\text{-}24)$$

Beweis Wir definieren eine Zufallsvariable X_i:

$$X_i = \begin{cases} s & \text{falls der } i\text{-te Schritt nach oben führt} \\ -s & \text{falls der } i\text{-te Schritt nach unten führt} \end{cases},$$

d. h. $P\{X_i = s\} = P\{X_i = -s\} = \dfrac{1}{2}$,

$$E\{X_i\} = 0, \quad E\{X_i^2\} = s^2.$$

Nun ist aber

$$X(nT) = X_1 + X_2 + \ldots + X_n,$$

woraus sofort $E\{X(nT)\} = 0$ folgt. Wegen der Unabhängigkeit der X_i voneinander, gilt darüber hinaus

$$E\{X^2(nT)\} = \sum_{i=1}^{n} E\{X_i^2\} = ns^2 \qquad \blacksquare$$

Im folgenden benötigen wir zwei Grenzwertaussagen zur Binomialverteilung (vergleiche [BOS 76], S. 131 f.):

Satz 3.2-3 (lokaler Grenzwertsatz von de Moivre-Laplace) Für jedes p, $0 < p < 1$, gilt mit $q = 1 - p$:

$$\binom{n}{k} p^k q^{n-k} = \frac{1}{\sqrt{2\pi npq}} e^{-\frac{(k-np)^2}{2npq}} [1 + R_n(k)] \qquad (3.2\text{-}25)$$

für $k = 0, 1, 2, \ldots, n$.

Das Restglied $R_n(k)$ erfüllt die Grenzwertbeziehung $\lim\limits_{n \to \infty} R_n(k) = 0$.

Satz 3.2-4 Für die Standardisierungen $\tilde{X}_n = \dfrac{X_n - np}{\sqrt{npq}}$ von mit den Parametern n und p binomial verteilten Zufallsvariablen X_n gilt für $0 < p < 1$ und $a \leqslant b$:

$$\lim_{n \to \infty} P\{\xi; a \leqslant \tilde{X}_n < b\} = \frac{1}{\sqrt{2\pi}} \int_a^b e^{-\frac{x^2}{2}} \, dx \qquad (3.2\text{-}26)$$

68 3 Zufallsprozesse

Folgerungen

(i) Aus (3.2-23) und (3.2-25) folgt mit $p = q = \dfrac{1}{2}$ und $k = \dfrac{n+r}{2}$:

$$P\{X(nT) = rs\} \approx \frac{1}{\sqrt{\dfrac{n\pi}{2}}} e^{-\dfrac{r^2}{2n}} \qquad (3.2\text{-}27)$$

(ii) Mit (3.2-26) und der Bezeichnung

$$\text{erf } x = \frac{1}{\sqrt{2\pi}} \int_0^x e^{-\frac{y^2}{2}} \, dy$$

ergibt sich:

$$P\{\xi; X(nT) \leqslant rs\} = \sqrt{\frac{ns^2}{2\pi}} \int_{-\infty}^{rs} e^{-\frac{(\sqrt{n}\, sx)^2}{2}} \, dx$$

$$= \frac{1}{\sqrt{2\pi}} \int_{-\infty}^{\frac{r}{\sqrt{n}}} e^{-\frac{y^2}{2}} \, dy = \frac{1}{2} + \text{erf } \frac{r}{\sqrt{n}} \qquad (3.2\text{-}28)$$

Bemerkungen

(i) Für $n_1 < n_2 < n_3 < n_4$ ist die Anzahl der Würfe mit dem Ergebnis „Kopf" zwischen dem n_1-ten und dem n_2-ten Wurf unabhängig von der Anzahl der Würfe mit dem Ergebnis „Kopf" zwischen dem n_3-ten und dem n_4-ten Wurf. Folglich sind auch die Zufallsvariablen $X(n_2 T) - X(n_1 T)$ und $X(n_4 T) - X(n_3 T)$ unabhängig.

(ii) Die Gleichungen (3.2-27) und (3.2-28) bleiben unter der Voraussetzung $(n-1)T < t \leqslant nT$ auch gültig, wenn $X(nT)$ durch $X(t)$ ersetzt wird, da $X(t)$ in diesem Intervall konstant ist.

3.2.4 Brownsche Bewegung

Der Prozeß der Brownschen Bewegung, der auch Wiener-Lévy-Prozeß genannt wird, wird im folgenden als ein Grenzwert der Irrfahrt abgeleitet: Für $t = nT$ gilt für den Erwartungswert und die Varianz der Irrfahrt $X(t)$ (siehe (3.2-24)):

$$E\{X(t)\} = 0, \quad \text{var}\{X(t)\} = E\{X^2(t)\} = \frac{ts^2}{T} \qquad (3.2\text{-}29)$$

Wir halten nun t fest und lassen die Schrittweite s und den Schritttakt T gegen Null gehen. Die Varianz von $X(t)$ bleibt nur dann endlich und von Null

3.2 Spezielle stochastische Prozesse

verschieden, wenn s wie $\sqrt{T}$ gegen Null geht. Nehmen wir also $s^2 = \alpha T$ an und definieren den Prozeß $W(t)$ als folgenden Grenzwert:

$$W(t) = \lim_{T \to 0} X(t) \tag{3.2-30}$$

Der Prozeß $W(t)$ heißt **Brownsche Bewegung**. Seine Realisierungen sind f. ü. (fast überall) stetig und aus (3.2-29) folgt:

$$E\{W(t)\} = 0, \quad \text{var}\{W(t)\} = E\{W^2(t)\} = \alpha t$$

Satz 3.2-5 Für festes t ist die Zufallsvariable $W(t)$ normalverteilt.

Beweis Wegen $E\{X(nT)\} = 0$, $E\{X^2(nT)\} = ns^2$ und der Gültigkeit von Satz 3.2-4, (3.2-26), folgt:

$$P\{X(nT) \leqslant rs\} = P\left\{\frac{X(nT)}{\sqrt{ns^2}} \leqslant \frac{r}{\sqrt{n}}\right\} \approx \frac{1}{2} + \frac{1}{\sqrt{2\pi}} \int_0^{\frac{r}{\sqrt{n}}} e^{-\frac{x^2}{2}} dx$$

$$= \frac{1}{2} + \text{erf}\frac{r}{\sqrt{n}}$$

Wir wählen nun n und t so, daß $w = rs$ und $t = nT$ sind und erinnern uns daran, daß $s^2 = \alpha T$ gesetzt wurde. Dann ist:

$$\frac{r}{\sqrt{n}} = \frac{w/s}{\sqrt{t/T}} = \frac{w}{\sqrt{\alpha t}}$$

und aus (3.2-26) ergibt sich

$$P\left\{\frac{X(t)}{\sqrt{\alpha t}} \leqslant \frac{w}{\sqrt{\alpha t}}\right\} = P\{X(t) \leqslant w\} \approx \frac{1}{2} + \text{erf}\frac{w}{\sqrt{\alpha t}} \tag{3.2-31}$$

Wir halten w und t fest und lassen $T \to 0$ gehen. Dann folgt $n \to \infty$ und $r = w\sqrt{\frac{n}{\alpha t}}$ geht wie $\sqrt{n}$ gegen Unendlich. Im Grenzwert folgt also aus (3.2-31):

$$F(w; t) = P\{W(t) \leqslant w\} = \frac{1}{2} + \text{erf}\frac{w}{\sqrt{\alpha t}}.$$

Die Dichte von $W(t)$ ist dann

$$f(w; t) = \frac{1}{\sqrt{2\pi\alpha t}} e^{-\frac{w^2}{2\alpha t}}, \tag{3.2-32}$$

d. h. die Zufallsvariable $W(t)$ ist normalverteilt mit dem Erwartungswert 0 und der Varianz αt. ∎

Satz 3.2-6 Die AKF von $W(t)$ ist

$$R_W(t_1, t_2) = \begin{cases} \alpha t_2 & \text{für } t_1 \geq t_2 \\ \alpha t_1 & \text{für } t_1 \leq t_2 \end{cases}$$

Beweis Für den Startpunkt der Irrfahrt $X(t)$ und den Startpunkt der Brownschen Bewegung $W(t)$ gilt $X(0) = W(0) = 0$. Für $t_2 > t_1$ ist $W(t_2) - W(t_1)$ unabhängig von $W(t_1) - W(0) = W(t_1)$ (vergleiche die Bemerkung (i) aus 3.2.3). Daraus folgt

$$E\{[W(t_2) - W(t_1)]W(t_1)\} = E\{W(t_2)W(t_1)\} - E\{W^2(t_1)\} = 0.$$

Wegen $E\{W^2(t_1)\} = \alpha t_1$ gilt der Satz. ∎

3.2.5 Binäre Signale

Das zugrundeliegende Zufallsexperiment ist auch hier wieder der unendlich oft wiederholte Wurf einer unverfälschten Münze. Das quasizufällige binäre Signal ist der durch

$$X(t) = \begin{cases} 1 & \text{falls im } n\text{-ten Wurf „Kopf" fällt} \\ -1 & \text{falls im } n\text{-ten Wurf „Zahl" fällt} \end{cases} \quad (n-1)T < t < nT$$

erklärte stochastische Prozeß. Eine spezielle Realisierung von $X(t)$ zeigt Bild 3.2-8. Offenbar gilt

$$E\{X(t)\} = 0, \quad E\{X^2(t)\} = 1.$$

Die AKF von $X(t)$ ist

$$R_X(t_1, t_2) = E\{X(t_1)X(t_2)\} = \begin{cases} 1 & \text{für } (n-1)T < t_1, t_2 < nT \\ 0 & \text{sonst} \end{cases}$$

Nun sei A eine im Intervall $(0, T)$ gleichverteilte Zufallsvariable, die von $X(t)$ unabhängig ist. Wir bilden den Prozeß

$$Y(t) = X(t - A). \tag{3.2-33}$$

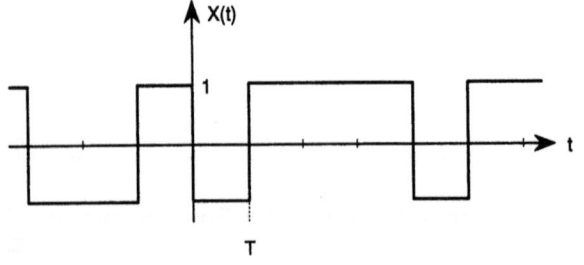

Bild 3.2-8
Pfad eines quasizufälligen Binärsignals $X(t)$

3.2 Spezielle stochastische Prozesse 71

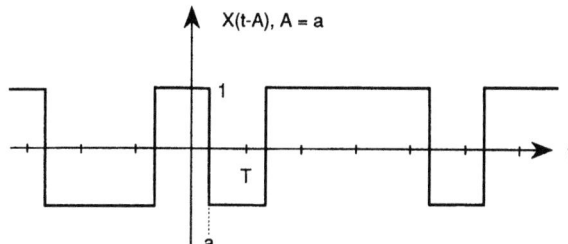

Bild 3.2-9
Zufällige Verschiebung des Arguments
von $X(t)$ um den
(zufälligen) Wert A

Der stochastische Prozeß $Y(t)$ entsteht aus $X(t)$ durch die Verschiebung des Arguments um A (siehe Bild 3.2-9).
Zur Berechnung des Mittelwerts und der AKF von $Y(t)$ benutzen wir die folgende für bedingte Erwartungswerte geltende Gleichung ([REN 71], S. 228 ff.):

$$E\{g(X,Y)\} = E\{E\{g(X,Y)|X\}\}$$

Das bedeutet hier

$$E\{Y(t)\} = E\{E\{X(t-A)|A\}\} = 0,$$

da der innere Erwartungswert $E\{X(t-A)|A\} = 0$ für jeden Wert von A ist. Es gilt nämlich

$$E\{X(t-A)|A = a\} = E\{X(t-a)|A = a\}$$

und in dieser Gleichung sind t und a reelle Zahlen, d.h. es ist auch $t_1 = t - a \in \mathbb{R}$. Nun ist aber der Prozeß $X(t)$ unabhängig von der Zufallsvariablen A. Damit ist aber für jedes t_1 auch die Zufallsvariable $X(t_1)$ unabhängig von A und daraus folgt:

$$E\{X(t-a)|A = a\} = E\{X(t_1)|A = a\} = E\{X(t_1)\} = 0,$$

weil $X(t)$ ein mittelwertfreier Prozeß ist. Nun erhält man die Zufallsvariable $E\{X(t-A)|A\}$, indem man in $E\{X(t-a)|A = a\}$ a durch A ersetzt, d.h.

$$E\{X(t-A)|A\} = 0.$$

Satz 3.2-7 Das zufällige Binärsignal $Y(t)$ ist mittelwertfrei und hat die AKF

$$R_Y(t_1, t_2) = \begin{cases} 0 & \text{für } |t_2 - t_1| > T \\ 1 - \dfrac{|t_2 - t_1|}{T} & \text{für } |t_2 - t_1| \leqslant T \end{cases} \quad (3.2\text{-}34)$$

(vergleiche Bild 3.2-10).

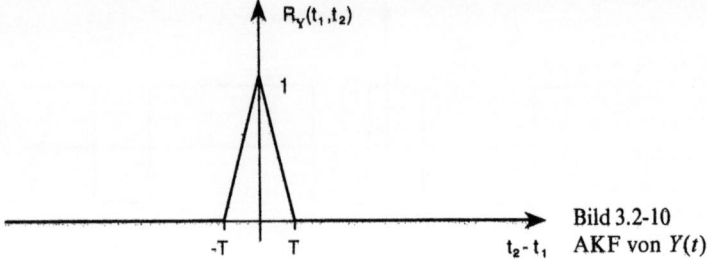

Bild 3.2-10
AKF von $Y(t)$

Beweis Die erste Aussage des Satzes wurde bereits oben gezeigt. Zum Beweis der zweiten nehmen wir zunächst einmal $|t_2 - t_1| > T$ an. Wegen $A < T$ gilt dann

$$E\{Y(t_1)Y(t_2)|A\} = 0,$$

da für jeden Wert von A t_1 und t_2 in verschiedenen Taktintervallen der Länge T liegen. Nach der oben bereits benutzten Aussage über bedingte Erwartungswerte folgt

$$E\{Y(t_1)Y(t_2)\} = E\{E\{Y(t_1)Y(t_2)|A\}\} = 0.$$

Nun seien $|t_2 - t_1| < T$ und $t_2 = nT$ mit $n \in \mathbb{N}$. Dann sind nur für

$$A < T - |t_2 - t_1|$$

t_2 und t_1 aus demselben Intervall der Länge T, d. h.

$$E\{Y(t_1)Y(t_2)|A\} = \begin{cases} 1 & \text{für } A < T - |t_2 - t_1| \\ 0 & \text{sonst} \end{cases}.$$

Hieraus ergibt sich aus dem Satz über die vollständigen Erwartungswerte ([REN 71], S. 178):

$$E\{Y(t_1)Y(t_2)\} = E\{Y(t_1)Y(t_2)|A < T - |t_2 - t_1|\} \cdot P\{A < T - |t_2 - t_1|\}$$
$$+ E\{Y(t_1)Y(t_2)|A \geq T - |t_2 - t_1|\} \cdot P\{A \geq T - |t_2 - t_1|\}$$
$$= P\{A < T - |t_2 - t_1|\} = \frac{T - |t_2 - t_1|}{T} = 1 - \frac{|t_2 - t_1|}{T}$$

Genauso schließt man für beliebige andere Werte des Parameters t_2. ∎

3.3 Begriffe

Der reellwertige stochastische Prozeß $X(t)$ über dem Wahrscheinlichkeitsraum $(\Omega, \mathfrak{B}, P)$ ist eine Familie von Zufallsvariablen, für die für beliebige $n > 0$ die n-dimensionalen Verteilungsfunktionen

$$F(x_1, ..., x_n; t_1, ..., t_n) = P\{X(t_1) \leq x_1, ..., X(t_n) \leq x_n\} \qquad (3.3\text{-}1)$$

existieren. Dabei müssen die Pärchen t_i, x_i einer beliebigen Permutation $\pi(\cdot)$ unterworfen werden können, ohne daß sich die Verteilungsfunktion ändert, d. h.

$$F(x_1, ..., x_n; t_1, ..., t_n) = F(x_{\pi(1)}, ..., x_{\pi(n)}; t_{\pi(1)}, ..., t_{\pi(n)}) \qquad (3.3\text{-}2)$$

und für alle m mit $1 \leq m \leq n$ muß gelten

$$F(x_1, ..., x_m, \infty, \infty, ..., \infty; t_1, ..., t_m, t_{m+1}, ..., t_n)$$
$$= F(x_1, ..., x_m; t_1, ..., t_m) \quad \text{für alle } t_{m+1}, ..., t_n \qquad (3.3\text{-}3)$$

Die Gleichungen (3.3-2) und (3.3-3) heißen Verträglichkeitsbedingungen für den stochastischen Prozeß $X(t)$.
Die Ableitung n-ter Ordnung der Verteilungsfunktion

$$f(x_1, ..., x_n; t_1, ..., t_n) = \frac{\partial^n F(x_1, ..., x_n; t_1, ..., t_n)}{\partial x_1 ... \partial x_n} \qquad (3.3\text{-}4)$$

ist die n-dimensionale Dichte des stochastischen Prozesses $X(t)$.
Der zweidimensionale Prozeß

$$\vec{X}(t) = \begin{pmatrix} X_1(t) \\ X_2(t) \end{pmatrix}$$

hat als Komponenten die beiden eindimensionalen Prozesse $X_1(t)$ und $X_2(t)$. $\vec{X}(t)$ ist statistisch bestimmt, wenn für beliebige natürliche Zahlen m, n und Zeitpunkte $t_1, ..., t_n; t'_1, ..., t'_m$ die gemeinsame Verteilung von

$$X_1(t_1), ..., X_1(t_n); \quad X_2(t'_1), ..., X_2(t'_m)$$

bekannt ist. Ganz entsprechend werden n-dimensionale stochastische Prozesse erklärt.
Ein komplexwertiger (oder kurz komplexer) Prozeß

$$X(t) = X_1(t) + j X_2(t)$$

wird durch den zweidimensionalen Prozeß $\vec{X}(t) = (X_1(t), X_2(t))^T$ in seinen statistischen Eigenschaften beschrieben. Seine Pfade sind komplexwertige Funktionen der reellen Variablen t. Der Mittelwert des komplexen Prozesses $X(t)$ ist

$$\eta_X(t) = E\{X(t)\} = E\{X_1(t)\} + j E\{X_2(t)\}$$

und seine AKF ist durch

$$R_X(t_1, t_2) = E\{X(t_1) X^*(t_2)\} \qquad (3.3\text{-}5)$$

definiert, wobei $X^*(t_2)$ die zu $X(t_2)$ konjugiert komplexe Zufallsvariable ist. Die Autokovarianzfunktion des Prozesses $X(t)$ errechnet sich dementsprechend zu

$$C_X(t_1, t_2) = E\{[X(t_1) - \eta_X(t_1)][X(t_2) - \eta_X(t_2)]^*\}$$
$$= R_X(t_1, t_2) - \eta_X(t_1)\eta_X^*(t_2) \qquad (3.3\text{-}6)$$

Die **Kreuzkorrelation** zweier (reell- oder komplexwertiger) Prozesse $X(t)$, $Y(t)$ ist erklärt durch

$$R_{XY}(t_1, t_2) = E\{X(t_1)Y^*(t_2)\}. \qquad (3.3\text{-}7)$$

Daraus ergibt sich für die **Kreuzkovarianz** folgende Definition:

$$C_{XY}(t_1, t_2) = R_{XY}(t_1, t_2) - \eta_X(t_1)\eta_Y^*(t_2) \qquad (3.3\text{-}8)$$

Schließlich ist

$$E\{X(t_1)X(t_2)\ldots X(t_n)\}$$

ein **Moment der Ordnung n** des stochastischen Prozesses $X(t)$. Ähnlich werden gemeinsame Momente zweier oder mehrerer Prozesse erklärt.

Definition 3.3-1 Die beiden stochastischen Prozesse $X(t)$ und $Y(t)$ sind **unkorreliert**, wenn für beliebige t_1 und t_2 gilt

$$R_{XY}(t_1, t_2) = E\{X(t_1)\}E\{Y^*(t_2)\} = \eta_X(t_1)\eta_Y^*(t_2), \qquad (3.3\text{-}9)$$

d. h. wenn $C_{XY}(t_1, t_2) \equiv 0$ ist.

$X(t)$ und $Y(t)$ sind **orthogonal**, wenn

$$R_{XY}(t_1, t_2) \equiv 0 \qquad (3.3\text{-}10)$$

gilt.

Die Prozesse $X(t)$ und $Y(t)$ sind **unabhängig**, wenn für beliebige $n, m \in \mathbb{N}$ und beliebige Zeitpunkte $t_1, \ldots, t_n; t_1', \ldots, t_m'$ die Zufallsvariablen $X(t_1), X(t_2)$, $\ldots, X(t_n)$ vollständig unabhängig von den Zufallsvariablen $Y(t_1'), Y(t_2'), \ldots, Y(t_m')$ sind.

Bemerkungen

(i) Die beiden Zufallsvariablen X und Y sind genau dann unabhängig, wenn für alle $x, y \in \mathbb{R}$

$$P\{X \leqslant x; Y \leqslant y\} = P\{X \leqslant x\} \cdot P\{Y \leqslant y\}$$

gilt

(ii) Entsprechend sind die Zufallsvariablen $X(t_1), X(t_2), \ldots, X(t_n)$ vollständig unabhängig von den Zufallsvariablen $Y(t_1'), Y(t_2'), \ldots, Y(t_m')$, wenn für beliebige $m, n \in \mathbb{N}$, $x_i, y_k \in \mathbb{R}$ ($1 \leqslant i \leqslant n, 1 \leqslant k \leqslant m$) und beliebige Zeitpunkte

$t_1, t_2, \ldots, t_n$ und $t'_1, t'_2, \ldots, t'_m$

gilt.
$$P\{X(t_1) \leqslant x_1, \ldots, X(t_n) \leqslant x_n; Y(t'_1) \leqslant y_1, \ldots, Y(t'_m) \leqslant y_m\}$$
$$= P\{X(t_1) \leqslant x_1, \ldots, X(t_n) \leqslant x_n\} \cdot P\{Y(t'_1) \leqslant y_1, \ldots, Y(t'_m) \leqslant y_m\}$$

Definition 3.3-2 $X(t)$ ist ein Prozeß mit unkorrelierten (oder orthogonalen oder unabhängigen) Zuwächsen, wenn für laufendes $i \in \mathbb{Z}$

$$X(t_{i+1}) - X(t_i); \quad t_{i+1}, t_i \in \mathbb{R},$$

eine Folge unkorrelierter (oder orthogonaler oder unabhängiger) Zufallsvariabler ist und die Intervalle (t_{i+1}, t_i), $i \in \mathbb{Z}$, nicht überlappend aber sonst beliebig sind.

Bemerkung Ist $X(t)$ ein Prozeß mit unabhängigen Zuwächsen, besitzt er natürlich auch unkorrelierte Zuwächse. Beispiele für Prozesse mit unabhängigen Zuwächsen sind der Poissonprozeß und die Brownsche Bewegung.

Definition 3.3-3 Wenn

$$P\{X(t_n) \leqslant x_n | X(t_{n-1}) \leqslant x_{n-1}, \ldots, X(t_{n-k}) \leqslant x_{n-k}\}$$
$$= P\{X(t_n) \leqslant x_n | X(t_{n-1}) \leqslant x_{n-1}\} \qquad (3.3\text{-}11)$$

für jedes n und k und beliebige Zeitpunkte $t_{n-k} < t_{n-k+1} < \ldots < t_n$ gilt, heißt $X(t)$ ein Markovscher Prozeß.

Bemerkungen

(i) Anschaulich gesehen hat für einen Markovschen Prozeß die Vergangenheit keinen Einfluß auf die Zukunft des Prozeßverlaufs, wenn die Gegenwart bekannt ist.

(ii) Die Statistik eines Markovschen Prozesses ist vollständig durch seine Verteilungsfunktion zweiter Ordnung $F(x_1, x_2; t_1, t_2)$ festgelegt.

Definition 3.3-4 Der stochastische Prozeß $X(t)$ heißt normal, wenn für jedes n und beliebige Zeitpunkte $t_1, t_2, \ldots, t_n$ die Zufallsvariablen $X(t_1), X(t_2), \ldots, X(t_n)$ eine gemeinsame Normalverteilung besitzen.

Bemerkungen

(i) Dafür, daß $X(t)$ normal ist, reicht nicht hin, daß seine Dichte erster Ordnung $f(x; t)$ eine Normalverteilungsdichte ist. Vielmehr müssen sämtliche Dichten beliebiger Ordnung Normalverteilungsdichten sein.

(ii) Die Statistik eines normalen Prozesses wird vollständig durch seine Mittelwertfunktion $\eta_X(t)$ und seine Autokovarianz $C_X(t_1, t_2)$ bestimmt. Seine

Dichte erster Ordnung ist

$$f(x; t) = \frac{1}{\sqrt{2\pi C_X(t,t)}} \, e^{-\frac{[x-\eta_X(t)]^2}{2C_X(t,t)}}.$$

Beispiele

(i) A sei eine komplexe Zufallsvariable und ω_0 eine konstante Kreisfrequenz. Die AKF des komplexen Prozesses

$$X(t) = A \, e^{j\omega_0 t}$$

ist gegeben durch

$$R_X(t_1, t_2) = E\{A \, e^{j\omega_0 t_1} A^* \, e^{-j\omega_0 t_2}\} = E\{|A|^2\} \, e^{j\omega_0(t_1 - t_2)}.$$

(ii) Gegeben seien der reelle Prozeß $X(t)$ mit der AKF $R_X(t_1, t_2)$ und eine Konstante $a \in \mathbb{R}$. Für den Prozeß

$$Y(t) = X(t+a) - X(t)$$

soll die AKF $R_Y(t_1, t_2)$ bestimmt werden. Dazu muß zuerst die Kreuzkorrelation von $X(t)$ und $Y(t)$ berechnet werden:

$$R_{XY}(t_1, t_2) = E\{X(t_1)[X(t_2 + a) - X(t_2)]\}$$
$$= R_X(t_1, t_2 + a) - R_X(t_1, t_2)$$

Setzt man diesen Ausdruck in

$$R_Y(t_1, t_2) = E\{[X(t_1 + a) - X(t_1)] Y(t_2)\}$$
$$= R_{XY}(t_1 + a, t_2) - R_{XY}(t_1, t_2)$$

ein, ergibt sich

$$R_Y(t_1, t_2) = R_X(t_1 + a, t_2 + a) - R_X(t_1 + a, t_2) - R_X(t_1, t_2 + a)$$
$$- R_X(t_1, t_2).$$

(iii) Im stochastischen Prozeß

$$X(t) = A \cos \omega_0 t + B \sin \omega_0 t$$

seien ω_0 eine konstante Kreisfrequenz und A und B zwei unabhängige normalverteilte Zufallsvariable mit $E\{A\} = E\{B\} = 0$ und $E\{A^2\} = E\{B^2\} = \sigma^2$. Weil für jedes t $X(t)$ eine Linearkombination der normalverteilten Zufallsvariablen A und B ist, ist auch $X(t)$ normalverteilt. Zur Bestimmung der statistischen Eigenschaften des Prozesses genügt die Angabe von Mittelwertfunktion und AKF.

Natürlich folgt sofort $E\{X(t)\} \equiv 0$ und, da A und B unabhängig sind, gilt wegen $E\{AB\} = 0$:

$$R_X(t_1, t_2) = E\{A^2\} \cos \omega_0 t_1 \cos \omega_0 t_2 + E\{B^2\} \sin \omega_0 t_1 \sin \omega_0 t_2$$
$$= \sigma^2 \cos \omega_0(t_2 - t_1)$$

Insbesondere ist $E\{X^2(t)\} = \sigma^2$, woraus für die Dichte erster Ordnung folgt

$$f(x; t) = \frac{1}{\sqrt{2\pi}\,\sigma} e^{-\frac{x^2}{2\sigma^2}}.$$

Zur Bestimmung der Dichte zweiter Ordnung ist noch der Korrelationskoeffizient r zu berechnen. Es folgt

$$r = \frac{R_X(t_1, t_2)}{\sqrt{R_X(t_1, t_1) R_X(t_2, t_2)}} = \cos \omega_0(t_2 - t_1)$$

Daraus ergibt sich mit der Abkürzung $\tau := t_2 - t_1$:

$$f(x_1, x_2; t_1, t_2) = \frac{1}{2\pi\sigma^2 \sqrt{1 - \cos^2 \omega_0 \tau}} e^{-\frac{x_1^2 - 2x_1 x_2 \cos \omega_0 \tau + x_2^2}{2\sigma^2 (1 - \cos^2 \omega_0 \tau)}}$$

Die Dichte erster Ordnung des Prozesses $X(t)$ ist unabhängig von t und die Dichte zweiter Ordnung hängt nur von der Zeitdifferenz $\tau = t_2 - t_1$ ab.

3.4 Stationäre Prozesse

Definition 3.4-1
(a) Der stochastische Prozeß $X(t)$ heißt (stark) stationär, wenn die ihn bestimmenden Verteilungen nicht von einer Verschiebung des Nullpunktes abhängen, d. h. wenn sämtliche Statistiken von $X(t)$ und $X(t+h)$ für jedes $h \in \mathbb{R}$ übereinstimmen.

(b) Die beiden Prozesse $X(t)$ und $Y(t)$ heißen gemeinsam stationär, wenn sämtliche gemeinsamen Verteilungen von $(X(t), Y(t))$ und $(X(t+h), Y(t+h))$ für jedes $h \in \mathbb{R}$ identisch sind.

Bemerkung Der komplexe Prozeß $Z(t) = X(t) + j\,Y(t)$ ist stationär, wenn $X(t)$ und $Y(t)$ gemeinsam stationär sind.

Aus der Definition 3.4-1 folgt, daß für die n-dimensionale Dichtefunktion eines stationären Prozesses $X(t)$ und jedes h gilt:

$$f(x_1, \ldots, x_n; t_1, \ldots, t_n) = f(x_1, \ldots, x_n; t_1 + h, \ldots, t_n + h) \quad (3.4\text{-}1)$$

Insbesondere gilt dann $f(x;t) = f(x;t+h)$ und, da diese Gleichung für jedes h erfüllt ist, ist die eindimensionale Dichte eines stationären Prozesses von t unabhängig:

$$f(x;t) = f(x)$$

Dementsprechend folgt für die Mittelwertfunktion

$$\eta_X = E\{X(t)\} = \text{konstant}.$$

Für die Dichte zweiter Ordnung eines stationären Prozesses gilt

$$f(x_1, x_2; t_1, t_2) = f(x_1, x_2; t_1 + h, t_2 + h) \quad \text{für alle } h,$$

woraus mit $h = -t_1$ und $\tau = t_2 - t_1$ folgt

$$f(x_1, x_2; t_1, t_2) = f(x_1, x_2; 0, t_2 - t_1) = f(x_1, x_2; \tau) \tag{3.4-2}$$

$f(x_1, x_2; \tau)$ ist die gemeinsame Dichte der Zufallsvariablen $X(t)$ und $X(t+\tau)$. Durch Einsetzen von (3.4-2) in (3.1-8) folgt, daß die AKF des stationären Prozesses $X(t)$ eine gerade Funktion ist, die nur von der Zeitdifferenz $\tau = t_2 - t_1$ abhängt:

$$R_X(\tau) = E\{X(t)X(t+\tau)\} = R_X(-\tau) \tag{3.4-3}$$

Ähnliches gilt für zweidimensionale Prozesse, deren Kreuzkorrelation im Falle gemeinsamer Stationarität der Koordinatenprozesse $X(t)$ und $Y(t)$ ebenfalls nur von $\tau = t_2 - t_1$ abhängt:

$$R_{XY}(\tau) = E\{X(t+\tau)Y(t)\} \tag{3.4-4}$$

Definition 3.4-2 Der stochastische Prozeß $X(t)$ ist stationär von der Ordnung k, wenn seine sämtlichen Verteilungen der Ordnungen $n \leqslant k$ von einer Verschiebung des Zeitnullpunktes unabhängig sind.

Bemerkung Ein stationärer Prozeß der Ordnung k ist natürlich auch stationär jeder Ordnung $\leqslant k$, da die Statistiken k-ter Ordnung die Statistiken niedrigerer Ordnung festlegen (vergleiche (3.3-3)).

Das quasizufällige Binärsignal (Abschnitt 3.2-5) ist z. B. stationär erster Ordnung.

Definition 3.4-3 Der stochastische Prozeß $X(t)$ heißt schwach stationär, wenn seine Mittelwertfunktion konstant ist und seine AKF nur von $\tau = t_2 - t_1$ abhängt:

$$E\{X(t)\} = \eta_X = \text{konstant}, \quad E\{X(t_1)X(t_2)\} = R_X(t_2 - t_1) \tag{3.4-5}$$

Wenn ein stochastischer Prozeß $X(t)$ stationär der Ordnung 2 ist, ist er auch schwach stationär. Die Umkehrung dieser Aussage gilt jedoch nicht: Schwa-

che Stationarität bezieht sich nur auf die ersten beiden Momente und nicht auf Verteilungen!
Zwei Prozesse $X(t)$ und $Y(t)$ sind **gemeinsam schwach stationär**, wenn jeder der beiden Prozesse schwach stationär ist und auch ihre Kreuzkorrelation nur von $\tau = t_2 - t_1$ abhängt:

$$E\{X(t_1)Y(t_2)\} = R_{XY}(t_2 - t_1)$$

Bemerkung Da sämtliche Verteilungen eines normalen Prozesses $X(t)$ eindeutig bestimmt sind, wenn man seinen Mittelwert und seine AKF kennt, folgt: Ist $X(t)$ normal und schwach stationär, so ist er auch stationär. Für normale Prozesse sind schwache Stationärität und Stationärität also äquivalent.

Ein stochastischer Prozeß $X(t)$ ist **asymptotisch stationär**, wenn für jedes n

$$\lim_{h \to \infty} f(x_1, \ldots, x_n; t_1 + h, \ldots, t_n + h)$$

existiert und von h unabhängig ist. Ein Beispiel für einen asymptotisch stationären Prozeß ist das quasizufällige Telegraphiesignal (vergleiche Abschnitt 3.2.2).

Definition 3.4-4 $X(t)$ ist ein Prozeß mit **stationären Zuwächsen**, wenn der Prozeß $Y(t) = X(t+l) - X(t)$, $l \in \mathbb{R}$ beliebig, stationär ist.
Beispiele für Prozesse mit stationären Zuwächsen sind der Poissonprozeß und die Brownsche Bewegung (Abschnitte 3.2.1 und 3.2.4).

Definition 3.4-5 Der stochastische Prozeß $X(t)$ ist **zyklostationär** mit der Periode T, wenn (3.4-1) nur für $h = nT$ gilt. Dann haben die Zufallsvariablen

$$\ldots, X(t - mT), \ldots, X(t - T), X(t), X(t + T), \ldots, X(t + nT), \ldots$$

identische Verteilungen.
Ein Beispiel für einen zyklostationären Prozeß ist das quasizufällige Binärsignal (Abschnitt 3.2.5).
Zu den Definitionen 3.4-4 und 3.4-5 lassen sich auch schwache Versionen angeben. $X(t)$ ist z. B. schwach zyklostationär, wenn

$$\eta_X(t + kT) = \eta_X(t), \quad R_X(t_1 + kT, t_2 + nT) = R_X(t_1, t_2)$$

mit beliebigen ganzen Zahlen k und n sind.

Beispiele
(i) Der Prozeß

$$X(t) = A \cos \omega_0 t + B \sin \omega_0 t$$

ist genau dann schwach stationär, wenn die Zufallsvariablen A und B

unkorreliert mit dem Mittelwert 0 und gleicher Varianz sind:

$$E\{A\} = E\{B\} = 0, \quad E\{A^2\} = E\{B^2\}, \quad E\{AB\} = 0$$

Daß diese Bedingungen hinreichen, wurde bereits im Abschnitt 3.3 gezeigt. Ihre Notwendigkeit sieht man wie folgt ein: $X(t)$ soll schwach stationär sein, daraus folgt

a) $E\{X(t)\}$ = konstant $\Rightarrow E\{A\} = E\{B\} = 0$

b) Die AKF von $X(t)$ hängt nur von der Zeitdifferenz τ ab:

$$E\{[A \cos \omega_0(t+\tau) + B \sin \omega_0(t+\tau)][A \cos \omega_0 t + B \sin \omega_0 t]\}$$
$$= E\{A^2\} \cos \omega_0(t+\tau) \cos \omega_0 t + E\{B^2\} \sin \omega_0(t+\tau) \sin \omega_0 t$$
$$+ E\{AB\}[\sin \omega_0(t+\tau) \cos \omega_0 t + \cos \omega_0(t+\tau) \sin \omega_0 t]$$
$$= E\{A^2\}[\cos \omega_0 \tau \cos^2 \omega_0 t - \sin \omega_0 \tau \sin \omega_0 t \cos \omega_0 t]$$
$$+ E\{B^2\}[\cos \omega_0 \tau \sin^2 \omega_0 t + \sin \omega_0 \tau \sin \omega_0 t \cos \omega_0 t]$$
$$+ E\{AB\}[\sin \omega_0(t+\tau) \cos \omega_0 t + \cos \omega_0(t+\tau) \sin \omega_0 t]$$
$$\Rightarrow E\{A^2\} = E\{B^2\}, \quad E\{AB\} = 0$$

(ii) Die komplexen Zufallsvariablen A_i seien unkorreliert, mittelwertfrei und haben die Varianzen $E\{|A_i|^2\} = \sigma_i^2$.

Dann ist der stochastische Prozeß

$$X(t) = \sum_{i=1}^{n} A_i e^{j\omega_i t}$$

schwach stationär mit dem Mittelwert 0 und der AKF

$$R_X(\tau) = E\{X(t+\tau)X^*(t)\} = \sum_{i=1}^{n} \sigma_i^2 e^{j\omega_i \tau}$$

Nun seien zusätzlich die Zufallsvariablen B_i, die auch mittelwertfrei sowie untereinander und auch gegenüber den A_i unkorreliert sind, gegeben. Dann ist auch der Prozeß

$$Y(t) = \sum_{i=1}^{n} [A_i \cos \omega_i t + B_i \sin \omega_i t]$$

schwach stationär mit der AKF

$$R_Y(\tau) = E\{Y(t+\tau)Y(t)\} = \sum_{i=1}^{n} \sigma_i^2 \cos \omega_i \tau,$$

wenn auch $E\{|B_i|^2\} = \sigma_i^2$ ist.

3.4 Stationäre Prozesse

Zum Abschluß dieses Kapitels müssen wir uns noch mit der Frage beschäftigen, wie – z. B. in der Funksignalanalyse – die statistischen Eigenschaften eines stochastischen Prozesses zu erfassen sind. Im allgemeinen liegen nämlich nicht beliebig viele Realisierungen des beobachteten Prozesses vor. Häufig wird man sich vielmehr mit **einem** seiner Pfade zur Beurteilung seiner Eigenschaften zufrieden geben müssen. Dies führt zu sinnvollen Ergebnissen, wenn angenommen werden darf, daß der Prozeß ergodisch ist.

Definition 3.4-6 Der stationäre stochastische Prozeß $X(t)$ ist (mit Wahrscheinlichkeit 1) **ergodisch**, wenn alle seine statistischen Eigenschaften aus einer einzigen seiner Realisierungen abgeleitet werden können.

Die Ergodizität nach Definition 3.4-6 läßt sich im allgemeinen nicht ohne weiteres nachprüfen. Man begnügt sich daher häufig mit eingeschränkten Aussagen. Dazu sei g eine reelle Funktion $g: \mathbb{R} \to \mathbb{R}$.

Definition 3.4-7 $x(t)$ sei ein Pfad eines stationären Prozesses $X(t)$.

$$\overline{g[x(t)]} = \lim_{T \to \infty} \frac{1}{2T} \int_{-T}^{T} g[x(t)] \, dt \tag{3.4-6}$$

heißt **zeitlicher Mittelwert der Realisierung** $x(t)$ bezüglich der Funktion g.

Beispiel Ist g die Identität, erhält man mit $\overline{x(t)}$ den zeitlichen Mittelwert des Pfades $x(t)$ selbst.

Definition 3.4-8 Der stationäre stochastische Prozeß $X(t)$ heißt (mit Wahrscheinlichkeit 1) **ergodisch bezüglich** g, wenn

$$\overline{g[x(t)]} = E\{g[X(t)]\} \quad (\text{m.W. } 1) \tag{3.4-7}$$

gilt.

Bemerkung Bei einem bezüglich g ergodischen Prozeß stimmen also zeitlicher Mittelwert $\overline{g[x(t)]}$ und der Erwartungswert der Zufallsvariablen $g[X(t)]$ mit Wahrscheinlichkeit 1 überein.

4 Grundlagen der digitalen Signalverarbeitung

Der Einsatz digitaler Signalverarbeitungsgeräte und -systeme zur Analyse von Funksignalen empfiehlt sich aus folgenden Gründen (vergleiche [LÜC 80]):
- Digitale Systeme erfüllen hohe Genauigkeitsanforderungen, denen durch Erhöhung des Aufwandes weitgehend beliebig nachgekommen werden kann.
- Sie sind exakt reproduzierbar.
- Es besteht eine geringe Empfindlichkeit gegenüber äußeren Einflüssen (Temperatur etc.).
- Digitale Systeme können durch die Anwendung von Multiplextechniken mehrfach ausgenutzt werden.
- Digitale Schaltkreise eignen sich zur Vollintegration.
- Übertragungseigenschaften lassen sich weitgehend uneingeschränkt einstellen.
- Es gibt digitale Filter, deren Übertragungsverhalten exakt linearphasig ist.

Wesentlich für die Mathematik ist, daß sie sich beim Übergang von der analogen zur digitalen Signalverarbeitung von einer Hilfswissenschaft zu einer Schlüsselwissenschaft wandelt: Wurden mathematische Überlegungen in der Analogtechnik im großen und ganzen nur zum Systementwurf angewendet, sind es in der Digitaltechnik die Algorithmen, die das Systemverhalten bestimmen. Die tatsächliche Ausführung der Hardware, auf der ein System realisiert wird, spielt eine untergeordnete Rolle. Von ihr wird nur verlangt, daß sie genügend Rechenleistung sowie Programm- und Datenspeicher zur Verfügung stellt.

Der wichtigste die digitale Signalverarbeitung betreffende Satz ist vermutlich das Abtasttheorem, bereits 1915 von dem englischen Mathematiker E. T. Whittaker bewiesen und 1949 von C. E. Shannon für die Nachrichtentechnik nutzbar gemacht. Das Abtasttheorem eröffnet die Möglichkeit, Signale durch die von ihnen an diskreten Zeitpunkten angenommenen Werte zu approximieren. Dies ist ein, etwa gegenüber der Entwicklung in eine Fourierreihe, technisch sehr einfach durchführbares Verfahren.

Die Literatur über das Abtasttheorem ist breit. Eine Übersicht gibt die Arbeit von A. J. Jerri [JER 77]. Wir wollen uns hier mit drei verschiedenen Versionen des Abtasttheorems beschäftigen: Erstens natürlich mit dem von Shannon in [SHA 49] angegebenen Satz, zweitens mit der Ausdehnung des Satzes auf bandbegrenzte Signale im Sinne der Definition 2.2-1 und drittens schließlich mit der Abtastung von Bandpaßsignalen.

4.1 Das Abtasttheorem

In diesem Abschnitt wollen wir uns zunächst mit physikalisch realisierbaren Signalen (vergleiche auch Definition 2.1-1) beschäftigen.

Satz 4.1-1 Das (reellwertige) Signal $s(t)$ erfülle die Ungleichung

$$\int_{-\infty}^{\infty} |s(t)|\, dt < \infty. \tag{4.1-1}$$

Ferner sei das Signal $s(t)$ bandbegrenzt, d. h. für seine Fouriertransformierte $S(\omega)$ gilt

$$S(\omega) = 0 \quad \forall\, \omega,\, |\omega| > \Omega = 2\pi B. \tag{4.1-2}$$

Dann folgt: Die Funktion $s(t)$ ist zu jedem beliebigen Zeitpunkt durch die Werte $s(t_k)$, $k \in \mathbb{Z}$, festgelegt, die sie in zeitlichen Abständen von $\Delta t = \dfrac{1}{2B}$ annimmt. Es gilt die Darstellung:

$$s(t) = \sum_{k=-\infty}^{\infty} s(t_k) \frac{\sin 2\pi B(t - t_k)}{2\pi B(t - t_k)} \tag{4.1-3}$$

Beweis Die Zeitpunkte t_k sind äquidistant. Daher kann o.E.d.A. $t_k = k\Delta t$ geschrieben werden. Aufgrund der Voraussetzung (4.1-1) ist die Funktion $s(t)$ durch ihre Fouriertransformierte $S(\omega)$ darstellbar und mit (4.1-2) gilt

$$s(t) = \frac{1}{2\pi} \int_{-\Omega}^{\Omega} S(\omega) e^{j\omega t}\, d\omega. \tag{4.1-4}$$

$S(\omega)$ ist höchstens im Intervall $[-\Omega, \Omega]$ von Null verschieden. Daher kann die Fouriertransformierte mit diesem Intervall als Grundintervall periodisch fortgesetzt und als Fourierreihe dargestellt werden:

$$S(\omega) = \sum_{k=-\infty}^{\infty} c_k e^{jk\frac{2\pi}{2\Omega}\omega} \tag{4.1-5}$$

mit $\quad c_k = \dfrac{1}{2\Omega} \displaystyle\int_{-\Omega}^{\Omega} S(\omega) e^{-jk\frac{2\pi}{2\Omega}\omega}\, d\omega$

$\qquad\quad = \dfrac{\pi}{\Omega} \dfrac{1}{2\pi} \displaystyle\int_{-\Omega}^{\Omega} S(\omega) e^{j\left(-k\frac{\pi}{\Omega}\right)\omega}\, d\omega = s\left(-k\dfrac{\pi}{\Omega}\right) \dfrac{\pi}{\Omega}.$

Nun gilt $\Omega = 2\pi B$ und $\Delta t = \dfrac{1}{2B}$ und damit $\dfrac{\pi}{\Omega} = \Delta t$, woraus für die Fourierkoeffizienten folgt

$$c_k = s(-k\Delta t)\Delta t.$$

In die Fourierreihe (4.1-5) eingesetzt, ergibt dies

$$S(\omega) = \sum_{\nu=-\infty}^{\infty} s(-t_\nu)\,\mathrm{e}^{\mathrm{j}\omega t_\nu}\Delta t = \sum_{k=-\infty}^{\infty} s(t_k)\,\mathrm{e}^{-\mathrm{j}\omega t_k}\Delta t.$$

Wegen (4.1-1) gilt

$$\left| \sum_{k=-\infty}^{\infty} s(t_k)\,\mathrm{e}^{-\mathrm{j}\omega t_k}\Delta t \right| \leqslant \sum_{k=-\infty}^{\infty} |s(t_k)|\Delta t < \infty,$$

woraus folgt, daß die Summe

$$\sum_{k=-\infty}^{\infty} s(t_k)\,\mathrm{e}^{-\mathrm{j}\omega t_k}\Delta t$$

gleichmäßig in ω konvergiert. Daher darf in der folgenden Rechnung, in der die obige Summendarstellung von $S(\omega)$ in (4.1-4) eingesetzt wird, die Reihenfolge von Integration und Summation vertauscht werden:

$$\begin{aligned}
s(t) &= \frac{1}{2\pi} \int_{-\Omega}^{\Omega} S(\omega)\,\mathrm{e}^{\mathrm{j}\omega t}\,\mathrm{d}\omega \\
&= \frac{1}{2\pi} \int_{-\Omega}^{\Omega} \sum_{k=-\infty}^{\infty} s(t_k)\,\mathrm{e}^{-\mathrm{j}\omega t_k}\,\mathrm{e}^{\mathrm{j}\omega t}\,\mathrm{d}\omega\,\Delta t \\
&= \sum_{k=-\infty}^{\infty} s(t_k) \int_{-\Omega}^{\Omega} \mathrm{e}^{\mathrm{j}\omega(t-t_k)}\,\mathrm{d}\omega\,\frac{\Delta t}{2\pi} \\
&= \sum_{k=-\infty}^{\infty} s(t_k)\,\frac{\Delta t}{2\pi\mathrm{j}(t-t_k)}\,[\mathrm{e}^{\mathrm{j}\Omega(t-t_k)} - \mathrm{e}^{-\mathrm{j}\Omega(t-t_k)}] \\
&= \sum_{k=-\infty}^{\infty} s(t_k)\,\frac{\sin 2\pi B(t-t_k)}{2\pi B(t-t_k)}
\end{aligned}$$

Das soeben berechnete Integral ist als Wegintegral der (reellen) Strecke von $-\Omega$ nach Ω in $\mathbb{C}$ zu interpretieren. ∎

Bemerkungen

(i) Es ist trivial, daß das Abtasttheorem auch gilt, wenn die Abtastwerte in einem zeitlichen Abstand $\Delta\tilde{t} < \Delta t$ genommen werden (siehe (4.1-2)).

(ii) Das Abtasttheorem kann als eine Art Reihenentwicklung der Signalfunktion $s(t)$ nach einem Funktionensystem

$$\left\{\varphi_k(t); \varphi_k(t) = \frac{\sin 2\pi B(t-t_k)}{2\pi B(t-t_k)}, k \in \mathbb{Z}\right\}$$

angesehen werden:

$$s(t) = \sum_{k=-\infty}^{\infty} s(t_k)\varphi_k(t) \qquad (4.1\text{-}6)$$

Der Verlauf der Funktionen $\varphi_k(t)$ ist für alle k der gleiche. φ_k entsteht aus einer Argumentverschiebung um $t_k = k \cdot \Delta t$ aus der Spaltfunktion $\varphi_0(t) = \dfrac{\sin 2\pi Bt}{2\pi Bt}$ (vergleiche Bild 4.1-1).

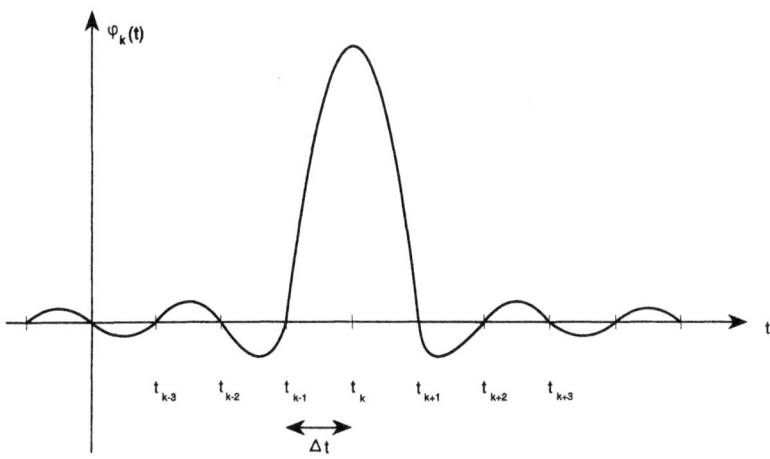

Bild 4.1-1 Verlauf der Funktion $\varphi_k(t)$

Wie man über die Parsevalsche Formel (siehe (2.1-8)) leicht nachweisen kann, gilt

$$\int_{-\infty}^{\infty} \varphi_k(t)\varphi_l(t)\,dt = \begin{cases} \dfrac{1}{2B} & \text{für } k=l \\ 0 & \text{sonst} \end{cases},$$

d. h. $\{\varphi_k\}$ ist ein System orthogonaler Funktionen.

(iii) Da

$$\varphi_k(t_l) = \begin{cases} 1 & \text{für } k=l \\ 0 & \text{sonst} \end{cases}$$

gilt, wird $s(t)$ zum Abtastzeitpunkt t_l in der Summe (4.1-6) nur durch den Summanden $s(t_l)\varphi_l(t)$ bestimmt. Alle anderen φ_k ($k \neq l$) haben bei t_l eine Nullstelle. Ist t' kein Abtastzeitpunkt, hängt $s(t')$ von (im Prinzip allen) früheren oder späteren Funktionen $\varphi_k(t)$ ab.

Der Einfluß der Funktion $\varphi_k(t)$ auf den Wert von $s(t)$ an der Stelle t' nimmt, grob gesagt, mit der wachsenden Entfernung von t' und t_k ab.

(iv) Für die Gültigkeit des Abtasttheorems kommt es nicht auf die absolute Lage der Abtastzeitpunkte an. Wichtig ist nur, daß sie äquidistant sind und höchstens $\Delta t = \dfrac{1}{2B}$ auseinander liegen.

Ist nämlich $s(t) = y(t + t_0)$, $t_0 \in \mathbb{R}$, gilt nach dem Abtasttheorem

$$y(t + t_0) = \sum_{k=-\infty}^{\infty} y(t_k + t_0) \frac{\sin 2\pi B(t - t_k)}{2\pi B(t - t_k)}$$

und mit der Substitution $t' := t + t_0$ ergibt sich:

$$y(t') = \sum_{k=-\infty}^{\infty} y(t'_k) \frac{\sin 2\pi B(t' - t'_k)}{2\pi B(t' - t'_k)}, \quad t'_k = t_k + t_0$$

(v) Für praktische Anwendungen ist zu beachten, daß das Abtasttheorem eine theoretische Aussage ist. Es müssen daher die Fehler abgeschätzt werden, die durch Abweichungen von den Voraussetzungen des Satzes entstehen (siehe [PAP 66]). Die im wesentlichen zu beachtenden Fehler sind:

– Der Quantisierungsfehler,
da sich aufgrund der endlichen Ausgabewortlänge die Werte am Ausgang des Analog/Digital-Wandlers von den exakten Abtastwerten des Signals unterscheiden.

– Der Fehler durch das benutzte Zeitfenster,
da es in jeder realen Anwendung nur gelingt, einen zeitlich begrenzten Ausschnitt der (als bandbegrenzt vorausgesetzten) Signalfunktion zu beobachten (beachte: Bandbegrenzte Signale können nicht zeitbegrenzt sein! Abschnitt 2.2).

– Fehler durch spektrale Überfaltungen (Aliasing),
da vollständig bandbegrenzte Signale in der Praxis nicht existieren. Es stellt sich daher die Frage, welchen Fehler die Spektralkomponenten des Signals, die oberhalb der halben Abtastfrequenz liegen, verursachen.

– Fehler durch den Jitter des Abtastzeitpunktes,
da sich der wahre Abtastzeitpunkt etwas von dem theoretisch richtigen Abtastzeitpunkt unterscheidet.

4.1 Das Abtasttheorem   87

Bevor wir uns nun einer Verallgemeinerung des Abtasttheorems zuwenden, die es uns u. a. gestattet die Voraussetzung (4.1-1) fallen zu lassen, ziehen wir aus Satz 4.1-1 noch eine wichtige

Folgerung Nach der mit dem Beweis von Satz 4.1-1 durchgeführten Konstruktion der Entwicklung (4.1-3) unterscheidet sich diese vom ursprünglichen Signal dadurch, daß sie ein mit der Abtastfrequenz $f_A = \dfrac{1}{\Delta t}$ periodisches Spektrum besitzt. Da die Reihenentwicklung (4.1-3) das Äquivalent des zeitdiskreten Signals ist, folgt: Zeitdiskrete Signale besitzen Spektren, die mit der Abtastfrequenz periodisch sind.

Mit Satz 4.1-1 ist noch nicht sichergestellt, daß alle gemäß der Definition 2.2-1 bandbegrenzten Funktionen durch ihre zu äquidistanten Zeitpunkten genommenen Abtastwerte dargestellt werden können.

Der Frage, ob (4.1-3) gültig bleibt, wenn $s(t)$ als Fouriertransformierte eine Distribution mit Träger im Intervall $[-\Omega, \Omega]$ besitzt, geht L. L. Campbell in seiner Arbeit [CAM 68] nach.

Beispiel

(a) Es sei $S(\omega) = 2\pi\delta(\omega - a)$ mit dem Dirac-Impuls δ und $-\Omega < a < \Omega$. Das zu $S(\omega)$ gehörende Zeitsignal ist $s(t) = e^{-jat}$. In (4.1-3) eingesetzt, liefert das die Reihenentwicklung

$$e^{-jat} = \sum_{k=-\infty}^{\infty} e^{-jak\Delta t} \frac{\sin 2\pi B(t - k\Delta t)}{2\pi B(t - k\Delta t)}$$

$$= \sum_{k=-\infty}^{\infty} e^{-jak\frac{\pi}{\Omega}} \frac{\sin(\Omega t - k\pi)}{\Omega t - k\pi} \qquad (4.1\text{-}7)$$

Aus (4.1-7) folgt die Gültigkeit des Abtasttheorems für $s(t) = e^{-jat}$ direkt, weil die rechte Seite gerade die Fourierreihenentwicklung von e^{-jat} als Funktion von a ist.

(b) Nun sei $S(\omega) = 2\pi\delta'(\omega - a)$, die (verallgemeinerte) Ableitung von $2\pi\delta(\omega - a)$. Das zugehörige Zeitsignal ist hier $s(t) = jt e^{-jat}$. Jetzt ist $s\left(n\dfrac{\pi}{\Omega}\right) = 0(n)$, woraus folgt, daß die Reihe (4.1-3) in diesem Fall divergiert.

Folgerung Der Satz 4.1-1 gilt nicht für beliebige bandbegrenzte Signale. Wir verabreden nun, daß

$$\sum_{n=-\infty}^{\infty} a_n = \lim_{N \to \infty} \sum_{n=-N}^{N} a_n$$

4 Grundlagen der digitalen Signalverarbeitung

sein soll, und betrachten eine Distribution $S(\omega) \in \mathfrak{E}'$. Dann gilt (vergleiche [WAL 74], S. 145) wegen $\mathfrak{E}' \subset \mathfrak{D}'$:

$$\sum_{m=-\infty}^{\infty} S(\omega - 2m\Omega) = \frac{1}{2\Omega} \sum_{n=-\infty}^{\infty} s\left(n\frac{\pi}{\Omega}\right) e^{-jn\omega\frac{\pi}{\Omega}} \quad (4.1\text{-}8)$$

Dabei ist $\Omega > 0$ so gewählt, daß der Träger der Distribution $S(\omega)$ in $[-\Omega, \Omega]$ liegt. Die rechte Seite von (4.1-8) stellt dann die Fourierreihe der links stehenden 2Ω-periodischen Distribution dar.

Satz 4.1-2 (Campbell 1968) Es sei $S(\omega) \in \mathfrak{E}'$ mit zugehörigem Zeitsignal $s(t)$. Ferner seien $\eta(\omega) \in \mathfrak{D}$ mit $\eta(\omega) \equiv 1$ auf einer offenen Umgebung von Tr $S(\omega)$ und $\Omega > 0$ eine reelle Zahl, die so gewählt wird, daß Tr $\eta(\omega)$ und die Träger der Distributionen $S(\omega - 2m\Omega)$ für $m = \pm 1, \pm 2, \ldots$ disjunkte Mengen sind. Dann gilt mit $\tilde{\eta}(t)$, der Fourierrücktransformierten von $\eta(\omega)$:

$$s(t) = \frac{1}{2\Omega} \sum_{n=-\infty}^{\infty} s\left(n\frac{\pi}{\Omega}\right) \tilde{\eta}\left(t - n\frac{\pi}{\Omega}\right) \quad (4.1\text{-}9)$$

und die rechts stehende Reihe konvergiert für jedes reelle t.

Beweis Wegen

$$\left(e^{-jn\omega\frac{\pi}{\Omega}}, \eta(\omega) e^{-j\omega t}\right) = \int_{-\infty}^{\infty} e^{-jn\omega\frac{\pi}{\Omega}} \eta(\omega) e^{j\omega t} \, d\omega$$

$$= \int_{-\infty}^{\infty} \eta(\omega) e^{j\omega\left(-n\frac{\pi}{\Omega} + t\right)} d\omega = 2\pi \tilde{\eta}\left(t - n\frac{\pi}{\Omega}\right)$$

folgt mit (4.1-8) (vergleiche [WAL 74], S. 35):

$$\frac{1}{2\pi} \sum_{m=-\infty}^{\infty} (S(\omega - 2m\Omega), \eta(\omega) e^{-j\omega t}) = \frac{1}{2\Omega} \sum_{n=-\infty}^{\infty} s\left(n\frac{\pi}{\Omega}\right) \tilde{\eta}\left(t - n\frac{\pi}{\Omega}\right)$$

Wegen der Disjunktheit der Träger der $S(\omega - 2m\Omega)$ für $m = \pm 1, \pm 2, \ldots$ und des Trägers von $\eta(\omega)$ verschwinden alle Summanden der linken Seite bis auf den für $m = 0$. Wegen (2.2-7) ist der übrigbleibende Summand

$$\frac{1}{2\pi} (S(\omega), \eta(\omega) e^{-j\omega t}) = s(t)$$

Wegen der Eigenschaften von Distributionen ist damit der Satz bewiesen. ∎

4.1 Das Abtasttheorem

Beispiel Es sei

$$\gamma(x; q) = \begin{cases} 0 & \text{für } |x| \geqslant q \\ \varkappa(q) \exp \dfrac{q^2}{x^2 - q^2} & \text{für } |x| < q \end{cases} \quad (4.1\text{-}10)$$

Dabei ist q eine positive reelle Zahl und $\varkappa(q)$ wird so bestimmt, daß

$$\int_{-\infty}^{\infty} \gamma(x; q) \, dx = 1$$

gilt. Ferner seien

$$\chi(\omega) = \begin{cases} 1 & \text{für } |\omega| < \Omega \\ 0 & \text{für } |\omega| \geqslant \Omega \end{cases} \quad (4.1\text{-}11)$$

und $\eta(\omega; q) = \dfrac{1}{\Omega} \int_{-\infty}^{\infty} \gamma\left(\dfrac{\omega - \omega_1}{\Omega}; q\right) \chi(\omega_1) \, d\omega_1$

$= \dfrac{2\pi}{\Omega} \gamma\left(\dfrac{\omega_1}{\Omega}; q\right) * \chi(\omega_1)$ \quad (4.1-12)

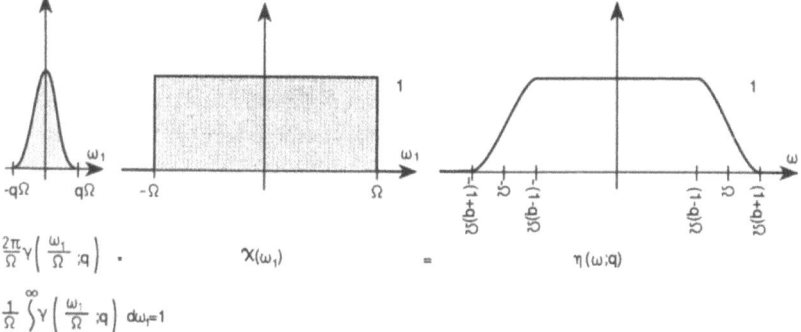

Bild 4.1-2 Zum Satz von Campbell über die Abtastung bandbegrenzter Signale

$\eta(\omega; q)$ ist eine Regularisierung von $\chi(\omega)$ (siehe Bild 4.1-2) und damit aus $\mathfrak{D}$. Die Anwendung des Faltungssatzes auf (4.1-12) zeigt, daß die Fourierrücktransformierte von $\eta(\omega; q)$ gegeben ist durch

$$\tilde{\eta}(t; q) = \dfrac{2 \sin \Omega t}{t} \Gamma(q\Omega t), \quad (4.1\text{-}13)$$

wobei die Schreibweise durch

$$\Gamma(y) = \frac{\frac{1}{2\pi}\int_{-1}^{1} \exp\left\{\frac{1}{x^2-1} - jxy\right\} dx}{\int_{-1}^{1} \exp\left\{\frac{1}{x^2-1}\right\} dx} = \mathfrak{F}^{-1}\{\gamma(x; 1)\} \quad (4.1\text{-}14)$$

vereinfacht wurde.
Aus diesem Beispiel zieht Campbell mit Gleichung (4.1-9) die

Folgerung Es sei $S(\omega)$ eine Distribution, deren Träger im offenen Intervall $\{\omega; |\omega| < (1-q)\Omega\}$ mit $0 < q < 1$ enthalten ist. Dann gilt für die Fourierrücktransformierte

$$s(t) = \sum_{n=-\infty}^{\infty} s\left(n\frac{\pi}{\Omega}\right) \frac{\sin(\Omega t - n\pi)}{\Omega t - n\pi} \Gamma(q(\Omega t - n\pi)). \quad (4.1\text{-}15)$$

Nach diesen eher theoretischen Überlegungen wenden wir uns nun einem für praktische Anwendungen wichtigen Ergebnis zu, der **Bandpaßunterabtastung**:

Die Aufgabe der Bandpaßunterabtastung besteht darin, ein im Bandpaßbereich liegendes Signal $s(t)$ der Durchlaßbandbreite B_D so abzutasten, daß seine möglichst aufwandsgünstige Verarbeitung in einem Signalprozessor durchgeführt werden kann. Die Abtastfrequenz f_A kann dabei unter Umständen so gewählt werden, daß sie deutlich unter der höchsten in $s(t)$ auftretenden Frequenz liegt. Das Prinzip der Bandpaßunterabtastung findet z. B. in Kurzwellenempfängern mit digitaler Zwischenfrequenzverarbeitung, die nach dem Überlagerungsprinzip arbeiten, Anwendung.

Zur Lösung der Aufgabe muß zunächst überlegt werden, bis zu welcher Sperrdämpfung Überfaltungseffekte grundsätzlich ausgeschlossen werden sollen. Diese Überlegung bestimmt die Charakteristik des (analogen) Bandpaßfilters, das vor dem Analog/Digital-Wandler liegt und als Anti-Aliasingfilter dient. Hier wird davon ausgegangen, daß der Amplitudengang dieses Filters symmetrisch zu dessen Mittenfrequenz $f_0 (= \omega_0/(2\pi))$ ist.

Für die Fouriertransformierte reeller Signale gilt grundsätzlich, daß
– ihr Betragsverlauf eine gerade Funktion und
– ihr Phasenverlauf eine ungerade Funktion
der Frequenz sind (siehe z. B. [PAP 77]).

Da es hier durchsichtiger erscheint, mit Frequenzen statt mit Kreisfrequenzen zu arbeiten, erinnern wir daran, daß $f = \omega/(2\pi)$ gilt und sich für die

4.1 Das Abtasttheorem   91

Fouriertransformation bzw. die Fourierrücktransformation ergibt:

$$S(f) = \int_{-\infty}^{\infty} s(t)\,e^{-j2\pi ft}\,dt \qquad (4.1\text{-}16)$$

$$s(t) = \int_{-\infty}^{\infty} S(f)\,e^{j2\pi ft}\,df \qquad (4.1\text{-}17)$$

(vergleiche Gleichungen (2.1-5) und (2.1-6)).

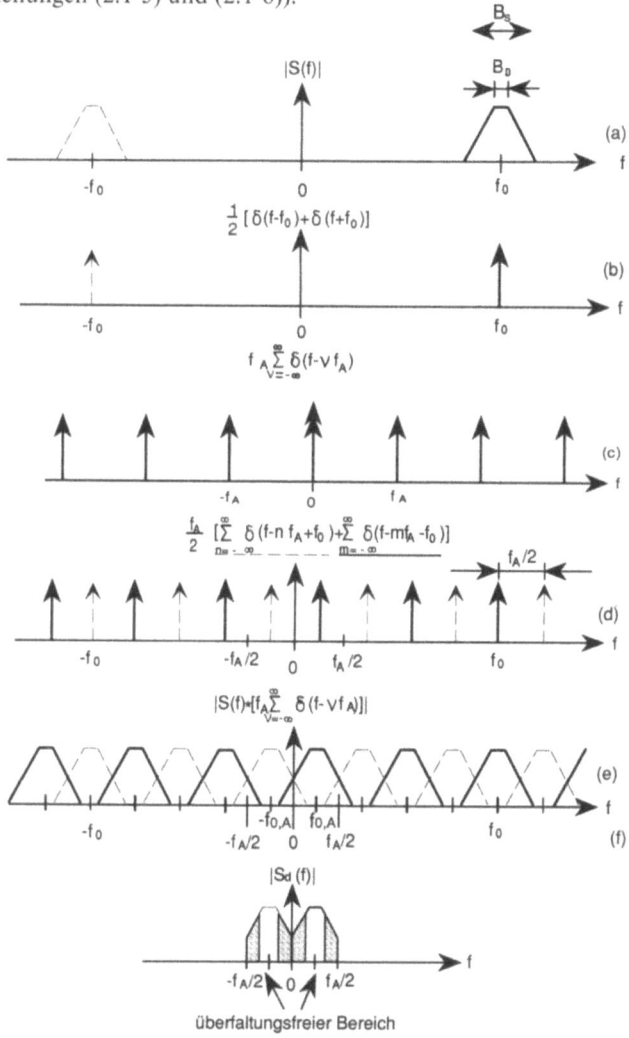

Bild 4.1-3
Zur Bandpaß-
unterabtastung

4 Grundlagen der digitalen Signalverarbeitung

Der Lösungsweg ist in Bild 4.1-3 schematisch dargestellt: Bild 4.1-3(a) zeigt die Ausgangssituation: Darin sind die Mittenfrequenz f_0 und der Amplitudengang des Bandpaßfilters skizziert. B_S ist die Sperrbandbreite des Filters, d. h. der Abstand der beiden Frequenzen, bei denen die gewünschte Sperrdämpfung erreicht wird.

Der erste Schritt zur Lösung der Aufgabe besteht nun darin, zu betrachten wie sich die Abtastung des Signals

$$c(t) = \cos(2\pi f_0 t), \tag{4.1-18}$$

d. h. eines Trägersignals bei der Mittenfrequenz f_0, dessen Fouriertransformierte durch

$$C(f) = \frac{1}{2}[\delta(f - f_0) + \delta(f + f_0)] \tag{4.1-19}$$

gegeben ist (siehe Bild 4.1-3(b)), darstellt. Dazu sei daran erinnert (Folgerung aus Satz 4.1-1), daß die Fouriertransformierte eines abgetasteten Signals sich aus dem Spektrum des zugehörigen Analogsignals ergibt, indem dieses mit der Periode f_A periodisch fortgesetzt wird.

Die Abtastung von $c(t)$ bedeutet, daß dieses Signal im Zeitbereich mit einer Funktion

$$a(t) = \sum_{\nu=-\infty}^{\infty} \delta(t - \nu \Delta t) \tag{4.1-20}$$

multipliziert wird. Die Fouriertransformierte von $a(t)$ ist bekanntlich ([URK 83]):

$$A(f) = f_A \sum_{\nu=-\infty}^{\infty} \delta(f - \nu f_A) \tag{4.1-21}$$

mit $f_A = (\Delta t)^{-1}$ (siehe Bild 4.1-3(c)).

Da die Multiplikation durch die Fouriertransformation in eine Faltung übergeht, folgt

$$\begin{aligned} C_A(f) &= C(f) * A(f) \\ &= \frac{f_A}{2}\left[\sum_{n=-\infty}^{\infty}\delta(f - nf_A + f_0) + \sum_{m=-\infty}^{\infty}\delta(f - mf_A - f_0)\right] \end{aligned} \tag{4.1-22}$$

Die Fouriertransformierte des abgetasteten Trägersignals ist also die Summe zweier Impulskämme. Für die Bestimmung einer geeigneten Abtastfrequenz f_A ist wesentlich, daß die Symmetrie der analogen Bandpaßcharakteristik zur Mittenfrequenz f_0 gefordert wurde. Diese Symmetrie soll auch nach der Abtastung erhalten bleiben, woraus folgt, daß $C_A(f)$ ein Impulskamm sein muß, bei dem der Abstand zweier beliebiger Nachbarimpulse konstant ist. Das bedingt entweder

$$|(n-m)f_A - 2f_0| = 0 \tag{4.1-23}$$

oder $\quad |(n-m)f_A - 2f_0| = \dfrac{f_A}{2}$ (4.1-24)

(4.1-23) ist für die Lösung der gestellten Aufgabe uninteressant, da hier durch die Abtastung die Spektralanteile von der negativen Frequenzachse und die von der positiven Frequenzachse aufeinander fallen. Das Signal kann in diesem Fall im allgemeinen nicht rekonstruiert werden.

In (4.1-24) wählen wir $n-m$ zur Bestimmung von f_A so, daß $(n-m)f_A \leqslant 2f_0$ ist (vergleiche Bild 4.1-3(c)), und erhalten damit:

$$2f_0 - (n-m)f_A = \frac{f_A}{2} \Leftrightarrow f_A = \frac{2f_0}{n-m+\dfrac{1}{2}}$$

oder $\quad f_A(k) = \dfrac{4f_0}{2k+1}; \quad k = 0, 1, 2, \ldots;$ (4.1-25)

worin nun noch k geeignet zu bestimmen ist.

Bemerkung Wählt man in (4.1-24) f_A so, daß $(n-m)f_A > 2f_0$ ist, ergibt sich

$$f_A(l) = \frac{4f_0}{2l-1}; \quad l = 1, 2, \ldots.$$

Die Bestimmung des optimalen k ergibt sich nun, wenn wir auf die ursprüngliche Aufgabe, nämlich die Bandpaßunterabtastung von $s(t)$ zurückkommen:

Gemäß den bisherigen Überlegungen hat der nach der Abtastung überfaltungsfreie Spektralbereich höchstens eine Breite von $f_A(k)$ (vergleiche Bild 4.1-3(d)). Dieser Spezialfall tritt ein, wenn es eine nichtnegative ganze Zahl λ gibt, mit der $f_0 - B_S/2 = \lambda B_S$ ist. Gilt jedoch $B_S > f_A/2$, verkleinert sich der tatsächlich überfaltungsfreie Bereich auf $f_A(k) - B_S$.

Für die Breite des überfaltungsfreien Bereichs, der sich symmetrisch um das Bild der Mittenfrequenz nach der Abtastung ergibt, gilt also:

$$\Delta f_u(k) = \min \{B_S, f_A(k) - B_S\} \tag{4.1-26}$$

Die Wahl von k bestimmt also gleichzeitig die Abtastfrequenz und die Breite des überfaltungsfreien Bereichs. Zwischen den Forderungen nach einer

möglichst niedrigen Abtastfrequenz und nach einem möglichst breiten überfaltungsfreien Bereich ist daher ein geeigneter Kompromiß zu finden.
Die Fouriertransformierte des Signals

$$s_A(t) = s(t) \cdot a(t) = s(t) \cdot \sum_{v=-\infty}^{\infty} \delta(t - v\Delta t_A) \qquad (4.1\text{-}27)$$

hat die Form

$$S_A(f) = S(f) * \left[f_A \sum_{v=-\infty}^{\infty} \delta(f - vf_A) \right] \qquad (4.1\text{-}28)$$

(siehe Bild 4.1-3(e)). Die Grundperiode dieses Spektrums, der sogenannte Eindeutigkeitsbereich, ist in Bild 4.1-3(f) dargestellt. In diesem Eindeutigkeitsbereich fällt das Bild der Mittenfrequenz f_0 auf

$$f_{0,A}(k) = f_0 - k \frac{f_A}{2} \qquad (4.1\text{-}29)$$

Bild 4.1-3(f) zeigt auch, daß der Durchlaßbereich der Breite B_D der Bandpaßfiltercharakteristik die Bandpaßunterabtastung unbeeinflußt überstanden hat. Der erste Schritt der nachfolgenden digitalen Signalverarbeitung muß nun eine Filterung sein, mit der die Spektralbereiche, in denen eine Überfaltung stattgefunden hat, weggedämpft werden.

Beispiel Für einen kommerziellen Kurzwellenempfänger gelten folgende Daten: $f_0 = 200$ kHz, $B_D = 10$ kHz, $B_S = 60$ kHz.
Wir wählen $k = 4$ und erhalten aus (4.1-25), (4.1-26) und (4.1-29):

$$f_A(k) = 88{,}\overline{8} \text{ kHz}$$
$$\Delta f_u(k) = 28{,}\overline{8} \text{ kHz}$$
$$f_{0,A}(k) = 22{,}\overline{2} \text{ kHz}$$

4.2 Transformationen

In diesem Kapitel soll (teilweise nur in Form eines Überblicks) auf die grundlegenden Transformationen eingegangen werden, die auf zeitdiskrete Signale angewendet werden können.
Die digitalen Signale werden dabei in einen Bildbereich transformiert, in dem z. B. theoretische Untersuchungen (Beweise) oder numerische Rechnungen einfacher, übersichtlicher oder schneller durchgeführt werden können. So kann z. B. die Faltung zweier diskreter Signale mit Hilfe der diskreten

4.2 Transformationen

Fouriertransformation (DFT) einfach berechnet werden, da der Faltung zweier Signale im Zeitbereich das Produkt der Bilder der Signale unter der DFT entspricht. Die inverse diskrete Fouriertransformation (IDFT), angewendet auf dieses Produkt, liefert dann das Ergebnis der Faltung.

Generell kann gesagt werden, daß jede der hier besprochenen Transformationen eines diskreten Signals ein Gegenstück für Analogsignale besitzt. So ist z. B. die z-Transformation aus der Laplacetransformation ableitbar. Auf diesen Zusammenhang soll hier jedoch nicht eingegangen werden. Für die digitale Signalverarbeitung ist auch die diskrete Hilberttransformation wichtig, deren analoges Gegenstück (s. Abschnitt 2.3) es gestattet, reellwertige Funktionen einer reellwertigen Veränderlichen zu einer komplexwertigen Funktion zu ergänzen, deren Fortsetzung auf die gesamte komplexe Ebene in der oberen Halbebene holomorph ist.

4.2.1 Die z-Transformation

$\{s(n)\}_{n=-\infty}^{\infty}$ sei ein zeitdiskretes reell- oder komplexwertiges Signal, $z = x + jy$ ($j = \sqrt{-1}$) eine komplexe Variable.

Definition 4.2-1 Besitzt die Reihe

$$Z[\{s(n)\}] = S(z) = \sum_{n=-\infty}^{\infty} s(n) z^{-n} \qquad (4.2\text{-}1)$$

ein nichtleeres Konvergenzgebiet $G \subset \mathbb{C}$, heißt die komplexwertige Funktion S der komplexen Variablen z die z-Transformierte des Signals $\{s(n)\}$.

Bemerkungen

(i) Eine Reihe der Gestalt (4.2-1) ist eine Laurentreihe mit dem Entwicklungspunkt 0. Sind die beiden Teilreihen

$$\sum_{n=-\infty}^{0} s(n) z^{-n} \quad \text{und} \quad \sum_{n=1}^{\infty} s(n) z^{-n} \qquad (4.2\text{-}2)$$

konvergent zu den Summen $S_1(z)$ bzw. $S_2(z)$, konvergiert die Laurentreihe (4.2-1) zur Summe $S_1(z) + S_2(z)$.

Die erste der beiden Teilreihen konvergiert innerhalb eines Kreises $|z| = R_1$, während die zweite außerhalb eines Kreises $|z| = R_2$ konvergiert. Aus der Funktionentheorie (siehe z. B. [PES 68]) ist bekannt, daß die Radien R_1 und R_2 berechnet werden können aus

$$R_1 = \left[\limsup_{n \to \infty} \sqrt[n]{|s(-n)|} \right]^{-1} \qquad (4.2\text{-}3)$$

$$R_2 = \limsup_{n \to \infty} \sqrt[n]{|s(n)|} \tag{4.2-4}$$

Der Kreisring $R_2 < |z| < R_1$ ist das Konvergenzgebiet der Reihe (4.2-1).
(ii) Gemäß (4.2-2) kann eine Laurentreihe in die Summe zweier Potenzreihen zerlegt werden. Da eine Potenzreihe innerhalb ihres Konvergenzgebietes absolut und gleichmäßig konvergiert und dort eine holomorphe Funktion darstellt, ist im Falle der Konvergenz der beiden Teilreihen (4.2-2) auch die Laurentreihe (4.2-1) innerhalb ihres Konvergenzgebiets holomorph.

Folgerungen

(i) Die z-Transformierte $S(z)$ des zeitdiskreten Signals $s(n)$ ist eine in ihrem Konvergenzgebiet G holomorphe Funktion.
(ii) Die z-Transformierte $S(z)$ ist mit dem Signal $\{s(n)\}$ umkehrbar eindeutig über die inverse z-Transformation

$$s(n) = Z^{-1}[S(z)] = \frac{1}{2\pi j} \oint_C S(z) z^{n-1} dz \tag{4.2-5}$$

verknüpft (Satz von Laurent). Dabei ist C ein einfacher geschlossener Weg, der ganz im Innern des Konvergenzgebiets von $S(z)$ verläuft und sämtliche Singularitäten dieser Funktion umschließt.

Bevor wir Beispiele zur z-Transformation betrachten, bringen wir noch die endliche und die unendliche geometrische Reihe in Erinnerung:
Die endliche geometrische Reihe

$$\sum_{n=0}^{N} z^n = \frac{1 - z^{N+1}}{1 - z} \tag{4.2-6}$$

konvergiert in der gesamten z-Ebene mit Ausnahme des Punktes $z = \infty$.
Das Konvergenzgebiet der unendlichen geometrischen Reihe

$$\sum_{n=0}^{\infty} z^n = \frac{1}{1 - z} \tag{4.2-7}$$

ist durch $G = \{z; |z| < 1\}$ gegeben.

Beispiele

(i) $\quad \{s(n)\} = \{\delta(n)\}$

$$S(z) = \sum_{n=-\infty}^{\infty} \delta(n) z^{-n} = 1, \quad G = \mathbb{C}$$

(ii) $\{s(n)\} = \{u(n)\}\{a^n\} = \begin{cases} 0 & n < 0 \\ a^n & n \geqslant 0 \end{cases}$ $a \in \mathbb{R}$,

$$S(z) = \sum_{n=0}^{\infty} a^n z^{-n} = \sum_{n=0}^{\infty} \left(\frac{a}{z}\right)^n,$$

$$G = \left\{z; \left|\frac{a}{z}\right| < 1\right\} = \{z; |z| > |a|\}$$

$S(z)$ konvergiert also außerhalb des Kreises mit dem Radius $R = |a|$. Mit (4.2-7) ergibt sich:

$$S(z) = \frac{1}{1 - \dfrac{a}{z}} = \frac{z}{z - a}$$

(iii) $\{s(n)\} = \begin{cases} -b^n & n < 0 \\ 0 & n \geqslant 0 \end{cases}$ $b \in \mathbb{R}, b \neq 0$,

$$S(z) = -\sum_{n=-\infty}^{-1} b^n z^{-n} = -\sum_{k=1}^{\infty} b^{-k} z^k = 1 - \sum_{n=0}^{\infty} \left(\frac{z}{b}\right)^n,$$

$$G = \left\{z; \left|\frac{z}{b}\right| < 1\right\} = \{z; |z| < |b|\}$$

$S(z)$ konvergiert also innerhalb des Kreises mit dem Radius $R = |b|$. Mit (4.2-7) ergibt sich:

$$S(z) = 1 - \frac{1}{1 - \dfrac{z}{b}} = \frac{z}{z - b}$$

(iv) $\{s(n)\} = \begin{cases} -b^n & n < 0 \\ a^n & n \geqslant 0 \end{cases}$ $a, b \in \mathbb{R}, b \neq 0$,

Aus den Beispielen (ii) und (iii) folgt:

$$S(z) = \frac{z}{z - a} + \frac{z}{z - b} = \frac{z^2 - bz + z^2 - az}{(z - a)(z - b)} = \frac{2z^2 - z(a + b)}{(z - a)(z - b)}$$

$$G = \{z; |a| < |z| < |b|\}$$

$S(z)$ konvergiert also nur, wenn $|a| < |b|$ gilt. Bild 4.2-1 zeigt für $0 < a < b$ das Konvergenzgebiet G und die Pole und Nullstellen von $S(z)$.

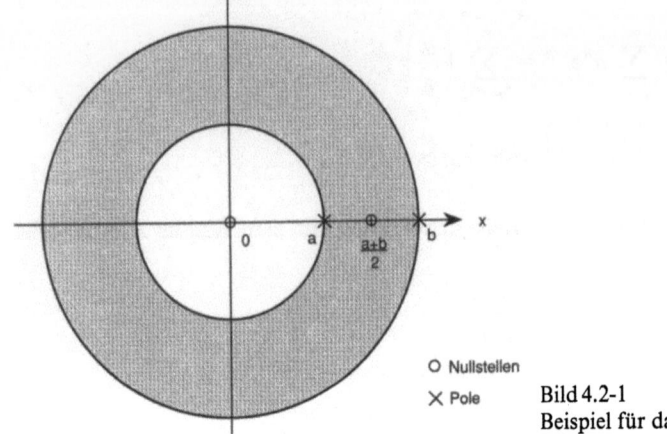

Bild 4.2-1
Beispiel für das Konvergenzgebiet einer Laurentreihe

Wir wollen uns nun mit den wichtigsten Eigenschaften der z-Transformation beschäftigen.

Satz 4.2-1 Die Signale $\{s_1(n)\}$ und $\{s_2(n)\}$ haben die z-Transformierten $S_1(z)$ bzw. $S_2(z)$ mit den Konvergenzgebieten G_1 und G_2. Ferner sei $G_1 \cap G_2 \neq \emptyset$. Dann gilt mit $c_1, c_2 \in \mathbb{C}$

$$Z[c_1\{s_1(n)\} + c_2\{s_2(n)\}] = c_1 S_1(z) + c_2 S_2(z) \qquad (4.2\text{-}8)$$

in $\tilde{G} \supset G_1 \cap G_2$. Die z-Transformation ist also linear.
Der Beweis ist eigentlich trivial. Das Konvergenzgebiet der Linearkombination (4.2-8) ist unter Umständen größer als der Durchschnitt von G_1 und G_2: Sind z. B. $S_1(z)$ und $S_2(z)$ gebrochen rationale Funktionen, kann es sein, daß Nullstellen der Linearkombination Pole der Summanden aufheben. ∎

Satz 4.2-2 $\{s(n)\}$ sei ein Signal mit z-Transformierter $S(z)$ und Konvergenzgebiet G. Dann besitzt das zeitverschobene Signal $\{s(n-m)\}$ die z-Transformierte (für alle $m \in \mathbb{Z}$):

$$Z[\{s(n-m)\}] = z^{-m} S(z) \qquad (4.2\text{-}9)$$

Das Konvergenzgebiet von (4.2-9) stimmt in $0 < |z| < \infty$ mit G überein.

Beweis

$$Z[\{s(n-m)\}] = \sum_{n=-\infty}^{\infty} s(n-m)z^{-n} = z^{-m} \sum_{n=-\infty}^{\infty} s(n)z^{-n}.$$

Die Bemerkung zum Konvergenzgebiet ist klar. ∎

Satz 4.2-3 Aus $Z[\{s(n)\}] = S(z)$ in G folgt

$$Z[\{ns(n)\}] = -z\frac{dS(z)}{dz} \quad \text{in } G. \tag{4.2-10}$$

Beweis In G gilt:

$$Z[\{ns(n)\}] = \sum_{n=-\infty}^{\infty} ns(n)z^{-n} = -z\frac{d}{dz}\sum_{n=-\infty}^{\infty} s(n)z^{-n}$$

$$= -z\frac{d}{dz}S(z).$$

∎

Satz 4.2-4 Aus $Z[\{s(n)\}] = S(z)$ in $G = \{z; R_2 < |z| < R_1\}$ folgt für alle $a \in \mathbb{C}$, $a \neq 0$:

$$Z[\{a^n s(n)\}] = S\left(\frac{z}{a}\right) \tag{4.2-11}$$

in $G_a = \{z; |a|R_2 < |z| < |a|R_1\}$. Enthält G den Ursprung oder ∞, so gilt das auch für G_a.

Beweis

$$Z[\{a^n s(n)\}] = \sum_{n=-\infty}^{\infty} a^n s(n)z^{-n} = \sum_{n=-\infty}^{\infty} s(n)\left(\frac{z}{a}\right)^{-n}$$

Die Bemerkung zum Konvergenzgebiet ist klar. ∎

Satz 4.2-5 (Faltungssatz) Es sei $Z[\{s_1(n)\}] = S_1(z)$ in G_1, $Z[\{s_2(n)\}] = S_2(z)$ in G_2 und es gelte $G = G_1 \cap G_2 \neq \emptyset$. Dann folgt:

$$Z[\{s_1(n)\} * \{s_2(n)\}] = S_1(z) \cdot S_2(z) \tag{4.2-12}$$

in einem Konvergenzgebiet $\tilde{G} \supset G$.

Beweis Die z-Transformierte der Faltung ist

$$Z[\{s_1(n)\} * \{s_2(n)\}] = \sum_{n=-\infty}^{\infty} \left[\sum_{m=-\infty}^{\infty} s_1(m) s_2(n-m) \right] z^{-n}.$$

Für $z \in G = G_1 \cap G_2$ darf die Summationsreihenfolge vertauscht werden:

$$Z[\{s_1(n)\} * \{s_2(n)\}] = \sum_{m=-\infty}^{\infty} s_1(m) \sum_{n=-\infty}^{\infty} s_2(n-m) z^{-n}$$

Jetzt substituieren wir in der zweiten Summe $l = n - m$ und erhalten:

$$Z[\{s_1(n)\} * \{s_2(n)\}] = \sum_{m=-\infty}^{\infty} s_1(m) \sum_{l=-\infty}^{\infty} s_2(l) z^{-l-m}$$

$$= \sum_{m=-\infty}^{\infty} s_1(m) z^{-m} \cdot \sum_{l=-\infty}^{\infty} s_2(l) z^{-l} = S_1(z) \cdot S_2(z)$$

Die Bemerkung zum Konvergenzgebiet ist wieder klar (siehe Beweis zum Satz 4.2-1). ∎

Das Signal $\{s(n)\}$ heißt kausal, wenn es für $n < 0$ identisch verschwindet. Auf den Begriff der Kausalität werden wir später im Zusammenhang mit der Diskussion digitaler Systeme (Abschnitt 4.3) noch einmal zurückkommen.

Satz 4.2-6 $\{s(n)\}$ sei kausal mit $Z[\{s(n)\}] = S(z)$ im Konvergenzgebiet $\{z; R < |z| \leqslant \infty\}$. Gilt für ein $m > 0$

$$\lim_{z \to \infty} z^m S(z) = A, \tag{4.2-13}$$

folgt $s(m) = A$ und $s(n) = 0 \; \forall \; n < m$. Gilt (4.2-13) für $m = 0$ ist insbesondere $s(0) = A$.

Beweis

$\{s(n)\}$ kausal $\Rightarrow S(z) = \sum_{n=0}^{\infty} s(n) z^{-n}$

(4.2-13) $\Leftrightarrow \lim_{z \to \infty} z^m \sum_{n=0}^{\infty} s(n) z^{-n} = \lim_{z \to \infty} \sum_{n=0}^{\infty} s(n) z^{-n+m}$

$= \lim_{z \to \infty} \left\{ s(0) z^m + s(1) z^{m-1} + \ldots + s(m-1) z + s(m) + \sum_{n=1}^{\infty} s(m+n) z^{-n} \right\}$

$\stackrel{!}{=} A \Rightarrow s(0) = s(1) = \ldots = s(m-1) = 0, \quad s(m) = A.$ ∎

Satz 4.2-7 $\{s(n)\}$ sei kausal mit z-Transformierter $S(z)$ und deren Konvergenzgebiet $G = \{z; R < |z| \leqslant \infty, R \leqslant 1\}$. Dann existiert $\lim_{n \to \infty} s(n)$ und es gilt:

$$\lim_{n \to \infty} s(n) = \lim_{z \to 1} (z-1)S(z) \qquad (4.2\text{-}14)$$

Beweis

$$\{s(n)\} \text{ kausal} \Rightarrow S(z) = \sum_{n=0}^{\infty} s(n)z^{-n}$$

$$\Leftrightarrow zS(z) = zs(0) + \sum_{n=0}^{\infty} s(n+1)z^{-n}$$

$$\Leftrightarrow (z-1)S(z) = zs(0) + \sum_{n=0}^{\infty} [s(n+1) - s(n)]z^{-n}$$

$$= zs(0) + \lim_{N \to \infty} \sum_{n=0}^{N} [s(n+1) - s(n)]z^{-n}$$

Durch den Grenzübergang $z \to 1$ folgt in G:

$$\lim_{z \to 1} (z-1)S(z) = s(0) + \lim_{N \to \infty} [s(N+1) - s(0)] = \lim_{N \to \infty} s(N+1)$$

Die Existenz von $\lim_{n \to \infty} s(n)$ ist wegen (4.2-4) gesichert:

$$R = \lim_{n \to \infty} \sup \sqrt[n]{|s(n)|} \leqslant 1.$$

Ist $R < 1$, folgt $\lim_{n \to \infty} s(n) = 0$. ∎

Die inverse z-Transformation ist gemäß (4.2-5) gegeben durch

$$s(n) = Z^{-1}[S(z)] = \frac{1}{2\pi \mathrm{j}} \oint_C S(z)z^{n-1}\,\mathrm{d}z, \quad -\infty < n < \infty,$$

wobei C ein ganz innerhalb des Konvergenzgebietes von $S(z)$ verlaufender Weg ist, der sämtliche Singularitäten dieser Funktion umschließt.

Das Wegintegral kann, wenn die Funktion $S(z)z^{n-1}$ innerhalb von C mit Ausnahme endlich vieler Pole überall holomorph ist, über den Residuensatz berechnet werden:

$$s(n) = \sum_{v=1}^{N} R_v \qquad (4.2\text{-}15)$$

Dabei sind N die Anzahl der Pole der Funktion $S(z)z^{n-1}$ innerhalb von C und R_ν das Residuum von $S(z)z^{n-1}$ im Pol z_ν.

Das Residuum R_ν in einem Pol z_ν der Vielfachheit r kann bestimmt werden nach:

$$R_\nu = \lim_{z \to z_\nu} \frac{1}{(r-1)!} \frac{d^{r-1}}{dz^{r-1}} [(z-z_\nu)^r S(z) z^{n-1}]$$

Geschickterweise wird man die inverse z-Transformation nicht in jedem Fall durch die Lösung nach Gleichung (4.2-15) errechnen. Z. B. wird eine gebrochen rationale z-Transformierte rücktransformiert, indem man zunächst ihre Partialbruchzerlegung berechnet und die einzelnen Partialbrüche rücktransformiert. Wegen der Linearität der z-Transformation (Satz 4.2-1), ist die Summe der Rücktransformierten der Partialbrüche dann die gesuchte Folge $s(n)$.

4.2.2 Die diskrete Fouriertransformation

In diesem Unterabschnitt wollen wir uns mit der Frage beschäftigen, wie die Fouriertransformierte $S(\omega)$ eines Signals $s(t)$

$$S(\omega) = \int_{-\infty}^{\infty} s(t) e^{-j\omega t} d\omega \qquad (4.2\text{-}16)$$

numerisch berechnet oder, besser gesagt, approximiert wird. Da es sich dabei um ein praktisches Problem handelt, darf hier davon ausgegangen werden, daß das Signal $s(t)$ die Eigenschaften real existierender Signale hat. Insbesondere ist $s(t)$ bandbegrenzt, integrabel, quadratintegrabel und differenzierbar (aufgrund der Bandbegrenzung ist $s(t)$, vergleiche Abschnitt 2.2, sogar analytisch) und reellwertig.

Zur Approximation von $S(\omega)$ wird nun folgendermaßen vorgegangen: Die unendlichen Integrationsgrenzen in (4.2-16) werden durch endliche ersetzt (Problem des Zeitfensters, siehe unten), das resultierende Integral wird in eine Summe umgewandelt und diese Summe wird dann für eine diskrete Menge äquidistanter Werte der (Kreis-)Frequenz ω berechnet.

Wir betrachten zunächst einmal die beiden Funktionen

$$\bar{s}(t) = \sum_{k=-\infty}^{\infty} s(t + kT), \quad \bar{S}(\omega) = \sum_{k=-\infty}^{\infty} S(\omega + k\omega_1) \qquad (4.2\text{-}17)$$

$\bar{s}(t)$ ist periodisch mit der Periode T und ist gleich der Summe der Funktion $s(t)$ und aller ihrer Verschiebungen um kT, $k \in \mathbb{Z}$ (siehe Bild 4.2-2). Genauso ist $\bar{S}(\omega)$ periodisch mit der Periode ω_1 und gleich der Summe von $S(\omega)$ und allen ihren Verschiebungen um $k\omega_1$, $k \in \mathbb{Z}$. Die Konstanten T und ω_1 sind vorerst beliebig.

4.2 Transformationen

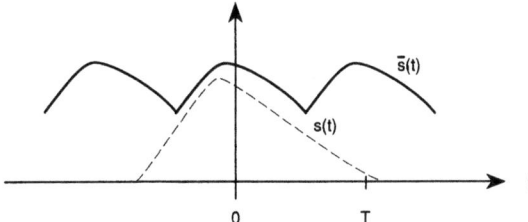

Bild 4.2-2
Zur Konstruktion des
Signals $\bar{s}(t)$

Satz 4.2-7 Es gilt die Poissonsche Summenformel

$$\bar{s}(t) = \frac{1}{T} \sum_{n=-\infty}^{\infty} S(n\omega_0) e^{jn\omega_0 t}, \quad \omega_0 = \frac{2\pi}{T}. \qquad (4.2\text{-}18)$$

Beweis $\bar{s}(t)$ ist mit der Periode T periodisch und daher in eine Fourierreihe entwickelbar:

$$\bar{s}(t) = \sum_{n=-\infty}^{\infty} c_n e^{jn\omega_0 t}$$

mit $\quad c_n = \dfrac{1}{T} \displaystyle\int_{-T/2}^{T/2} \bar{s}(t) e^{-jn\omega_0 t} \, dt$

$\quad\quad\quad = \dfrac{1}{T} \displaystyle\int_{-T/2}^{T/2} \sum_{k=-\infty}^{\infty} s(t+kT) e^{-jn\omega_0 t} \, dt$

$\quad\quad\quad = \dfrac{1}{T} \displaystyle\int_{-\infty}^{\infty} s(t) e^{-jn\omega_0 t} \, dt = \dfrac{1}{T} S(n\omega_0),$

woraus die Darstellung (4.2-18) folgt. ∎

Bemerkungen

(i) Für die Funktion $\bar{S}(\omega)$ gilt die zu (4.2-18) analoge Beziehung

$$\bar{S}(\omega) = \frac{2\pi}{\omega_1} \sum_{n=-\infty}^{\infty} s(nT_1) e^{-jnT_1\omega}, \quad T_1 = \frac{2\pi}{\omega_1}. \qquad (4.2\text{-}19)$$

(ii) $\bar{S}(\omega)$ ist nicht die Fouriertransformierte von $\bar{s}(t)$.

(iii) Aus dem Beweis von (4.2-18) geht hervor, daß die Abtastwerte $S(n\omega_0)$ von $S(\omega)$ die Fourierkoeffizienten der mit der Periode T periodischen Funktion $T\bar{s}(t)$ sind:

$$S(n\omega_0) = \int_{-T/2}^{T/2} \bar{s}(t) e^{-jn\omega_0 t} \, dt \qquad (4.2\text{-}20)$$

4 Grundlagen der digitalen Signalverarbeitung

Für $\omega = n\omega_0$ ist das Integral (4.2-16) damit auf das endliche Integral (4.2-20) zurückgeführt. Ist $s(t)$ für alle t bekannt, kann $S(n\omega_0)$ exakt berechnet werden.

Zur numerischen Approximation der $S(n\omega_0)$ bedienen wir uns der Theorie der Fourierreihen. Die folgenden Überlegungen gestatten eine Approximation des Integrals (4.2-20) durch eine endliche Summe. Wir betrachten dazu die mit T periodische Funktion

$$y(t) = \sum_{k=-\infty}^{\infty} c_k e^{jk\omega_0 t}, \quad \omega_0 = \frac{2\pi}{T}. \tag{4.2-21}$$

Mit der beliebigen natürlichen Zahl N und $T_1 = T/N$ ergeben sich die Abtastwerte $y(mT_1)$ von $y(t)$ zu

$$y(mT_1) = \sum_{k=-\infty}^{\infty} c_k e^{jk\omega_0 mT_1} = \sum_{k=-\infty}^{\infty} c_k e^{jk\frac{2\pi}{T}m\frac{T}{N}}$$

$$= \sum_{k=-\infty}^{\infty} c_k w_N^{*km}, \quad \omega_0 = \frac{2\pi}{T}, \; w_N = e^{-j\frac{2\pi}{N}} \tag{4.2-22}$$

Darin ist w_N^k eine N-te Einheitswurzel und die ganze Zahl k kann in der Form

$$k = n + rN$$

mit $n = 0, 1, 2, \ldots, N-1$ und $r \in \mathbb{Z}$ geschrieben werden. Wegen

$$w_N^{*N} = 1 \quad \text{und} \quad w_N^{*km} = w_N^{*(n+rN)m} = w_N^{*nm}$$

folgt aus (4.2-22):

$$y(mT_1) = \sum_{n=0}^{N-1} \sum_{r=-\infty}^{\infty} c_{n+rN} w_N^{*(n+rN)m}, \quad m = 0, 1, \ldots, N-1 \tag{4.2-23}$$

Mit der Definition der Pseudokoeffizienten

$$\bar{c}_n := \sum_{r=-\infty}^{\infty} c_{n+rN} \tag{4.2-24}$$

folgt $\quad y(mT_1) = \sum_{n=0}^{N-1} \bar{c}_n w_N^{*nm}, \quad m = 0, 1, \ldots, N-1. \tag{4.2-25}$

Dabei handelt es sich um ein Gleichungssystem von N Gleichungen, die die Abtastwerte $y(mT_1)$ der periodischen Funktion $y(t)$ und die Pseudokoeffizienten $\bar{c}_n$ in Beziehung zueinander setzen.

4.2 Transformationen

Bemerkung Durch (4.2-24) sind die $\bar{c}_n$ für jedes n bestimmt. Die so erklärte Folge $\{\bar{c}_n\}$ ist periodisch. Es gilt:

$$\bar{c}_{n+rN} = \bar{c}_n$$

Im allgemeinen können die Koeffizienten c_n nicht aus den Pseudokoeffizienten $\bar{c}_n$ bestimmt werden. Es sei denn, höchstens N der c_n sind von Null verschieden. Genau das gilt aber für trigonometrische Polynome.

Definition 4.2-2 Ein trigonometrisches Polynom ist eine Fourierreihe mit endlich vielen Summanden:

$$y(t) = \sum_{n=-M}^{M} c_n e^{jn\omega_0 t} \tag{4.2-26}$$

Unter der Voraussetzung $N > 2M+1$ für das trigonometrische Polynom (4.2-26) folgt aus (4.2-24):

$$c_n = \begin{cases} \bar{c}_n & |n| \leq M \\ 0 & |n| > M \end{cases} \quad \text{für} \tag{4.2-27}$$

In diesem Fall können die c_n aus den $\bar{c}_n$ bestimmt werden. Da weiterhin die $\bar{c}_n$ durch die $y(mT_1)$ eindeutig festgelegt sind, können also die Koeffizienten eines trigonometrischen Polynoms durch seine Abtastwerte ausgedrückt werden.

Bemerkung Es sei noch einmal ausdrücklich darauf hingewiesen, daß hier die Funktion $y(t)$ ein mit der Periode T periodisches trigonometrisches Polynom ist.

Die numerische Berechnung des Integrals (4.2-16) basiert nun auf dem

Satz 4.2-8 Es seien $T \in \mathbb{R}$ eine beliebige Konstante und N eine beliebige natürliche Zahl und es gelten

$$T_1 = \frac{T}{N}, \quad \omega_0 = \frac{2\pi}{T}, \quad \omega_1 = \frac{2\pi}{T_1} = N\omega_0.$$

Dann folgt für jedes m:

$$\bar{s}(mT_1) = \frac{1}{T} \sum_{n=0}^{N-1} \bar{S}(n\omega_0) e^{j\frac{2\pi}{N}mn} \tag{4.2-28}$$

Dabei sind $\bar{s}(t)$ und $\bar{S}(\omega)$ die in (4.2-17) definierten Funktionen.

Beweis Nach der Poissonschen Summenformel (4.2-18) ist $\bar{s}(t)$ eine periodische Funktion mit den Fourierkoeffizienten $c_n = S(n\omega_0)/T$, woraus mit der Gleichung (4.2-24) für die Pseudokoeffizienten folgt:

$$\bar{c}_n = \sum_{r=-\infty}^{\infty} c_{n+rN} = \frac{1}{T} \sum_{r=-\infty}^{\infty} S((n+rN)\omega_0)$$

$$= \frac{1}{T} \sum_{r=-\infty}^{\infty} S(n\omega_0 + r\omega_1) = \frac{1}{T} \bar{S}(n\omega_0)$$

Mit Gleichung (4.2-25) ist der Satz damit bewiesen. ∎

Setzt man nun in Gleichung (4.2-28) $m = 0, 1, 2, \ldots, N-1$, ergibt sich ein System von N Gleichungen, dessen Lösung die Abtastwerte $\bar{S}(n\omega_0)$ von $\bar{S}(\omega)$ in Abhängigkeit von den Abtastwerten $\bar{s}(mT_1)$ von $s(t)$ liefert. Im allgemeinen kann $S(n\omega_0)$ nicht aus $\bar{S}(n\omega_0)$ bestimmt werden. Es gilt jedoch offenbar:

Satz 4.2-9 Wenn $S(\omega) = 0$ für $|\omega| > \Omega$ und $\omega_1 > 2\Omega$ ist, folgt für $|\omega| < \Omega$: $S(\omega) = \bar{S}(\omega)$.
In diesem Fall liefert die Lösung von (4.2-28) $S(n\omega_0)$.

Bemerkungen

(i) Ist das Signal $s(t)$ nicht, wie in Satz 4.2-9 gefordert, bandbegrenzt, aber ω_1 so groß, daß $|S(\omega)|$ für $|\omega| > \omega_1/2$ vernachlässigbar klein wird, ist $S(n\omega_0)$ für $|n| < \omega_1/(2\omega_0)$ näherungsweise gleich $\bar{S}(n\omega_0)$.
Daher kann $S(n\omega_0)$ auch in diesem Fall näherungsweise aus (4.2-28) bestimmt werden. Die Differenz $S(n\omega_0) - \bar{S}(n\omega_0)$ ist der Aliasingfehler an der Frequenz $n\omega_0$.

(ii) In der digitalen Signalverarbeitung muß man sich bei der Berechnung des Spektrums eines Signals nun im allgemeinen mit folgender Approximation zufriedengeben: Das bandbegrenzte Signal $s(t)$ wird über ein endliches Zeitintervall hinweg beobachtet und unter Beachtung des Abtasttheorems digitalisiert. Daraus resultiert eine Wertefolge $\{s(n)\}_{n=0}^{N-1}$, die das Signal im Beobachtungszeitraum darstellt. $\{s(n)\}_{n=0}^{N-1}$ ist das zu $s(t)$ gehörende zeitdiskrete Signal, das mit einer Fensterfunktion $w(t)$, die außerhalb des Beobachtungsintervalls verschwindet und in seinem Inneren konstant 1 ist, multipliziert wurde. Die Lösung $\{S(m)\}_{m=0}^{N-1}$ der Gleichung (4.2-28) liefert die diskrete Fouriertransformierte der beobachteten Folge $\{s(n)\}_{n=0}^{N-1}$ von Abtastwerten. $\{S(m)\}_{m=0}^{N-1}$ stellt eine Approximation des Spektrums von $s(t) \cdot w(t)$, also von $S(\omega) * W(\omega)$, dar. In praktischen Berechnungen kann $w(t)$ durch günstiger gewählte Fensterfunktionen ersetzt werden [HAR 78].

4.2 Transformationen 107

Die folgende Definition liegt damit auf der Hand:

Definition 4.2-3

$$S(m) = \sum_{n=0}^{N-1} s(n) w_N^{mn}, \quad m = 0, 1, \ldots, N-1; \; w_N = e^{-j\frac{2\pi}{N}}, \quad (4.2\text{-}29)$$

heißt diskrete Fouriertransformierte (DFT) des Signals $\{s(n)\}_{n=0}^{N-1}$.

Satz 4.2-10 Die diskrete Fourierrücktransformierte (IDFT) der Folge $\{S(m)\}_{m=0}^{N-1}$ ist gegeben durch

$$s(n) = \frac{1}{N} \sum_{m=0}^{N-1} S(m) w_N^{-mn}; \quad n = 0, 1, \ldots, N-1. \quad (4.2\text{-}30)$$

Beweis Sei $n \in \{0, 1, \ldots, N-1\}$ beliebig aber fest. Wir schreiben in Gleichung (4.2-29) k als Summationsindex, multiplizieren die m-te Gleichung mit w_N^{-mn} und summieren von 0 bis $N-1$:

$$\sum_{m=0}^{N-1} S(m) w_N^{-mn} = \sum_{m=0}^{N-1} w_N^{-mn} \sum_{k=0}^{N-1} s(k) w_N^{mk}$$

$$= \sum_{k=0}^{N-1} s(k) \sum_{m=0}^{N-1} w_N^{m(k-n)}$$

Es gilt nun die Identität

$$\sum_{m=0}^{N-1} w_N^{m(k-n)} = \frac{w_N^{N(k-n)} - 1}{w_N^{k-n} - 1} = \begin{cases} N & k = n \\ 0 & k \neq n \end{cases} \text{für}.$$

Das erste Gleichheitszeichen gilt, weil es sich um eine endliche geometrische Reihe mit dem Faktor w_N^{k-n} handelt, das zweite beweist man mit Hilfe der de l'Hospitalschen Regel.

Insgesamt ergibt sich also

$$\sum_{m=0}^{N-1} S(m) w_N^{-mn} = N s(n); \quad n = 0, 1, \ldots, N-1,$$

womit (4.2-30) bewiesen ist. ∎

Bemerkungen

(i) Die Gleichungen (4.2-29) und (4.2-30) stellen eine eineindeutige Zuordnung der (endlichen) Folgen $\{s(n)\}_{n=0}^{N-1}$ und $\{S(m)\}_{m=0}^{N-1}$ zueinander dar.

108 4 Grundlagen der digitalen Signalverarbeitung

Nehmen wir nun an, daß (4.2-29) und (4.2-30) für jedes m und jedes n gelten, müssen die Folgen $\{s(n)\}$ und $\{S(m)\}$ mit der Periode N periodisch sein (beachte (4.2-27)). Wegen

$$w_N^{\pm(m+N)n} = w_N^{\pm mn}$$

gelten

$$S(m+N) = S(m) \text{ und } s(n+N) = s(n).$$

Die diskrete Fouriertransformierte kann daher auch als eineindeutige Korrespondenz zweier mit der Periode N periodischer Folgen angesehen werden, die die Gleichungen (4.2-29) und (4.2-30) erfüllen.

(ii) Werden $\{s(n)\}_{n=0}^{N-1}$ und $\{S(m)\}_{m=0}^{N-1}$ als periodische Folgen interpretiert, können in (4.2-29) und (4.2-30) die Summationsgrenzen 0 bzw. $N-1$ durch n_1 bzw. n_1+N-1 ersetzt werden, ohne daß die Summenwerte sich ändern. n_1 ist dabei eine beliebige ganze Zahl.

Für $N=2M+1$ und $n_1=-M$ schreiben sich (4.2-29) und (4.2-30) z. B. in der Form

$$S(m) = \sum_{n=-M}^{M} s(n) w_N^{mn}, \quad s(n) = \frac{1}{2M+1} \sum_{m=-M}^{M} S(m) w_N^{-mn}.$$

Im folgenden wird die Tatsache, daß die Folge $\{S(m)\}_{m=0}^{N-1}$ die DFT der Folge $\{s(n)\}_{n=0}^{N-1}$ ist, kurz durch

$$\{s(n)\}_{n=0}^{N-1} \; \bullet\!\!\overline{_N}\!\!\circ \; \{S(m)\}_{m=0}^{N-1} \tag{4.2-31}$$

bezeichnet. Die numerische Durchführung der DFT besteht in der Berechnung von N Zahlen $S(m)$ aus N gegebenen Zahlen $s(n)$. Dabei werden $\{s(n)\}_{n=0}^{N-1}$ und $\{S(m)\}_{m=0}^{N-1}$ immer als periodische Folgen interpretiert. Außerdem werden im folgenden, wenn keine Verwechslungen auftreten können, die geschweiften Klammern weggelassen. Unter der Voraussetzung der Periodizität gilt insbesondere

$$s(-n) = s(N-n), \quad S(-m) = S(N-m). \tag{4.2-32}$$

Wir wollen nun einige wichtige Eigenschaften der DFT beweisen:

Satz 4.2-11

$$s^*(-n) \; \bullet\!\!\overline{_N}\!\!\circ \; S^*(m) \tag{4.2-33}$$

4.2 Transformationen 109

Beweis Aus der Definition (4.2-29) folgt

$$S^*(m) = \sum_{n=1}^{N} s^*(n) w_N^{-mn} = \sum_{k=0}^{N-1} s^*(N-k) w_N^{-m(N-k)}$$

$$= \sum_{k=0}^{N-1} s^*(-k) w_N^{mk}. \qquad \blacksquare$$

Satz 4.2-12

$$s(-n) \; \bullet\!\!\!-\!\!\!\!\!\underset{N}{\circ} \; S(-m) \qquad (4.2\text{-}34)$$

Beweis

$$S(-m) = \sum_{n=1}^{N} s(n) w_N^{-mn} = \sum_{k=0}^{N-1} s(N-k) w_N^{-m(N-k)}$$

$$= \sum_{k=0}^{N-1} s(-k) w_N^{mk}. \qquad \blacksquare$$

Folgerung Für reelle Folgen gilt $s^*(-n) = s(-n)$, woraus sich mit (4.2-33) und (4.2-34) ergibt:

$$S^*(m) = S(-m) \qquad (4.2\text{-}35)$$

In diesem Fall reicht es zur Bestimmung von $S(m)$ für jedes m aus, $S(m)$ für $m = 0, 1, \ldots, [N/2]$ zu kennen, da $S(-m) = S(N-m)$ ist und (4.2-35) gilt. ($[N/2]$ ist die größte ganze Zahl $\leqslant N/2$.)

Satz 4.2-13 Für die gleichzeitige Bestimmung der DFT zweier reeller Folgen $\{x(n)\}_{n=0}^{N-1}$ und $\{y(n)\}_{n=0}^{N-1}$ gilt folgende Vereinfachung: Es seien

$$x(n) \; \bullet\!\!\!-\!\!\!\!\!\underset{N}{\circ} \; X(m), \quad y(n) \; \bullet\!\!\!-\!\!\!\!\!\underset{N}{\circ} \; Y(m) \quad \text{und} \quad x(n) + j\, y(n) \; \bullet\!\!\!-\!\!\!\!\!\underset{N}{\circ} \; C(m).$$

Dann gilt:

$$\begin{aligned} X(m) &= \frac{1}{2} [C(m) + C^*(N-m)] \\ Y(m) &= \frac{1}{2j} [C(m) - C^*(N-m)] \end{aligned} \qquad (4.2\text{-}36)$$

Zur Bestimmung der DFT zweier reeller Folgen reicht es also aus, die DFT einer komplexen Folge zu berechnen.

Beweis Aus der Linearität der DFT folgt, daß die DFT von $x(n) \pm j\,y(n)$ gleich $X(m) \pm j\,Y(m)$ ist. $x(n) - j\,y(n)$ ist aber das konjugiert Komplexe von $x(n) + j\,y(n)$, woraus mit (4.2-32) und (4.2-33) folgt

$$C^*(-m) = C^*(N - m).$$

Insgesamt ergibt sich also

$$X(m) + j\,Y(m) = C(m), \quad X(m) - j\,Y(m) = C^*(N - m),$$

woraus sofort (4.2-36) folgt. ∎

Satz 4.2-14 (Faltungssatz der DFT) Gilt

$$x(n) \; \bullet\!\!-\!\!\!\underset{N}{\circ}\; X(m), \quad y(n) \; \bullet\!\!-\!\!\!\underset{N}{\circ}\; Y(n),$$

so folgt

$$\sum_{k=0}^{N-1} x(k) y(n-k) = \frac{1}{N} \sum_{m=0}^{N-1} X(m) Y(m) w_N^{-mn} \qquad (4.2\text{-}37)$$

für alle n oder

$$\{x(n)\} * \{y(n)\} \; \bullet\!\!-\!\!\!\underset{N}{\circ}\; \{X(m) \cdot Y(m)\} = \{X(m)\} \cdot \{Y(m)\}.$$

Beweis Wir berechnen die DFT der linken Seite von (4.2-37):

$$\sum_{n=0}^{N-1} \left(\sum_{k=0}^{N-1} x(k) y(n-k) \right) w_N^{mn} = \sum_{k=0}^{N-1} x(k) \sum_{n=0}^{N-1} y(n-k) w_N^{mn} \qquad (4.2\text{-}38)$$

Mit $n - k = r$ gilt:

$$\sum_{n=0}^{N-1} y(n-k) w_N^{mn} = \sum_{r=-k}^{N-k-1} y(r) w_N^{m(r+k)} = w_N^{mk} \sum_{r=-k}^{N-k-1} y(r) w_N^{mr}$$

Da nun sowohl $y(r)$ als auch w_N^{mr} periodisch mit der Periode N sind, kann man die letzte Summation statt von $-k$ bis $N-k-1$ auch von 0 bis $N-1$ laufen lassen. Damit folgt für die rechte Seite von (4.2-38):

$$\sum_{k=0}^{N-1} x(k) \sum_{n=0}^{N-1} y(n-k) w_N^{mn} = \sum_{k=0}^{N-1} x(k) w_N^{mk} \sum_{r=0}^{N-1} y(r) w_N^{mr}$$

$$= X(m) \cdot Y(m) \qquad \blacksquare$$

4.2 Transformationen

Satz 4.2-15 Aus $s(n) \bullet\!\!-\!\!\!\!\!\!\!\!{}_N\!\!-\!\!\!\circ S(m)$ folgt

$$s(n-k) \bullet\!\!-\!\!\!\!\!\!\!\!{}_N\!\!-\!\!\!\circ w_N^{mk} S(m) \qquad (4.2\text{-}39)$$

Beweis Die Gültigkeit von (4.2-39) ist offensichtlich. ∎

Satz 4.2-16 (Parsevalsche Formel)

$$\sum_{k=0}^{N-1} x(k) y^*(k) = \frac{1}{N} \sum_{m=0}^{N-1} X(m) Y^*(m) \qquad (4.2\text{-}40)$$

Beweis In (4.2-37) setzen wir $n=0$ und $y^*(k)$ statt $y(-k)$. Dann ergibt sich mit (4.2-33) (Satz 4.2-11) die Gleichung (4.2-40). ∎

Folgerung (Energiesatz) Mit $x(k) = y(k)$ folgt aus (4.2-40):

$$\sum_{k=0}^{N-1} |x(k)|^2 = \frac{1}{N} \sum_{m=0}^{N-1} |X(m)|^2 \qquad (4.2\text{-}41)$$

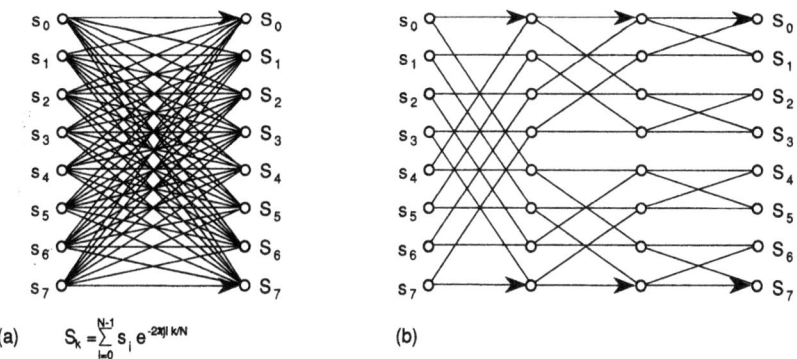

Bild 4.2-3 DFT- und FFT-Signalflußgraphen für $N = 8$

Bemerkung Die numerische Berechnung der DFT erfordert N^2 Multiplikationen und $N(N-1)$ Additionen komplexer Zahlen, wenn direkt nach der Definitionsgleichung (4.2-29) vorgegangen wird (vergleiche Bild 4.2-3(a)). Cooley und Tukey konnten 1965 beweisen, daß die Anzahl der benötigten Operationen durch eine Umstrukturierung des Algorithmus (vergleiche Bild 4.2-3(b)) auf $N/2 \cdot \text{ld}\, N$ Multiplikationen und $N \text{ld}\, N$ Additionen reduziert

112 4 Grundlagen der digitalen Signalverarbeitung

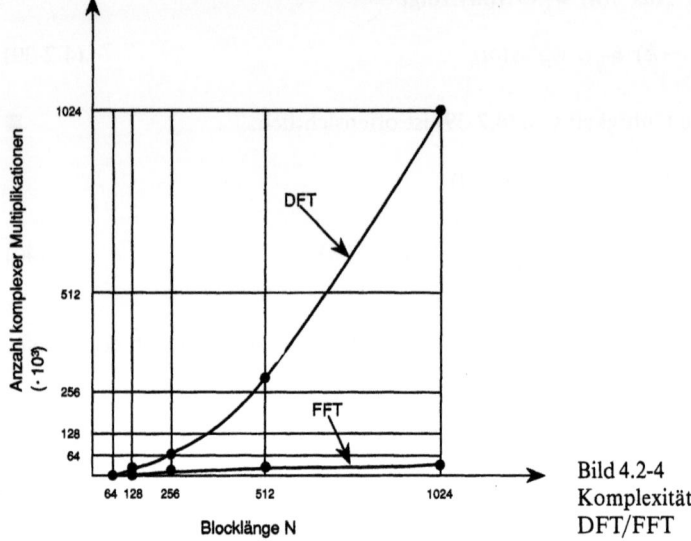

Bild 4.2-4
Komplexitätsvergleich
DFT/FFT

werden kann [BRI 74], wenn N eine Zweierpotenz ist. Der von ihnen angegebene Algorithmus heißt schnelle Fouriertransformation (Fast Fourier Transform, FFT) und ist nichts weiter als eine rechentechnisch effektive Implementierung der DFT. Den Rechenvorteil, den die Anwendung des FFT-Algorithmus der DFT bietet, verdeutlicht Bild 4.2-4.

4.2.3 Komplexwertige zeitdiskrete Signale

Schon im Abschnitt 2.3 (Bemerkung (ii) zu Satz 2.3-6) wurde darauf hingewiesen, daß die Theorie der analytischen Signale auf zeitdiskrete Signale nicht ohne weiteres übertragen werden kann. Zur Digitalisierung eines analytischen Signals kann z. B. so vorgegangen werden, daß Real- und Imaginärteil im selben Takt abgetastet werden. Dabei ist zu beachten, daß nach Gleichung (2.3-12) das Spektrum eines analytischen Signals $\underline{s}(t) = s(t) + j\,\hat{s}(t)$ nur halb so breit wie das Spektrum des zugehörigen reellen Signals $s(t)$ ist. Daher darf, nach entsprechender Filterung, die Abtastrate für das analytische Signal $\underline{s}(t)$ gegenüber der von $s(t)$ halbiert werden. Der Umfang des anfallenden Datenstroms bleibt jedoch derselbe, da nun Real- und Imaginärteil gleichzeitig digitalisiert werden müssen.

Die Einseitigkeit des Spektrums eines analytischen Signals (Gleichung (2.3-12)) weist den Weg zur Berechnung des zeitdiskreten Analogons des analytischen Signals, wobei zu beachten ist, daß das Spektrum eines abgetasteten Signals periodisch mit der Abtastfrequenz f_A ist. Aus dem reellen zeitdiskreten

4.2 Transformationen   113

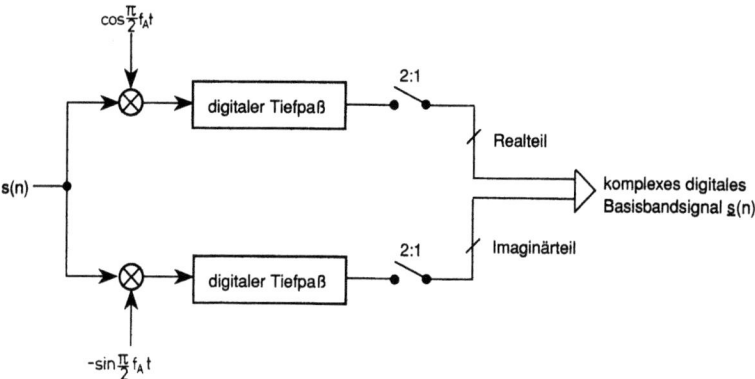

Bild 4.2-5
Erzeugung des komplexen
Basisbandsignals

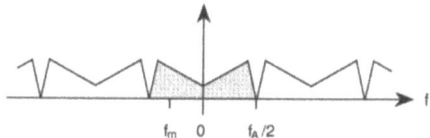

(a) Ausgangsspektrum (Betrag)

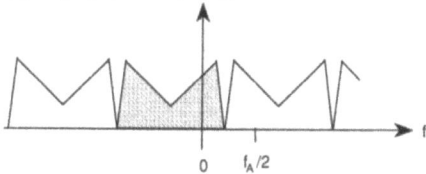

(b) nach der komplexen Mischung (dabei Verdoppelung der
spektralen Leistungsdichte)

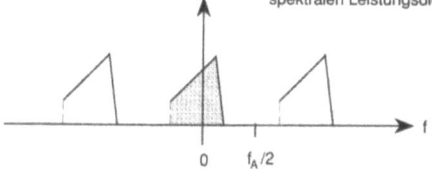

(c) nach der digitalen Tiefpaßfilterung

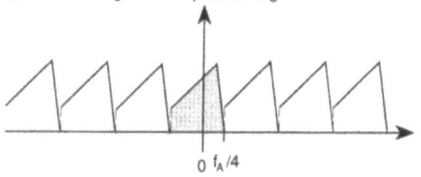

Bild 4.2-6
Erzeugung des komplexen
Basisbandsignals
(spektral gesehen)

(d) nach der Reduktion der Abtastrate

Signal $s(n)$ ergibt sich das zugehörige komplexe zeitdiskrete Signal nun einfach aus der Unterdrückung der linken Hälfte und der Verdoppelung der rechten Hälfte der Fouriertransformierten von $s(n)$.

Praktisch wird dabei so vorgegangen, daß eine Version des komplexen zeitdiskreten Signals entsteht, die die niedrigste Datenrate besitzt: Es wird das komplexe digitale Basisbandsignal erzeugt (vergleiche Bild 4.2-5). Das reelle Digitalsignal wird mit einem komplexen Träger der Frequenz $f_m = -f_A/4$ gemischt und anschließend mit identischen Digitalfiltern in Real- und Imaginärteilzweig tiefpaßgefiltert. Danach kann die Abtastfrequenz halbiert werden.

In der zugehörigen Skizze der Spektren (Bild 4.2-6) sind die jeweiligen Eindeutigkeitsbereiche grau unterlegt. Nach den Regeln der Fouriertransformation ist (auch für Digitalsignale) der Betrag des Spektrums eines reellen Signals eine gerade Funktion der Frequenz (Bild 4.2-6(a)). Die Mischung mit dem komplexen Träger verschiebt das Spektrum um $f_A/4$ nach links und verdoppelt die spektrale Leistungsdichte (Bild 4.2-6(b)). Wegen der Symmetrie des Spektrums kann ohne Informationsverlust die linke Hälfte des spektralen Eindeutigkeitsbereichs weggefiltert werden (Bild 4.2-6(c)). Dies geschieht mit identischen digitalen Tiefpässen in Real- und Imaginärteilzweig. Auch die abschließende Reduktion der Abtastrate um den Faktor 2 verfälscht das Signal nicht. Das Ergebnis der gesamten Operation ist das komplexe digitale Basisbandsignal, das in gewisser Weise das zeitdiskrete Analogon eines analytischen Signals darstellt.

4.2.4 Koordinatentransformation

Das komplexwertige zeitdiskrete Signal

$$\underline{s}(n) = s(n) + j\,\hat{s}(n) \tag{4.2-42}$$

stellt, wie schon mehrfach beschrieben, einen Zeiger in der komplexen Ebene dar (siehe Bild 4.2-7). Dabei sind Realteil $s(n)$ und Imaginärteil $\hat{s}(n)$ die karthesischen Koordinaten des Zeigers $\underline{s}(n)$. Jede komplexe Zahl läßt sich auch in ihrer Polarkoordinatendarstellung schreiben. Für $\underline{s}(n)$ bedeutet dies

$$\underline{s}(n) = a(n)\,e^{j\varphi(n)}. \tag{4.2-43}$$

Darin sind

$$a(n) = |\underline{s}(n)| = \sqrt{s^2(n) + \hat{s}^2(n)} \tag{4.2-44}$$

4.3 Systeme 115

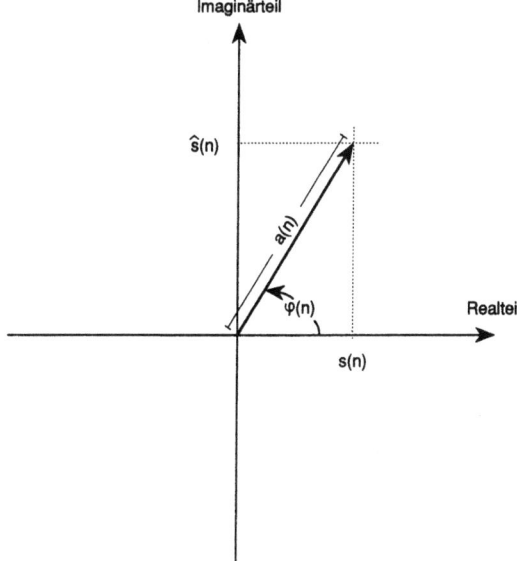

Bild 4.2-7
Zeiger in der komplexen
Ebene (kartesische und
Polarkoordinaten)

die Amplitude und

$$\varphi(n) = \arg\{\underline{s}(n)\} = \arctan \frac{\hat{s}(n)}{s(n)} \qquad (4.2\text{-}45)$$

die Phase von $\underline{s}(n)$ (vergleiche (2.3-10) und (2.3-11)).
Der Übergang von der Darstellung (4.2-42) des Signals in kartesischen Koordinaten zu seiner Polarkoordinatendarstellung (4.2-43) ist eine Koordinatentransformation, die durch die Gleichungen (4.2-44) und (4.2-45) dargestellt wird.
Eine rechentechnisch effektive Ausführung der Koordinatentransformation liefert der CORDIC-Algorithmus, der z. B. in [BLA 84] beschrieben ist. Mit ihm ist der schnelle und daher für Signalverarbeitungszwecke brauchbare Übergang von kartesischen Koordinaten zu Polarkoordinaten möglich.

4.3 Systeme

Unter einem System wird in der Technik ein Mechanismus verstanden, der auf ein Eingangssignal $x(t)$ mit einem Ausgangssignal $y(t)$ antwortet (siehe Bild 4.3-1).

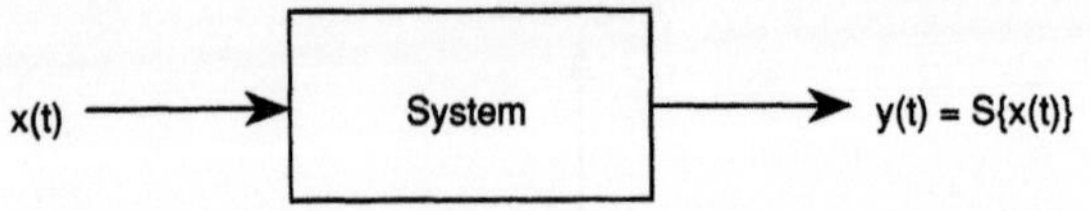

4 Grundlagen der digitalen Signalverarbeitung

x(t) → System → y(t) = S{x(t)}

Bild 4.3-1
Zum Systembegriff

Mathematisch wird dieses Ein-/Ausgangsverhalten in Form einer Operatorgleichung

$$y(t) = S\{x(t)\} \tag{4.3-1}$$

dargestellt.
Zeitdiskrete Systeme operieren über Eingangsfolgen $x(k)$ und geben Ausgangsfolgen

$$y(k) = S\{x(k)\} \tag{4.3-2}$$

aus.
Im folgenden werden ausschließlich zeitdiskrete Systeme mit einem Eingang und einem Ausgang behandelt. Darüber hinaus erfolgt bald eine Einschränkung auf zeitinvariante kausale Systeme.
Weiterhin wird angenommen, daß die hier betrachteten Systeme eindeutige Abbildungen der Menge der Urbildfolgen in die Menge der Bildfolgen darstellen. Außerdem gehen wir davon aus, daß Bild- und Urbildraum des Systems S Vektorräume sind.

4.3.1 Definitionen

Technische Systeme werden nach den Eigenschaften des sie darstellenden Operators S klassifiziert.

Definition 4.3-1 Ein System S heißt linear, wenn für beliebige Eingangsfolgen $x_1(k)$, $x_2(k)$ und beliebige Konstanten c_1, c_2 gilt:

$$S\{c_1 x_1(k) + c_2 x_2(k)\} = c_1 S\{x_1(k)\} + c_2 S\{x_2(k)\} \tag{4.3-3}$$

Bemerkung Aus (4.3-3) folgt für lineare Systeme sofort:

$$S\left\{\sum_{n=1}^{N} c_n x_n(k)\right\} = \sum_{n=1}^{N} c_n S\{x_n(k)\}, \quad N < \infty \tag{4.3-4}$$

Definition 4.3-2 Ein System S heißt zeitinvariant, wenn es auf eine zeitlich verschobene Eingangsfolge mit der entsprechend zeitlich verschobenen Ausgangsfolge antwortet:

$$y(k - m) = S\{x(k - m)\} \tag{4.3-5}$$

Systeme, die (4.3-5) nicht genügen, heißen zeitvariant.

4.3 Systeme   117

Definition 4.3-3 Ein System S ist kausal, wenn der Wert $y(k)$ der Ausgangsfolge nur von zeitlich vorangehenden Werten $x(i)$ der Eingangsfolge bis einschließlich zum Zeitpunkt k abhängt.

Bemerkungen
(i) Für kausale Systeme folgt aus

$$x_1(k) = x_2(k) \quad \forall \, k \leqslant k_0$$
$$S\{x_1(k)\} = S\{x_2(k)\} \quad \forall \, k \leqslant k_0. \tag{4.3-6}$$

Ein lineares kausales System antwortet also auf eine Folge $x(k)$, für die $x(k) = 0 \; \forall \, k \leqslant k_0$ gilt, mit einer Ausgangsfolge, für die $y(k) = 0 \; \forall \, k \leqslant k_0$ ist.
(ii) Für die on-line-Funksignalverarbeitung kommen nur kausale Systeme in Frage, da der Folgenparameter k ($=k\Delta t$) hier als Zeit interpretiert wird. Es wäre unsinnig anzunehmen, daß Ausgangswerte eines (on-line-)Signalverarbeitungssystems von Eingangswerten abhängen, die ihm unbekannt sind.

Definition 4.3-4 Das System S heißt reellwertig, wenn es auf reelle Eingangsfolgen mit reellen Ausgangsfolgen reagiert:

$$x(k) \in \mathbb{R} \quad \forall \, k \quad \to \quad y(k) \in \mathbb{R} \quad \forall \, k \tag{4.3-7}$$

Systeme, deren Ausgangsfolgen aus komplexen Zahlen bestehen, heißen komplexwertig. Wenn nicht anders gesagt, werden hier reellwertige Systeme betrachtet.

Definition 4.3-5 Ein System S wird bibo-stabil (bibo = bounded input bounded output) genannt, wenn es auf eine beschränkte Eingangsfolge stets mit einer beschränkten Ausgangsfolge antwortet:

$$|x(k)| \leqslant B_x < \infty \quad \forall \, k \quad \to \quad |y(k)| \leqslant B_y < \infty \quad \forall \, k \tag{4.3-8}$$

Systeme, die nicht bibo-stabil sind, heißen instabil.

Definition 4.3-6 Hängt der Ausgangswert $y(k_0)$ eines Systems S zum Zeitpunkt k_0 nicht ausschließlich vom Eingangswert $x(k_0)$, sondern auch von anderen Eingangswerten $x(k)$, $k \neq k_0$, oder Ausgangswerten $y(k')$, $k' \neq k_0$, ab, spricht man von einem dynamischen System.
Dynamische Systeme haben ein Gedächtnis. Systeme ohne Gedächtnis heißen nichtdynamisch.
Im folgenden werden wir uns näher mit linearen zeitinvarianten Systemen, die kurz LTI-Systeme (LTI = linear time invariant) genannt werden, beschäftigen.

4.3.2 Lineare zeitinvariante Systeme

Definition 4.3-7 Die Reaktion eines (beliebigen) Systems S auf die Impulsfolge $\delta(k)$ (Gleichung (2.1-15))

$$h(k) = S\{\delta(k)\} \tag{4.3-9}$$

heißt Impulsantwort von S.
Gemäß der Definition der δ-Folge, läßt sich jede beliebige Folge $x(k)$ in der Form

$$x(k) = \sum_{m=-\infty}^{\infty} x(m)\delta(k-m) \tag{4.3-10}$$

darstellen. Mit dieser Identität liefert die Anwendung eines LTI-Systems auf $x(k)$:

$$y(k) = S\{x(k)\} = \sum_{m=-\infty}^{\infty} x(m) S\{\delta(k-m)\}$$

$$= \sum_{m=-\infty}^{\infty} x(m) h(k-m) = \{x(k)\} * \{h(k)\} \tag{4.3-11}$$

Insgesamt folgt:

Satz 4.3-1
(a) Die Ausgangsfolge eines LTI-Systems ist die Faltung der Eingangsfolge mit der Impulsantwort des Systems.
(b) LTI-Systeme sind durch ihre Impulsantwort vollständig charakterisiert.
Jedes LTI-System reagiert auf eine nur aus Nullen bestehende Folge seinerseits mit einer Folge, die nur aus Nullen besteht:

$$S\{0\} = \{0\}$$

Kausale LTI-Systeme antworten daher auf jede rechtsseitige Eingangsfolge

$$x(k) = u(k-m)x(k), \quad u(k) = \begin{cases} 1 \\ 0 \end{cases} \text{für} \begin{matrix} k \geqslant 0 \\ k < 0 \end{matrix}$$

mit einer rechtsseitigen Ausgangsfolge

$$y(k) = u(k-m)y(k).$$

Für die Impulsantwort eines kausalen LTI-Systems gilt

$$h(k) = 0 \quad \forall\, k < 0 \tag{4.3-12}$$

Für den Fall der Kausalität folgt daher aus (4.3-11):

$$y(k) = \sum_{m=-\infty}^{k} x(m)h(k-m) = \sum_{m=0}^{\infty} h(m)x(k-m) \quad \forall\, k \qquad (4.3\text{-}13)$$

Ist darüber hinaus auch die Eingangsfolge kausal, d. h. $x(k) = 0\ \forall\, k < 0$, gilt

$$y(k) = \begin{cases} \sum_{m=0}^{k} x(m)h(k-m) = \sum_{m=0}^{k} h(m)x(k-m) & \text{für } k \geq 0 \\ 0 & \text{für } k < 0 \end{cases} \qquad (4.3\text{-}14)$$

Satz 4.3-2 Notwendig und hinreichend für die bibo-Stabilität eines LTI-Systems ist die Gültigkeit von

$$\sum_{m=-\infty}^{\infty} |h(m)| < \infty \qquad (4.3\text{-}15)$$

für seine Impulsantwort $h(m)$.

Beweis
a) Die Bedingung ist hinreichend, da

$$|y(k)| = \left| \sum_{m=-\infty}^{\infty} h(m)x(k-m) \right| \leq \sum_{m=-\infty}^{\infty} |h(m)|\, |x(k-m)|$$

$$\leq B_x \sum_{m=-\infty}^{\infty} |h(m)| < \infty,$$

wobei $x(k)$ durch B_x beschränkt ist.
b) Die Bedingung ist notwendig, da die beschränkte Eingangsfolge

$$x(k) = \begin{cases} \dfrac{|h(-k)|}{h(-k)} & \text{für } h(-k) \neq 0 \\ 0 & \text{für } h(-k) = 0 \end{cases}$$

unter der Voraussetzung

$$\sum_{m=-\infty}^{\infty} |h(m)| = \infty$$

liefert:

$$y(0) = \sum_{m=-\infty}^{\infty} h(m)x(-m) = \sum_{m=-\infty}^{\infty} h(m)\frac{|h(m)|}{h(m)} = \infty.$$ ∎

LTI-Systeme werden durch lineare Differenzengleichungen mit konstanten Koeffizienten dargestellt:

$$a_0 y(k) + a_1 y(k+1) + \ldots + a_p y(k+p)$$
$$= b_0 x(k) + b_1 x(k+1) + \ldots + b_q x(k+q) \quad \forall\, k \tag{4.3-16}$$

O.E.d.A. kann dabei $a_p \neq 0$, $b_q \neq 0$, $|a_0| + |b_0| \neq 0$ vorausgesetzt werden. Mit $\varkappa = k + p$ erhalten wir dann aus (4.3-16) die Darstellung

$$y(\varkappa) = \frac{1}{a_p}[b_0 x(\varkappa - p) + b_1 x(\varkappa + 1 - p) + \ldots + b_q x(\varkappa + q - p)$$
$$\quad - a_0 y(\varkappa - p) - a_1 y(\varkappa + 1 - p) - \ldots - a_{p-1} y(\varkappa - 1)] \quad \forall\, \varkappa$$
(4.3-17)

Hieraus folgt sofort, daß das System kausal ist, falls mit $p \geqslant 0$ $q \leqslant p$ gilt. Umgekehrt muß dafür, daß durch (4.3-17)) ein kausales LTI-System dargestellt wird, eine Zusatzforderung erfüllt sein.

Dazu sei eine rechtsseitige Eingangsfolge gegeben:

$$x(k) = 0 \quad \forall\, k \leqslant k_0 - 1$$

Da das System kausal sein soll, muß es mit

$$y(k) = 0 \quad \forall\, k \leqslant k_0 - 1$$

antworten. Insbesondere muß also

$$y(k_0 - p) = y(k_0 + 1 - p) = \ldots = y(k_0 - 1) = 0 \tag{4.3-18}$$

gelten. Gemeinsam mit dieser Forderung nach dem Verschwinden der Anfangswerte beschreibt (4.3-16) (bzw. (4.3-17)) ein kausales LTI-System.

Definition 4.3-8 Die endliche Konstante $p \in \mathbb{N} \cup \{0\}$ in der Differenzengleichung

$$\sum_{\nu=0}^{p} a_\nu y(k+\nu) = \sum_{\mu=0}^{q} b_\mu x(k+\mu) \quad \forall\, k \in \mathbb{Z} \tag{4.3-19}$$

mit $a_p \neq 0$, $b_q \neq 0$, $|a_0| + |b_0| \neq 0$, $q \leqslant p$

heißt Grad des durch (4.3-19) beschriebenen Systems.

Bemerkungen
(i) Insbesondere existieren Systeme mit dem Grad 0.
(ii) Reellwertige LTI-Systeme werden durch Differenzengleichungen der Form (4.3-19) und $a_\nu, b_\mu \in \mathbb{R}$ beschrieben.

Im folgenden Unterabschnitt werden ausschließlich reellwertige LTI-Systeme betrachtet, die durch Differenzengleichungen der Form (4.3-19) beschrieben werden. Ihr Systemgrad ist endlich und ihre Anfangswerte verschwinden gemäß (4.3-18).

4.3.3 Die Übertragungsfunktion

$h(k)$ sei die Impulsantwort eines kausalen LTI-Systems S und $x(k)$ eine Eingangsfolge, auf die S mit der Ausgangsfolge $y(k)$ antwortet:

$$\{y(k)\} = \left\{ \sum_{m=-\infty}^{\infty} x(m)h(k-m) \right\} = \{x(k)\} * \{h(k)\} \tag{4.3-20}$$

$X(z)$, $Y(z)$ und $H(z)$ seien die z-Transformierten der Folgen $x(k)$, $y(k)$ bzw. $h(k)$. Mit (4.3-20) folgt aus dem Faltungssatz der z-Transformation (Satz 4.2-5):

$$Y(z) = X(z) \cdot H(z) \tag{4.3-21}$$

Da das System S kausal ist, konvergiert $H(z)$ überall außerhalb einer Kreisscheibe $|z| \leqslant R$ (vergleiche Unterabschnitt 4.2.1) und (4.3-21) kann tatsächlich als vernünftig angesehen werden, wenn sich das Konvergenzgebiet von $H(z)$ zumindest teilweise mit dem von $X(z)$ deckt.

Definition 4.3-9

$$H(z) = \frac{Y(z)}{X(z)} \tag{4.3-22}$$

ist die Übertragungsfunktion des Systems S.

Bemerkung Die Übertragungsfunktion eines kausalen LTI-Systems ist die z-Transformierte seiner Impulsantwort.

Gemäß Definition 4.3-8 läßt sich ein kausales LTI-System durch eine lineare Differenzengleichung darstellen:

$$\sum_{\nu=0}^{p} a_\nu y(k+\nu) = \sum_{\mu=0}^{q} b_\mu x(k+\mu) \quad \forall\, k$$

$(a_p \neq 0, b_q \neq 0, |a_0| + |b_0| \neq 0, q \leqslant p)$

4 Grundlagen der digitalen Signalverarbeitung

Aufgrund der Linearität der z-Transformation und unter Beachtung des Satzes 4.2-2 ergibt sich die z-Transformierte dieser Differenzengleichung zu

$$\sum_{\nu=0}^{p} a_\nu Z[\{y(k+\nu)\}] = \sum_{\mu=0}^{q} b_\mu Z[\{x(k+\mu)\}]$$

$$\Leftrightarrow Y(z) \sum_{\nu=0}^{p} a_\nu z^\nu = X(z) \sum_{\mu=0}^{q} b_\mu z^\mu.$$

Für die Übertragungsfunktion eines kausalen LTI-Systems folgt hieraus die Darstellung

$$H(z) = \frac{Y(z)}{X(z)} = \frac{\sum_{\mu=0}^{q} b_\mu z^\mu}{\sum_{\nu=0}^{p} a_\nu z^\nu}$$

$$= \frac{b_0 + b_1 z + \ldots + b_{q-1} z^{q-1} + b_q z^q}{a_0 + a_1 z + \ldots + a_{p-1} z^{p-1} + a_p z^p} \qquad (4.3\text{-}23)$$

Satz 4.3-3 Die Übertragungsfunktion (4.3-23) eines kausalen LTI-Systems ist eine gebrochen rationale Funktion.

Bemerkungen

(i) Durch Erweiterung mit $(a_p z^p)^{-1}$ ergibt sich aus (4.3-23) die Darstellung

$$H(z) = \frac{\dfrac{b_q}{a_p} z^{q-p} + \ldots + \dfrac{b_1}{a_p} z^{1-p} + \dfrac{b_0}{a_p} z^{-p}}{1 + \dfrac{a_{p-1}}{a_p} z^{-1} + \ldots + \dfrac{a_1}{a_p} z^{1-p} + \dfrac{a_0}{a_p} z^{-p}} = \frac{\sum\limits_{\mu=0}^{p} \beta_\mu z^{-\mu}}{1 + \sum\limits_{\nu=1}^{p} \alpha_\nu z^{-\nu}},$$

(4.3-24)

in der, falls $q < p$ gilt, $\beta_0, \beta_1, \ldots, \beta_{p-q-1}$ identisch verschwinden. Aufgrund der o.g. Voraussetzungen folgt $|\alpha_p| + |\beta_p| \neq 0$.

(ii) Eine weitere Möglichkeit zur Darstellung der Übertragungsfunktion (4.3-23) ist die Produktform

$$H(z) = H_0 \frac{\prod_{\mu=1}^{q}(z - z_{0\mu})}{\prod_{\nu=1}^{p}(z - z_{\infty\nu})}. \tag{4.3-25}$$

Hierin sind $H_0 = \dfrac{b_q}{a_p}$ die Systemkonstante, $z_{0\mu}$ die Nullstellen und $z_{\infty\nu}$ die Pole des Systems.

(iii) Das Konvergenzgebiet der z-Transformierten eines bibo-stabilen Systems, für das bekanntlich (Satz 4.3-2)

$$\sum_{m=-\infty}^{\infty} |h(m)| \leqslant B < \infty$$

gilt, enthält aufgrund dieser Bedingung den Einheitskreis $|z| = 1$. Hieraus folgt sofort, daß sämtliche Pole eines bibo-stabilen Systems innerhalb des Einheitskreises liegen müssen. In diesem Fall gilt also:

$$|z_{\infty\nu}| < 1; \quad \nu = 1, \ldots, p \tag{4.3-26}$$

(iv) Besitzt die Übertragungsfunktion $H(z)$ lediglich einen p-fachen Pol an der Stelle $z = 0$

$$H(z) = \frac{\sum_{\mu=0}^{q} b_\mu z^\mu}{a_p z^p} = \sum_{\mu=0}^{p} \beta_\mu z^{-\mu}, \tag{4.3-27}$$

erübrigt sich die Untersuchung auf bibo-Stabilität. In diesem Fall ist die Impulsantwort endlich.

Definition 4.3-10 Systeme mit endlicher Impulsantwort heißen FIR-Systeme (FIR = finite impulse response); Systeme mit unendlich langer Impulsantwort werden IIR-Systeme (IIR = infinite impulse response) genannt.

Bemerkung IIR-Systeme besitzen mindestens einen von $z = 0$ verschiedenen Pol.
Das Konvergenzgebiet der Übertragungsfunktion eines bibo-stabilen Systems beinhaltet den Einheitskreis $|z| = 1$. Es gilt

$$H(e^{j\omega}) = H(\omega) = H(z = e^{j\omega}) = Z[\{h(k)\}]|_{|z|=1}$$

4 Grundlagen der digitalen Signalverarbeitung

Definition 4.3-11 Die Übertragungsfunktion eines bibo-stabilen LTI-Systems, genommen auf dem Einheitskreis, heißt **Frequenzgang** des Systems:

$$H(\omega) := H(z)|_{z=e^{j\omega}}, \quad 0 \leqslant \omega < 2\pi \tag{4.2-28}$$

Bemerkung $H(\omega)$ heißt Frequenzgang, weil diese Funktion das Verhalten des Systems bei harmonischer Anregung im eingeschwungenen Zustand charakterisiert. Sei nämlich

$$\{x(k)\} = \{e^{j\omega k}\}$$

die 2π-periodische Folge mit der (Kreis-)Frequenz ω. Dann gilt für die Ausgangsfolge:

$$y(k) = \sum_{m=0}^{\infty} h(m) x(k-m) = \sum_{m=0}^{\infty} h(m) e^{j\omega(k-m)}$$

$$= \sum_{m=0}^{\infty} h(m) e^{-j\omega m} \cdot e^{j\omega k} = H(\omega) \cdot e^{j\omega k}$$

Die Ausgangsfolge ist also eine harmonische Funktion derselben Frequenz wie die Eingangsfolge. $H(\omega)$ ist der komplexe Verstärkungsfaktor.

Definition 4.3-12 Der Betrag $|H(\omega)|$ bzw. die Phase $\varphi(\omega) = \arg\{H(\omega)\}$ des Frequenzganges $H(\omega)$ heißen **Amplituden-** bzw. **Phasengang** des Systems. Die Ableitung des Phasenganges nach der Frequenz wird **Gruppenlaufzeitgang**

$$\tau_g(\omega) = \frac{d\varphi(\omega)}{d\omega}$$

genannt.

Bemerkung Der Amplitudengang eines Systems wird häufig in logarithmischer Form angegeben:

$$D(\omega) = -20 \log_{10} |H(\omega)|$$

Die Funktion $D(\omega)$ heißt **Dämpfung**. Sie wird in der Pseudoeinheit **Dezibel** (dB) gemessen.

Spezielle Beispiele für LTI-Systeme sind frequenzselektive Filter, wie sie beim Funkempfang angewendet werden. Aber auch andere Prozesse, wie z. B. die Differentiation eines Signals nach der Zeit oder seine Hilberttransformation lassen sich durch LTI-Systeme darstellen. Für eine ausführliche Diskussion siehe [RAB 75] oder [LÜC 80].

5 Empfang und Peilung

Funkempfang und Peilung, d. h. die Feststellung der Richtung, aus der eine elektromagnetische Welle einfällt, sind wichtige Grundvoraussetzungen der Funksignalanalyse. In den folgenden beiden Unterkapiteln wollen wir uns mit der digitalen Signalverarbeitung beim Funkempfang und Beispielen für Peilprinzipien beschäftigen. Funkempfang und Peilung sind weite Gebiete; zur Orientierung können z. B. [MEI 86] und [GRA 89] dienen.

5.1 Digitale Signalverarbeitung beim Funkempfang

Grundlage jeder digitalen Signalverarbeitung ist das Abtasttheorem (Satz 4.1-1), dessen Aussage darin besteht, daß ein bandbegrenztes Signal durch seine zu äquidistanten Zeitpunkten genommenen Abtastwerte dargestellt und – was genauso wichtig ist – aus diesen rekonstruiert werden kann. Die minimal

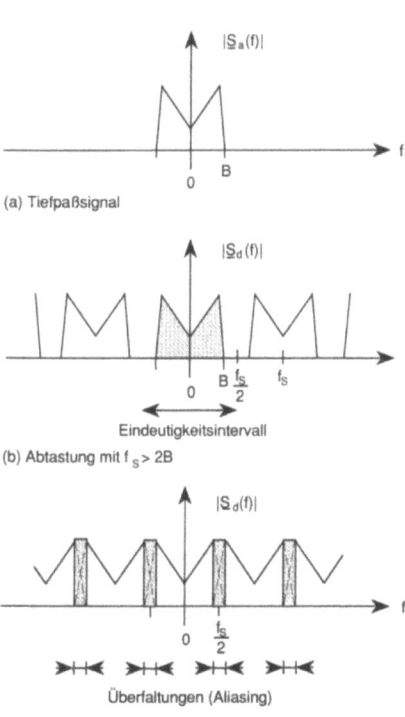

Bild 5.1-1
Tiefpaßabtastung (c) Abtastung mit $f_S < 2B$

notwendige Abtastrate ist das Doppelte der höchsten im Signal vorkommenden Frequenz. Im Spektralbereich wird durch die Abtastung des Signals dessen Spektrum periodisch mit der Abtastfrequenz fortgesetzt (vergleiche Bild 5.1-1a, b).

Bild 5.1-1c veranschaulicht den Fehler, der auftritt, wenn mit zu kleiner Abtastrate digitalisiert wird: In den Eindeutigkeitsbereich des Signals werden Spektralanteile hineingefaltet, die zu einer Verfälschung des Signals führen (Aliasing).

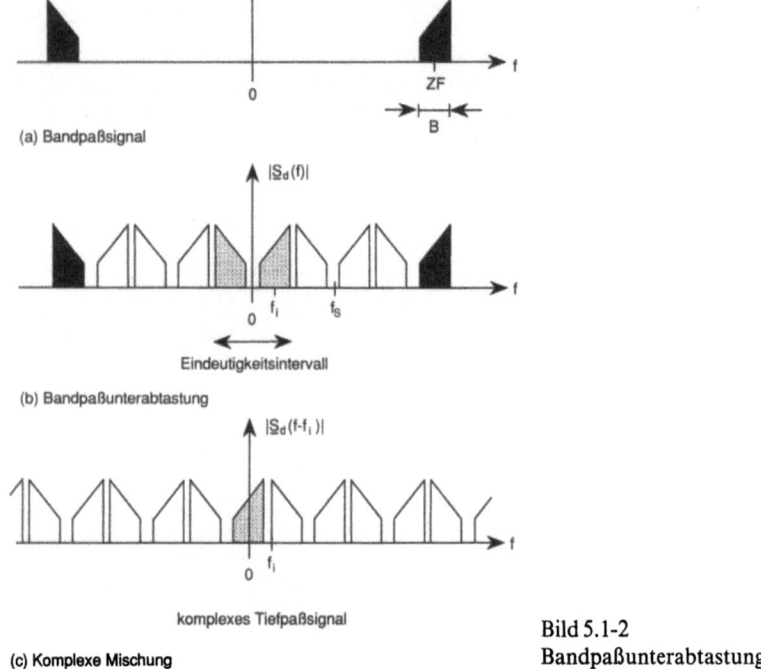

Bild 5.1-2
Bandpaßunterabtastung

Hat das zu digitalisierende bandbegrenzte Signal Bandpaßlage, kann bei geschickter Wahl der Abtastrate eine Bandpaßunterabtastung (Abschnitt 4.1, Bild 5.1-2a, b) vorgenommen werden, die dafür sorgt, daß die Leistungsanforderungen an den Signalprozessor möglichst niedrig bleiben. Diesem Ziel dient auch der nächste Verarbeitungsschritt, die Erzeugung des äquivalenten komplexen digitalen Basisbandsignals durch komplexe Mischung (Unterabschnitt 4.2.3, Bild 5.1-2c) mit anschließender Tiefpaßfilterung und Reduktion der Abtastrate. Die Mischfrequenz ist das Negative der Frequenz, die als Bild der

5.1 Digitale Signalverarbeitung beim Funkempfang   127

Zwischenfrequenz (ZF) im Eindeutigkeitsintervall des Spektrums nach der Bandpaßunterabtastung auftritt. Aus dem reellen Eingangssignal ist so das äquivalente komplexe Basisbandsignal geworden. Dementsprechend ist die nachfolgende Hauptselektion mit identischen Filtern in Real- und Imaginärteilzweig durchzuführen.

Da nach Maßgabe des Abtasttheorems Signale durch Zahlenfolgen, die diesen völlig äquivalent sind, dargestellt werden können, ist es möglich, zu einer solchen Zahlenfolge eine zweite Zahlenfolge anzugeben, deren zugehöriges Signal dem Ergebnis einer frequenzselektiven Filterung des zur ersten Folge gehörenden Signals entspricht. Die Vorschrift zur Berechnung der zweiten Folge aus der ersten ist ein frequenzselektives Digitalfilter.

Frequenzselektive Digitalfilter lassen sich entweder als FIR-Systeme oder als IIR-Systeme darstellen (vergleiche Definition 4.3-10).

Der Entwurf beider Filtertypen geht von der Vorgabe eines Toleranzschemas für den Amplitudengang aus (vergleiche z. B. [RAB 75]). FIR-Filter bieten die Vorteile, unabhängig vom Amplitudengang einen exakt linearen Phasengang zuzulassen. Scharf selektierende FIR-Filter verlangen im Vergleich mit IIR-

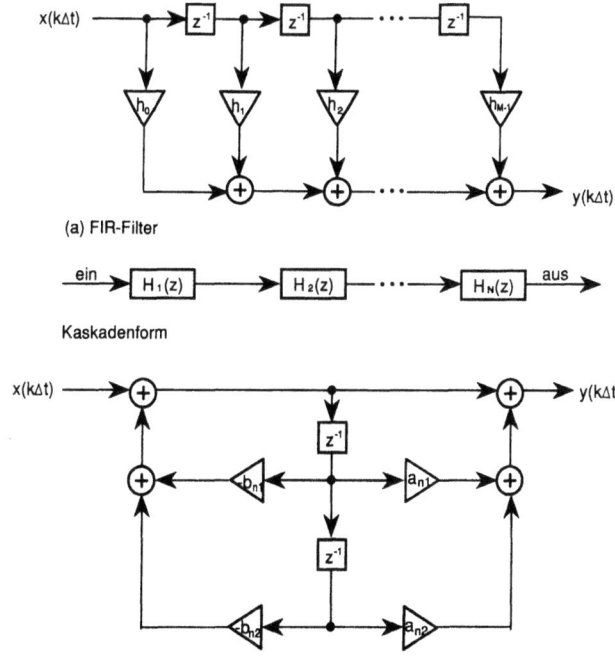

Bild 5.1-3
Strukturen frequenzselektiver Digitalfilter

5 Empfang und Peilung

Filtern jedoch einen höheren Realisierungsaufwand. Bild 5.1-3a zeigt eine FIR-Filterstruktur.

Zu einem IIR-Filter existiert immer ein analoges Gegenstück. Der Entwurf eines IIR-Filters kann tatsächlich so durchgeführt werden, daß zunächst das entsprechende Analogfilter berechnet und die Lösung dann mittels einer Transformation in das zugehörige Digitalfilter überführt wird.

Genauso wie Analogfilter können digitale IIR-Filter gemäß der Pol-Nullstellenverteilung ihrer Übertragungsfunktion in aufeinanderfolgende Teilsysteme gleicher Struktur (Kaskadenform), die je ein komplexes Pol-Nullstellen-Paar repräsentieren, zerlegt werden. Die für das einzelne Teilsystem zu wählende Struktur hängt von der Signalverarbeitungsaufgabe oder vom zu verwendenden Rechner ab. Bild 5.1-3b zeigt ein IIR-Filter in der dritten kanonischen Form.

Die komplexe Signaldarstellung gestattet einen eleganten Zugriff auf Betrag und Phase des Signals: Zu jedem Abtastzeitpunkt bilden Real- und Imaginärteil gemeinsam einen Zeiger in der komplexen Ebene. Seine Länge ist die momentane Amplitude, der mit der positiven Realteilachse gebildete Winkel ist die Augenblicksphase (mod 2π). Wird die Änderung der Augenblicksphase zwischen zwei Abtastwerten auf die Differenz zwischen zwei Abtastzeitpunkten bezogen, ergibt sich die Augenblicksfrequenz. Sie kann Werte zwischen dem Negativen der halben Abtastfrequenz und der halben Abtastfrequenz annehmen. Da sich in diesem Bereich der komplexe Zeiger zwischen zwei Abtastwerten nur um weniger als $\pm\pi$ drehen kann, ist das Vorzeichen der Frequenz durch die Drehrichtung des Zeigers bestimmt (siehe Bild 5.1-4).

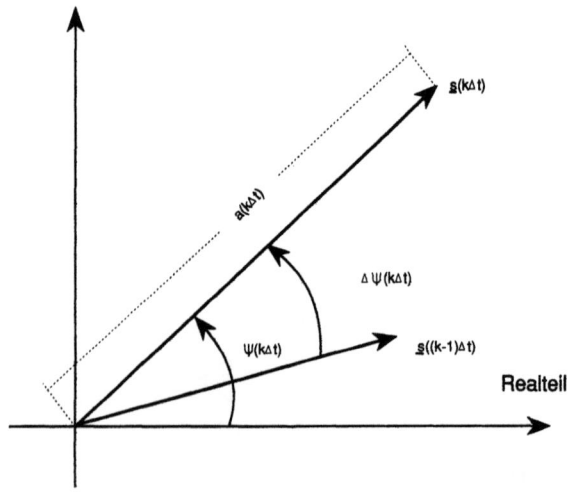

Bild 5.1-4
Zeiger in der komplexen Ebene

5.1 Digitale Signalverarbeitung beim Funkempfang 129

Ein Algorithmus, der die Realteil/Imaginärteil-Darstellung des komplexen Zeigers in seine Betrag/Phase-Darstellung umrechnet, ist ein Koordinatenwandler von kartesischen in Polarkoordinaten (vergleiche Unterabschnitt 4.2.4). Der Koordinatenwandler ist die Grundlage für die einfache Implementierbarkeit der Demodulationsprozeduren.

Die Demodulation amplitudenmodulierter Signale (z. B. A1A, A1B, A2A, A2B, A3E) wird einfach durch die Betragsbildung geleistet. Einseitenbandsignale müssen so behandelt werden, daß das gesamte Signalspektrum nach der Bandpaßunterabtastung und der komplexen Mischung in den Durchlaßbereich des Hauptselektionsfilters fällt. F1B- und F7B-Signale können, soweit eine Audio-Demodulation erwünscht ist, wie Einseitenbandsignale behandelt werden. Der Demodulatorprozessor enthält einen abstimmbaren Beat Frequency Oscillator (BFO). Zur Gewinnung des Dateninhaltes getasteter Sendungen sind zusätzliche Prozeduren zu realisieren.

Ein idealer digitaler Empfänger digitalisiert direkt das Antennensignal. Aufgrund technologischer Schranken (insbesondere fehlen Analog-Digital-Wandler mit hinreichend hoher Abtastfrequenz und Auflösung) sind solche Empfänger heute noch nicht realisierbar. Einen vernünftigen Kompromiß zwischen analoger und digitaler Signalverarbeitung bieten Empfänger mit digitaler Zwischenfrequenz/Niederfrequenz (ZF/NF)-Verarbeitung.

Zwei Empfangsprinzipien können für den Empfänger mit digitaler ZF/NF-Verarbeitung angewendet werden: Das Überlagerungsprinzip und die direkte

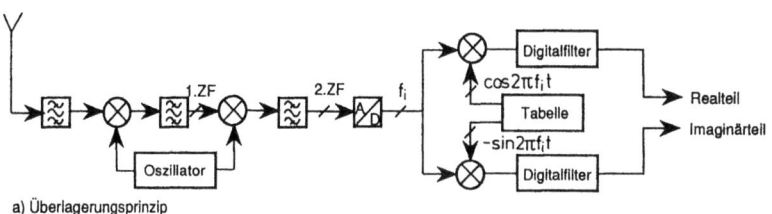

a) Überlagerungsprinzip

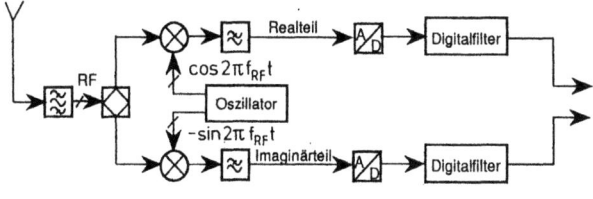

b) Direkte Mischung

Bild 5.1-5 Empfängerstrukturen

Mischung (Bild 5.1-5). Eine direkte Mischung vermeidet die beim Überlagerungsprinzip auftretenden Spiegelprobleme und bietet den Vorteil, daß die Analog-Digital-Wandler im Tiefpaßbereich, d. h. bei der niedrigsten möglichen Abtastrate, arbeiten. Andererseits muß für den exakten Gleichlauf der Mischer, der (analogen) Tiefpaßfilter und der Analog-Digital-Wandler in beiden Signalzweigen gesorgt werden, damit eine genaue Darstellung des Empfangssignals in komplexer, digitaler Form garantiert ist. Darüber hinaus werden für die Verstärkungen der beiden Mischerausgänge ein gutes Gleichstromverhalten und niedriges $1/f$-Rauschen verlangt.

Diese Probleme gibt es bei der Anwendung des Überlagerungsprinzips mit Analog-Digital-Wandlung auf einer ZF-Ebene nicht. Die ZF muß allerdings so niedrig liegen, daß die Aperturzeit des Analog-Digital-Wandlers (vergleiche Abschnitt 4.1) für seinen Einsatz bei dieser Frequenz geeignet ist.

Die Abtastfrequenz wird aus den Überlegungen zur Bandpaßunterabtastung bestimmt (siehe Abschnitt 4.1).

5.2 Zur Definition des Dynamikbereichs digitaler Empfänger

Ein analoger Empfänger erzeugt, ohne daß ein Eingangssignal von der Antenne her anliegt, ein Ausgangssignal, das Eigenrauschen des Empfängers.

Ein an den Eingang des Empfängers gelegter Signalgenerator liefert definitionsgemäß ein Signal mit der minimal notwendigen Empfängereingangsleistung $P_{\min,\text{ein}}$, wenn das Signal-Rauschverhältnis am Empfängerausgang 1 ist.

Die Empfängerausgangsleistung wird frequenzselektiv gemessen, so daß auch die Rauschleistung des Empfängers frequenzselektiv zu messen ist. Mit der Eingangsbandbreite B und der Ausgangsbandbreite b ergibt sich somit

$$P_{\min,\text{ein}} = \frac{b}{B} P_{\text{Rausch}}. \qquad (5.2\text{-}1)$$

Steigt nun der Signalpegel an, nimmt das Signal-Stör-Verhältnis zu, und zwar so lange, bis sich die nichtlinearen Anteile der Verstärkerkennlinie bemerkbar machen. Vom Einsatz der durch diese Nichtlinearitäten erzeugten Störlinien an, nimmt das Signal-Stör-Verhältnis wieder ab (siehe Bild 5.2-1). Am Punkt des größten Signal-Stör-Verhältnisses ist die optimale Signaleingangsleistung P_{opt} erreicht. Zum Halten der optimalen Signaleingangsleistung ist eine Regelung erforderlich.

Der Dynamikbereich analoger Empfänger wird definiert durch das logarithmische Verhältnis von optimaler Signaleingangsleistung zu minimal notwendiger Eingangsleistung:

5.2 Zur Definition des Dynamikbereichs digitaler Empfänger

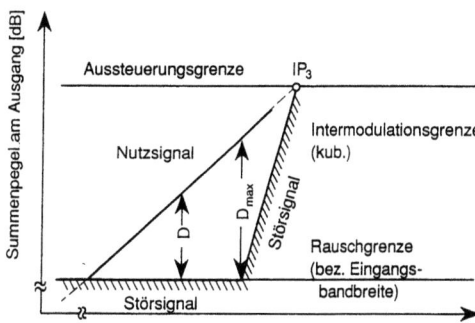

Bild 5.2-1
Dynamikbereich analoger Empfänger

$$D_{\text{analog}} := 10 \log \frac{P_{\text{opt}}}{P_{\text{min,ein}}} = 10 \log \frac{P_{\text{opt}}}{P_{\text{Rausch}}} + 10 \log \frac{B}{b} \quad (5.2\text{-}2)$$

Die Größe $10 \log \frac{B}{b}$ heißt Prozeßgewinn.

Der Dynamikbereich digitaler Empfänger wird nun definiert unter der Annahme, daß die einzige Störung das Quantisierungsrauschen des Analog/Digital-Wandlers ist.

Ist N die Wortlänge des Analog/Digital-Wandlers, ist mit $Q = 2^{-(N-1)}$ die Leistung des Quantisierungsrauschens gegeben durch $Q^2/12$. Daraus folgt, daß das kleinste am Ausgang des Empfängers feststellbare Signal die minimale Eingangsleistung

$$P_{\text{min,ein}} = \frac{Q^2}{12} \cdot \frac{b}{B} \quad (5.2\text{-}3)$$

haben muß, wenn am Empfängerausgang ein Signal/Rausch-Verhältnis von 1 vorliegen soll. Der Analog/Digital-Wandler ist optimal ausgesteuert, wenn die Spitzen des Signals gerade noch erfaßt werden. Mit der oben benutzten Definition von Q können am Analog/Digital-Wandler-Ausgang Zahlen aus dem Intervall $(-1, 1)$ dargestellt werden. Damit ergibt sich als Definition für den Dynamikbereich eines digitalen Empfängers bei sinusförmigem Eingangssignal:

$$D_{\text{digital}} := 10 \log \frac{P_{\text{opt}}}{P_{\text{min,ein}}}$$

$$= 10 \log \frac{1/2}{(Q^2/12)(b/B)} = 10 \log [6 \cdot 2^{2(N-1)}] + 10 \log \frac{B}{b}$$

$$= 10 \log \frac{3}{2} + 20 \log 2^N + 10 \log \frac{B}{b}$$

$$\approx 1{,}8 + 6N + 10 \log \frac{B}{b} \quad [\text{dB}] \quad (5.2\text{-}4)$$

132 5 Empfang und Peilung

Dabei ist $10 \log \frac{B}{b}$ der beim Übergang von der Eingangsbandbreite B zur Ausgangsbandbreite b des digitalen Empfängers erzielte Prozeßgewinn.

Bemerkung Die zur Definition des Dynamikbereichs eines digitalen Empfängers durchgeführten Überlegungen zeigen, daß auch Signale auffindbar sein müssen, die in ihrem Pegel unter der durch die Auflösung des Analog/Digital-Wandlers gegebenen Grenze liegen und zwar hinunter bis zur minimal notwendigen Signaleingangsleistung.

5.3 Der digitale Vielkanalempfänger

Soll ein breites Frequenzband überwacht werden, stellt sich die Aufgabe der Abdeckung dieses Bandes durch einen Empfänger. Ein scannender Empfänger (siehe Bild 5.3-1) führt zu dem Problem, daß er entweder scharf selektiert, dafür aber (wegen der Filtereinschwingzeit) eine langsame Scan-Geschwindigkeit hat, oder er kann schnell scannen, besitzt dann aber eine schlechtere Selektion. Eine gleichzeitige Überwachung vieler Kanäle ohne Informationsverlust ist mit einem scannenden Empfänger nicht durchführbar. Zu diesem Zweck kommen nur Filterbankempfänger in Frage. Man muß beim Einsatz eines Filterbankempfängers allerdings auch vorsichtig sein und wissen, was

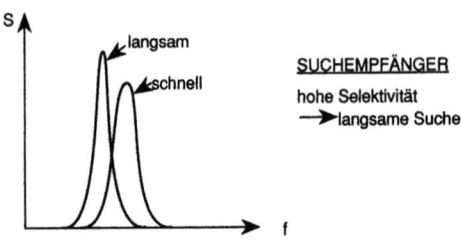

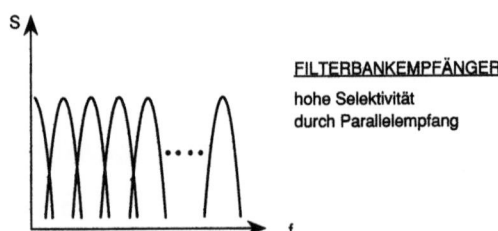

Bild 5.3-1
Kanalabdeckungen von scannendem Empfänger und Filterbankempfänger

5.3 Der digitale Vielkanalempfänger 133

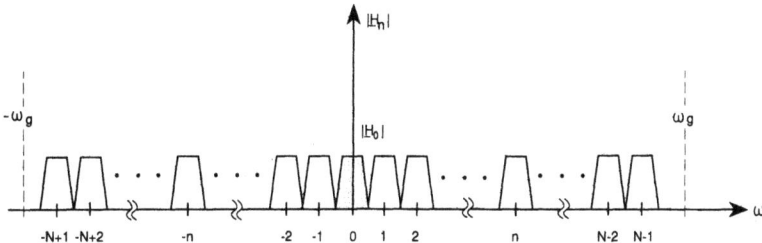

Bild 5.3-2 Prinzip der Digitalfilterbank

man empfangen möchte. Ein kurzer Burst von z. B. 20 kHz Breite ist mit einer Filterbank, deren Filter 100 Hz breit sind, im allgemeinen nicht detektierbar! Wegen der hohen Dynamikanforderungen an den Filterbankempfänger bietet sich für den Kurzwellenbereich der Einsatz von digitalen Filterbänken, die nach dem Prinzip der FFT arbeiten, an. Mit solchen Vielkanalempfängern können Nachbarkanalselektionen von mehr als 110 dB mit heutiger Technologie erreicht werden.

5.3.1 Die digitale Vielkanalempfangstechnik

Die Aufgabe einer Digitalfilterbank besteht darin, einen durch ω_g begrenzten Spektralbereich durch eine Anordnung von N Filtern gleicher Durchlaßcharakteristik in N Kanäle zu zerlegen (vergleiche Bild 5.3-2). Das Verhalten des n-ten Kanalbandpasses wird durch das Grundfilter ($n = 0$) bestimmt. Dabei wollen wir annehmen, daß die Übertragungsfunktion $H_0(\omega)$ durch ein FIR-Filter vom Grad $M - 1$ realisiert ist:

$$H_0(\omega) = \sum_{m=0}^{M-1} h(m) e^{-jm\Delta t \omega}, \qquad (5.3\text{-}1)$$

wobei $h(m)$ die Impulsantwort des Filters ist und $\Delta t = \pi/\omega_g = (2f_g)^{-1}$ gilt. Die Übertragungsfunktion $H_n(\omega)$ des n-ten Kanalfilters erhält man aus der Faltung von $H_0(\omega)$ mit der Fouriertransformierten eines Trägers der Frequenz $\omega_n = n\Delta\omega$:

$$H_n(\omega) = H_0(\omega) * [\pi\delta(\omega + \omega_n) + \pi\delta(\omega - \omega_n)] \qquad (5.3\text{-}2)$$

Schreibt man in (5.3-2) den Träger in seiner äquivalenten Basisbanddarstellung, wird deutlich, daß die Faltung nichts anderes als eine Verschiebung der Übertragungsfunktion $H_0(\omega)$ an die Frequenz ω_n ist:

$$H_n(\omega) = H_0(\omega) * 2\pi\delta(\omega - \omega_n) \qquad (5.3\text{-}3)$$

Das n-te Kanalfilter $H_n(\omega)$ ist damit ein Quadraturbandpaß. Sein Ausgang ist ein komplexwertiges Signal.

Das abgetastete reellwertige breitbandige Eingangssignal $u(k) = u(k\Delta t)$ wird mit (5.3-3) gefiltert. Das Signal am Ausgang des n-ten Analysekanals wird also im Spektralbereich beschrieben durch

$$Y^{(n)}(\omega) = H_n(\omega) \cdot U(\omega) = [H_0(\omega) * 2\pi\delta(\omega - \omega_n)] \cdot U(\omega). \quad (5.3\text{-}4)$$

Dabei ist $U(\omega)$ die Fouriertransformierte des Eingangssignals. Im Zeitbereich ergibt sich durch Fourierrücktransformation von (5.3-4):

$$y^{(n)}(k) = \{h(k)\,e^{jk\omega_n\Delta t}\} * \{u(k)\}$$

$$= \sum_{m=0}^{M-1} h(m)\,e^{jm\omega_n\Delta t} \cdot u(k-m) \quad (5.3\text{-}5)$$

Die Wertefolge (5.3-5) ist für den Einzelkanal, wegen der gegenüber dem Eingangssignal eingeschränkten Bandbreite, redundant. Da die Bandbreite des Ausgangssignals bei insgesamt $2N$ nicht überlappenden Einzelkanälen um den Faktor $2N$ niedriger ist als die zweiseitige Bandbreite $2f_g = 2\omega_g/(2\pi)$ des reellwertigen Eingangssignals, genügt es, im Einzelkanal ausgangsseitig jeden $2N$-ten Wert abzunehmen. Mit $\omega_n = n\Delta\omega$, $\omega_g = N\Delta\omega$ und $\Delta t = 1/(2f_g) = \pi/(N\Delta\omega)$ ergibt sich so der Ausgang des n-ten Kanals zu:

$$y^{(n)}(2Nl) = \sum_{m=0}^{M-1} h(m)\,e^{jmn\Delta\omega \frac{\pi}{N\Delta\omega}}\,u(2Nl - m)$$

$$= \sum_{m=0}^{M-1} h(m)\,e^{2\pi j\frac{mn}{2N}}\,u(2Nl - m) \quad (5.3\text{-}6)$$

Unter der Voraussetzung, daß $M/(2N) = K$ eine natürliche Zahl ist, läßt sich diese Gleichung umschreiben in

$$y^{(n)}(2Nl) = \sum_{m=0}^{2N-1} \sum_{p=0}^{K-1} h(m + 2Np)\,e^{2\pi j\frac{mn}{2N}}\,u(2Nl - m - 2Np)$$

$$= \sum_{m=0}^{2N-1} \sum_{p=0}^{K-1} h(m + 2Np) \cdot u(2N(l-p) - m)\,e^{2\pi j\frac{mn}{N}}$$

$$= \sum_{m=0}^{2N-1} \hat{u}_{m,l}\,e^{2\pi j\frac{mn}{2N}} \quad (5.3\text{-}7)$$

Die rechte Seite der Gleichung (5.3-7) hat formal das Aussehen einer inversen diskreten Fouriertransformation. Es ist zu beachten, daß es sich dabei wirklich

5.3 Der digitale Vielkanalempfänger

nur um einen formalen Zusammenhang handelt, da sowohl die Eingangsfolge $u(k)$ als auch die Ausgangsfolgen $y^{(n)}(2Nl)$ Zeitfunktionen repräsentieren. Wegen Gleichung (5.3-7) kann jedoch zur effektiven Berechnung der Kanalausgangsgrößen $y^{(n)}(2Nl)$ $(n=0,1,2,...,N-1)$ der FFT-Algorithmus herangezogen werden. In zeitlichen Abständen $T=2N\Delta t$ wird somit eine FFT für $2N$ reelle Eingangswerte durchgeführt, die aus Verknüpfungen der Signalabtastwerte $\{u(k)\}$ mit den Filterkoeffizienten $\{h(m)\}_{m=0}^{M-1}$ bestimmt werden:

$$\hat{u}_{m,l} = \sum_{p=0}^{K-1} h(m+2Np)u(2N(l-p)-m) \tag{5.3-8}$$

Diese Gleichung repräsentiert die sogenannte Fensteroperation. Als Ausgang ergibt sich in jedem der N Kanäle $(n=0,1,...,N-1)$ je ein komplexer Abtastwert $y^{(n)}(l)$ im Zeitraster $T=2N\Delta t$.

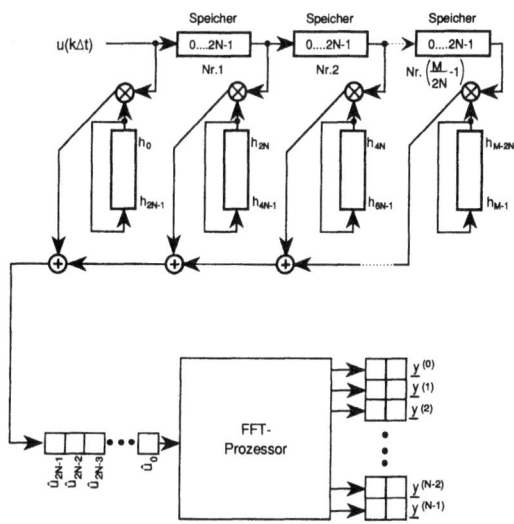

Bild 5.3-3
Verarbeitungsschema
einer Digitalfilterbank

Da die $\hat{u}_{m,l}$ reelle Zahlen sind, sind die Ausgangswerte der inversen FFT von Gleichung (5.3-7) für $n=N, N+1, ..., 2N-1$ gerade die zu $y^{(n)}(l)$ $(n=0,1,...,N-1)$ konjugiert komplexen Zahlen und damit redundant. Das Verarbeitungsschema einer Digitalfilterbank zeigt Bild 5.3-3: In der Zeit $T=2N\Delta t = N/f_g$ werden aus $2N$ reellen Eingangswerten die N komplexen Ausgangswerte der Schmalbandkanäle $0,1,...,N-1$ berechnet. Die Ausgangskanäle befinden sich wegen der durchgeführten Unterabtastung alle in Tiefpaßlage, die Ausgabe der $y^{(n)}(l)$ erfolgt für $n=0,1,...,N-1$ im Zeitmultiplex.

Digitalfilterbänke, die nach dem hier beschriebenen Prinzip arbeiten, können beispielsweise zur Analyse eines beobachteten Kurzwellenbandes eingesetzt werden. Mit ihrer Hilfe wird das Band in Analysekanäle gleicher Breite zerlegt. So ergibt sich eine (zeit- und frequenzdiskrete) komplexwertige Funktion über der Zeit-Frequenzebene, die die Information über das gesamte Band innerhalb der Beobachtungsdauer wiedergibt. Dabei bleibt zu erwähnen, daß hier auf die Beschreibung einiger für den praktischen Betrieb u. U. notwendigen Einzelheiten (zeitlich überlappende Verarbeitung der Eingangsdaten) zugunsten der Übersichtlichkeit der Darstellung verzichtet wurde. Darüber hinaus besteht natürlich die Möglichkeit, bei erhöhtem Aufwand Vielkanalempfänger mit nichtäquidistanten Kanälen ungleicher Breite zu realisieren (siehe hierzu [SCH 74]).

5.3.2 Die Realisierung digitaler Vielkanalempfänger

Die prinzipielle Arbeitsweise eines Vielkanalempfängers ist in Bild 5.3-4 skizziert: Das zu beobachtende Band wird durch einen Breitbandumsetzer in den Tiefpaßbereich transformiert, tiefpaßgefiltert (Antialiasingfilter), analog/digital-gewandelt gefenstert und einer inversen schnellen Fouriertransformation unterworfen.

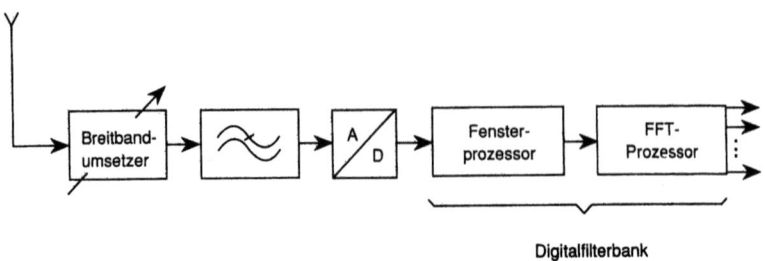

Bild 5.3-4 Funktionsblöcke eines Vielkanalempfängers

Bild 5.3-5 zeigt die Realisierung eines nach dem FFT-Prinzip arbeitenden Vielkanalempfängers, der die Signale aus vier Nutzbändern mit einer Bandbreite von je 950 kHz in 3800 Kanälen gleichzeitig empfängt. Die vier Empfangsbänder sind zwischen 2 MHz und 30 MHz unabhängig voneinander beliebig positionierbar. Die 950 Kanäle eines Bandes decken dessen Frequenzbereich lückenlos ab (Kanalbandbreite: 1 kHz, vierfach überlappende Verarbeitung). Die Kanaldynamik, d. h. das Verhältnis zwischen größtem und kleinstem darstellbaren Signal, ist größer als 110 dB. Eine leistungsfähige Schnittstelle stellt die Kanalsignale im Zeitmultiplex für die Weiterverarbeitung zur Verfügung.

5.3 Der digitale Vielkanalempfänger 137

Bild 5.3-5
Realisierung eines
Vielkanal-
empfangssystems

Die Schaltbarkeit des Analyserasters der FFT, die durch eine geeignete Architektur des Filterbankprozessors erreicht wird, garantiert eine vielseitige Einsetzbarkeit des Vielkanalempfangssystems.

Am Ausgang von Vielkanalempfängern wird der Anwender von einer wahren Datenflut überschüttet: Mehrere Megaworte (die Wortbreite liegt je nach Ausführung des Prozessors zwischen 24 und 32 Bit) fallen in jeder Sekunde zur Weiterverarbeitung an. Die Ausgangsdatenrate des in Bild 5.3-5 gezeigten Vielkanalempfängers beträgt z. B. $8 \cdot 10^6$ Worte pro Sekunde bei einer Wortbreite von 24 Bit.

Der Vergleich mit den Möglichkeiten des Menschen, der allenfalls einige 10 Bit pro Sekunde verarbeiten kann, macht klar, worin die Schwerpunkte der Zusammenarbeit zwischen Anwender und Hersteller bei der Konzeption von Vielkanalempfangsanlagen zu sehen sind: Es sind die klar umrissene Aufgabenbeschreibung und die Entwicklung darauf abgestimmter Datenreduktions- und Sortieralgorithmen, die es gestatten, aus dem gewonnenen Datenstrom die für die zu bearbeitende Aufgabe relevanten Anteile herauszufiltern, so daß nur die wirklich gewünschten Daten der weiteren Bearbeitung zugeführt und die nachverarbeitenden Einrichtungen nicht unnötig belastet werden.

Zur Orientierung und zur manuellen Auswertung wird dem Operateur eines Vielkanalaufklärungssystems eine große Anzahl möglicher Bildschirmdarstellungen, deren Auswahl und Steuerung über Softkeys erfolgt, zur Verfügung gestellt (Bild 5.3-6). Die Echtzeit-Datenanalyse muß allerdings, wenn sie unter systematischen Gesichtspunkten erfolgreich sein soll, automatisch durchgeführt werden.

Am Anfang der Datenreduktion wird immer ein Detektionsalgorithmus stehen, der es gestattet, momentan nicht belegte Kanäle von der weiteren

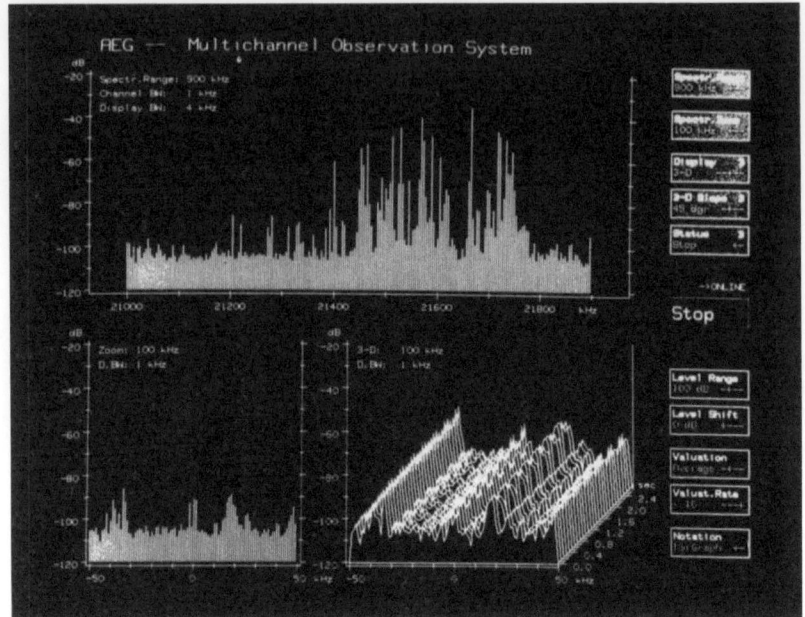

Bild 5.3-6 Vielkanalaufklärungssystem, Bildschirmdarstellung mit Soft Keys

Bearbeitung auszuschließen. Weitere Reduktionskriterien, wie z. B. die Einfallsrichtung elektromagnetischer Wellen, das vom Sender verwendete Modulationsverfahren, die Bestimmung von Schrittgeschwindigkeiten, Frequenzhüben usw., finden je nach Anwendungsfall Berücksichtigung.

5.4 Die wichtigsten Prinzipien der Funkpeilung

Bereits in der Einleitung hatten wir gesehen, daß eine wichtige Methode der Signalanalyse die Funkpeiltechnik ist. Mit ihr wird die Richtung, aus der eine elektromagnetische Welle am Empfangsort eintrifft, bestimmt (vergleiche Bild 1-2). Dabei wird vorausgesetzt, daß der Empfangsort so weit vom Sendeort entfernt ist, daß die Wellen dort als ebene Wellen eintreffen. Es ist unmöglich, hier einen kompletten Überblick über die Funkpeiltechnik zu geben (siehe [GRA 89]). Daher beschränken wir uns auf die analytischen Aspekte der drei wichtigsten Peilprinzipien.

5.4.1 Der Doppler-Peiler

Wellenausbreitungsvorgänge unterliegen dem Dopplerprinzip: Bewegen sich Sender und Empfänger aufeinander zu, ist die Empfangsfrequenz f' größer als die vom Sender abgestrahlte Frequenz f. Bewegen sich Sender und Empfänger voneinander weg, verkleinert sich die Empfangsfrequenz f'.
Die Frequenzänderung $f_D = f' - f$ ist eine Funktion der Wellenausbreitungsgeschwindigkeit c im Medium und der Relativgeschwindigkeit v_r von Sender und Empfänger. Die Dopplergleichung liefert die empfangene Frequenz f' in Abhängigkeit von der gesendeten Frequenz f:

$$f' = \frac{f\left(1 + \dfrac{v_r}{c}\right)}{\sqrt{1 - \dfrac{v_r^2}{c^2}}} \tag{5.4-1}$$

Unter der (in der Praxis im allgemeinen gültigen) Voraussetzung $v_r \ll c$ ergibt sich für die Dopplerverschiebung:

$$f_D = f' - f = f\frac{v_r}{c} = \frac{v_r}{\lambda} \tag{5.4-2}$$

Zur Messung der Dopplerverschiebung muß entweder die Wellenlänge λ klein oder v_r groß sein. (Beispiel: $v_r = 1000$ km/h, $c = 300000$ km/s $\Rightarrow f_D/f \approx 10^{-6}$.)

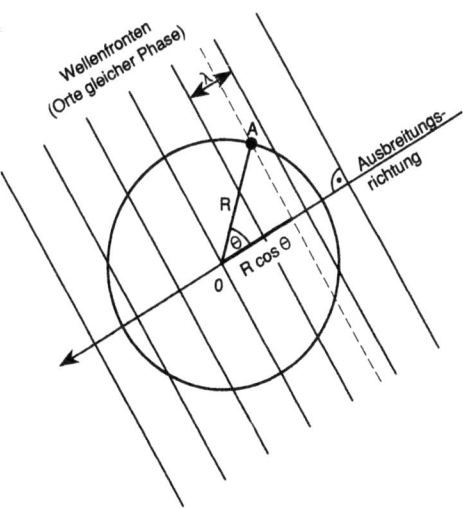

Bild 5.4-1
Prinzip des Doppler-Peilers

5 Empfang und Peilung

Außerdem sind hohe Anforderungen an die Frequenzkonstanz der Schwingungsquelle zu stellen.

Das Prinzip des Doppler-Peilers kann anhand von Bild 5.4-1 erklärt werden. Eine Antenne wird in der horizontalen Ebene auf einem Kreis mit dem Radius R um eine Referenzantenne herum bewegt. Der Spannungsverlauf im Referenzpunkt 0 sei durch

$$e_0 = U_0 \sin \omega t, \quad \omega = 2\pi f \tag{5.4-3}$$

gegeben. Im Meßpunkt A, der durch eine Drehung der Antenne auf dem Kreis um den Winkel Θ aus der Ausbreitungsrichtung der Welle heraus erreicht wird, tritt gegenüber e_0 eine Phasenverschiebung um $\dfrac{2\pi}{\lambda} R \cos \Theta$ auf (siehe Bild 5.4-2). Der Spannungsverlauf in A ist also

$$e_A = U_0 \sin \left\{ \omega t + \frac{2\pi}{\lambda} R \cos \Theta \right\}. \tag{5.4-4}$$

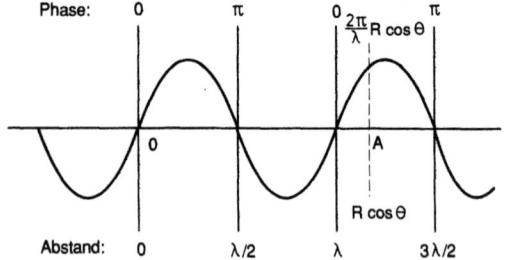

Bild 5.4-2
Phasendifferenz zwischen 0 und A

Rotiert nun die Antenne mit der konstanten Winkelgeschwindigkeit ω_R, ergibt sich aus Gleichung (5.4-4) mit $\Theta = \omega_R t$ der ortsabhängige Spannungsverlauf

$$e_A = U_0 \sin \left\{ \omega t + \frac{2\pi}{\lambda} R \cos \omega_R t \right\}. \tag{5.4-5}$$

In einem Phasendetektor werden die Phasen von Referenzantenne und rotierender Antenne verglichen. Es folgt:

$$\Delta \Phi_D = \frac{2\pi}{\lambda} R \cos \omega_R t \tag{5.4-6}$$

Die Phasenmodulation nach Gleichung (5.4-6) ist einer Frequenzmodulation

$$f_D = \frac{1}{2\pi} \frac{d}{dt} \Delta \Phi_D = - \frac{R}{\lambda} \omega_R \sin \omega_R t \tag{5.4-7}$$

äquivalent. f_D ist die Dopplerverschiebung, die nach (5.4-7) an den Stellen

5.4 Die wichtigsten Prinzipien der Funkpeilung   141

$\Theta = \omega_R t = n\pi$; $n = 0, 1, 2, \ldots$; verschwindet. Für $\Theta = (4n+1)\dfrac{\pi}{2}$ ist f_D minimal und für $\Theta = (4n+3)\dfrac{\pi}{2}$ maximal ($n = 0, 1, 2, \ldots$).

Die gepeilte Sendung fällt also aus der Richtung der Tangenten an den Kreis mit dem Radius R an den Stellen, an denen f_D einen Extremwert hat, ein. Die Richtungsbestimmung wird eindeutig, wenn beachtet wird, daß die Antenne sich beim Durchgang durch das Maximum von f_D auf den Sender zu bewegt. Der durch die Rotation der Antenne entstehende Frequenzhub ist gemäß Gleichung (5.4-7):

$$f_{D,\max} = \frac{R}{\lambda}\omega_R \qquad (5.4\text{-}8)$$

Wegen der Abhängigkeit von ω_R sind durch eine mechanische Bewegung der rotierenden Antenne nur relativ kleine Frequenzhübe erreichbar. Das Verfahren wurde für die Anwendung eigentlich erst interessant, als erkannt wurde, daß die mechanische Drehbewegung einer Antenne durch gezieltes An- und Abschalten der auf einem Kreis angeordneten Elemente einer Antennengruppe ersetzt werden kann.

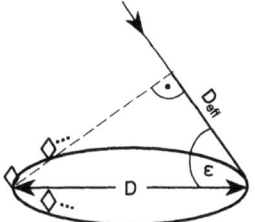

Bild 5.4-3
Elevationsbestimmung beim Doppler-Peiler

Mit einem Dopplerpeiler kann auch der Elevationswinkel bei Raumwelleneinfall bestimmt werden. Diese Möglichkeit beruht darauf, daß der Durchmesser D_{eff} des Antennenkreises mit größer werdendem Elevationswinkel ε kleiner wird (siehe Bild 5.4-3). Damit wird auch die Dopplerverschiebung kleiner:

$$f_{D,\text{eff}} = -\frac{R_{\text{eff}}}{\lambda}\omega_R \sin\omega_R t \quad \text{mit } R_{\text{eff}} = R\cos\varepsilon = \frac{D_{\text{eff}}}{2}. \qquad (5.4\text{-}9)$$

Wellenlänge λ, Kreisradius R und Antennenumlauffrequenz ω_R sind bei der Peilung bekannt. ε kann daher aus dem Dopplerfrequenzhub (5.4-8) bestimmt werden:

$$\varepsilon = \arccos\left\{\frac{\lambda f_{D,\text{eff},\max}}{R\omega_R}\right\} \qquad (5.4\text{-}10)$$

5.4.2 Der Watson-Watt-Peiler

Das Prinzip des Watson-Watt-Peilers kann anhand von Bild 5.4-4 dargestellt werden.

Die vier Masten der Peilantenne seien auf einem Kreis so angeordnet, daß die Nord-Süd-Achse genauso lang wie die Ost-West-Achse ist. Die elektromagnetische Welle treffe unter dem Winkel α gegen Norden ein. Es sei zunächst angenommen, daß der Elevationswinkel $\varepsilon = 0$ ist, die Welle also horizontal einfällt. Der Mastabstand b sei klein gegen die Wellenlänge λ. Dann ergeben sich als Phasenunterschiede in den Ost-West- bzw. Nord-Süd-Masten

$$\xi_{OW} = \frac{2\pi b}{\lambda} \sin \alpha \quad \text{bzw.} \quad \xi_{NS} = \frac{2\pi b}{\lambda} \cos \alpha. \tag{5.4-11}$$

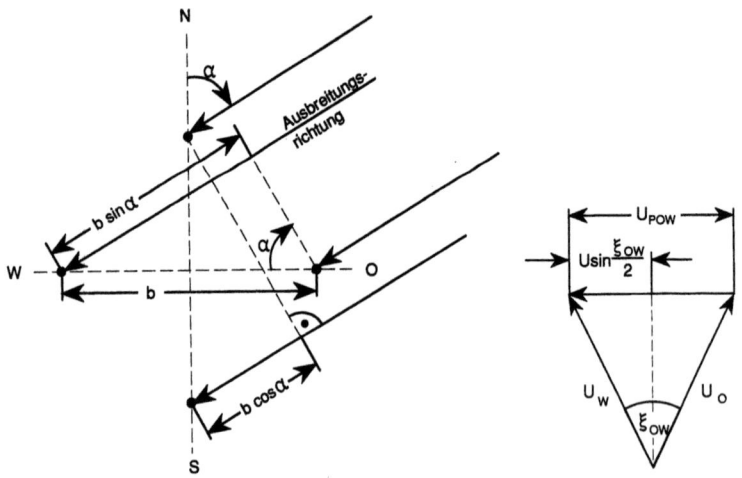

Bild 5.4-4 Prinzip des Watson-Watt-Peilers   Bild 5.4-5 Peilspannung U_{POW}

Gibt der Einzelmast an seinem Fußpunkt die Spannung U ab, ergibt die Gegeneinanderschaltung der Ost-West-Masten als Differenzspannung die Peilspannung (s. Bild 5.4-5):

$$U_{POW} = 2U \sin \left\{ \frac{\pi b}{\lambda} \sin \alpha \right\} \tag{5.4-12}$$

Entsprechend liefert die Gegeneinanderschaltung der Nord-Süd-Masten die Peilspannung

$$U_{PNS} = 2U \sin \left\{ \frac{\pi b}{\lambda} \cos \alpha \right\} \tag{5.4-13}$$

Das Verhältnis von Ost-West zu Nord-Süd-Peilspannung gibt den Tangens des

5.4 Die wichtigsten Prinzipien der Funkpeilung

Peilwinkels an:

$$\tan \alpha' = \frac{U_{POW}}{U_{PNS}} \tag{5.4-14}$$

Mit $b \ll \lambda$ und der Näherung $\sin x \approx x$ für kleine Argumente folgt aus (5.4-14):

$$\tan \alpha' \approx \tan \alpha \tag{5.4-15}$$

Bild 5.4-6 zeigt das Blockschaltbild des Dreikanal-Watson-Watt-Peilers TELEGON 8, der aus zwei (im Idealfall) völlig identischen Peilempfangskanälen und einem Rundumkanal besteht. Der Rundumkanal dient der Seitenkennung und der Möglichkeit zum Mithören der gepeilten Sendung. Er ist an eine Antenne angeschlossen, die eine richtungsunabhängige Charakteristik hat und die Spannung

$$U_{PR} = 2U \tag{5.4-16}$$

abgibt.

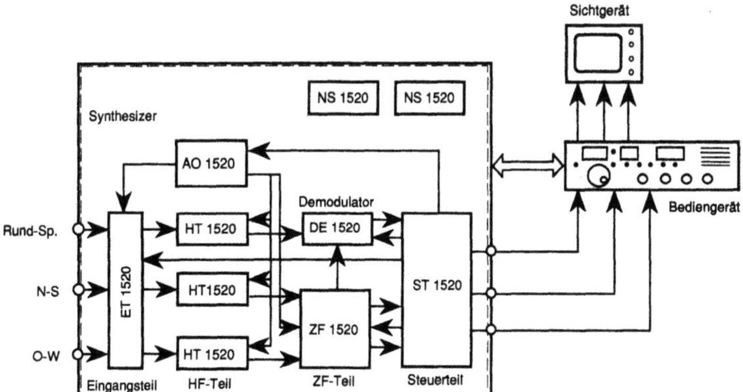

Bild 5.4-6 Blockschaltbild des TELEGON 8

Werden beim Einfall einer einzigen Sinuswelle die Peilspannungen U_{POW} bzw. U_{PNS} auf die waagerechten bzw. senkrechten Ablenkplatten eines Kathodenstrahloszillographen gegeben, gibt der auf dem Leuchtschirm erscheinende Strich genau die Einfallsrichtung der empfangenen Welle wieder. Zur Bestimmung der Eindeutigkeit des Peilergebnisses wird der Rundumkanal herangezogen (Seitenkennung). Die negative Halbperiode der ZF-Rundumspannung dient dazu, die Elektronenstrahlröhre für diese Zeit dunkel zu tasten. Es wird festgelegt, daß die Phasen der Rundumspannung (Gleichung (5.4-16)) (nach einer notwendigen Phasendrehung um 90°) und der Ost-West-

144 5 Empfang und Peilung

bzw. Nord-Süd-Spannungen dann gleiches Vorzeichen haben, wenn der angepeilte Sender im ersten Quadranten liegt.

Der Watson-Watt-Peiler zeigt auf dem Sichtschirm den Azimutwinkel der einfallenden Welle seitenrichtig an.

Auf die Voraussetzung, daß die Welle horizontal an der Antenne einfällt, kann verzichtet werden, wenn in den Gleichungen (5.4-12) und (5.4-13) der Einfluß des Elevationswinkels berücksichtigt wird. Dann ergibt sich:

$$U_{POW} = 2U \cos \varepsilon \sin \left\{ \frac{\pi b}{\lambda} \sin \alpha \right\},$$

$$U_{PNS} = 2U \cos \varepsilon \sin \left\{ \frac{\pi b}{\lambda} \cos \alpha \right\}$$

Die Rundumspannung bleibt $U_{PR} = 2U$, da sie einer Antenne mit richtungsunabhängiger Charakteristik entstammt. Wenn die Signale U_{POW}, U_{PNS} und U_{PR} in den drei Empfangszügen als komplexe Signale behandelt werden, müssen an den Ausgängen bei $b \ll \lambda$ folgende Signale vorliegen:

$$s_{OW} = A \frac{2\pi b}{\lambda} \cos \varepsilon \sin \alpha \, e^{j\Theta} \tag{5.4-17}$$

$$s_{NS} = A \frac{2\pi b}{\lambda} \cos \varepsilon \cos \alpha \, e^{j\Theta} \tag{5.4-18}$$

$$s_R = A \, e^{j\Theta} \tag{5.4-19}$$

Dabei ist zu beachten, daß die Signale auf ihren Wegen durch die Antennen und die Empfangszweige in den Peilkanälen identisch verstärkt wurden. Θ ist die Phasenlage, die sich aufgrund der phasenstarren Mischung der Signale ergibt.

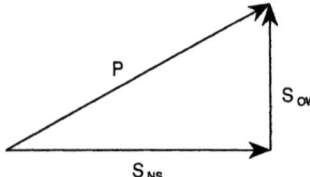

Bild 5.4-7
Peilgröße P

Aus den Gleichungen (5.4-17), (5.4-18) und (5.4-19) gelingt es nun, auch den Elevationswinkel ε zu bestimmen. Dazu wird zunächst die Peilgröße P definiert (siehe Bild 5.4-7):

$$P = s_{NS} + j \, s_{OW} = A \frac{2\pi b}{\lambda} \cos \varepsilon \, e^{j(\Theta + \alpha)} \tag{5.4-20}$$

Der Vergleich der Gleichungen (5.4-19) und (5.4-20) zeigt, daß sich der Azimutwinkel α aus dem Phasenunterschied zwischen P und s_R ergibt. Der

5.4 Die wichtigsten Prinzipien der Funkpeilung

Elevationswinkel errechnet sich aus P und s_R wie folgt:

$$\frac{|P|}{|s_R|} = \frac{2\pi b}{\lambda} \cos \varepsilon \Rightarrow \varepsilon = \arccos \left\{ \frac{|P|\lambda}{|s_R| 2\pi b} \right\} \tag{5.4-21}$$

mit $|P| = \sqrt{[\text{Re}\{s_{NS}\} - \text{Im}\{s_{OW}\}]^2 + [\text{Re}\{s_{OW}\} + \text{Im}\{s_{NS}\}]^2}$

Der Watson-Watt-Peiler besitzt aufeinander abgeglichene Peilempfangszüge und ist also ein Mehrkanalpeiler. Seine Reaktionszeit hängt ausschließlich von der Einschwingzeit seiner Filter ab. Damit ist es einem Watson-Watt-Peiler generell möglich, auch sehr kurzzeitige Signale aufzunehmen. Die Peilung von A1A/A1B-Signalen und J3E-Signalen bereitet ebenfalls keine prinzipiellen Schwierigkeiten.

Ein Problem bei der Konstruktion von Mehrkanalpeilgeräten besteht darin, den exakten Gleichlauf der Selektionsfilter in den verschiedenen Empfangskanälen zu gewährleisten. Hier verspricht die Anwendung von Digitalfiltern (siehe Abschnitt 5.1), die die Eigenschaft der exakten Reproduzierbarkeit besitzen, eine Verbesserung.

5.4.3 Der Interferometerpeiler

Der Interferometerpeiler besteht in seiner einfachsten Ausführung aus zwei im Abstand b voneinander aufgestellten Dipolantennen und einer dazugehörigen Empfangs- und Auswerteeinheit.

Ist das Dipolpaar in Ost-West-Richtung aufgestellt (Bild 5.4-8(a)) und fällt die zu peilende Welle horizontal unter dem Winkel α ein, ergibt sich zwischen den Punkten O und W der Phasenunterschied

$$\Delta \Phi_{OW} = \Phi_O - \Phi_W = \frac{2\pi b}{\lambda} \sin \alpha. \tag{5.4-22}$$

Der Einfallswinkel der Welle kann also bis auf das Vorzeichen aus

$$\alpha = \arcsin \frac{\lambda \Delta \Phi_{OW}}{2\pi b} \tag{5.4-23}$$

bestimmt werden. Für $b > \frac{\lambda}{2}$ ist er jedoch nicht eindeutig festgelegt.

Ein in Nord-Süd-Richtung angeordnetes Dipolpaar liefert nach den entsprechenden Überlegungen den Phasenunterschied an den Punkten N und S (Bild 5.4-8(b)):

$$\Delta \Phi_{NS} = \Phi_N - \Phi_S = \frac{2\pi b}{\lambda} \cos \alpha \tag{5.4-24}$$

146　5 Empfang und Peilung

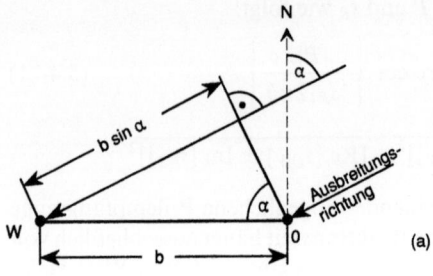

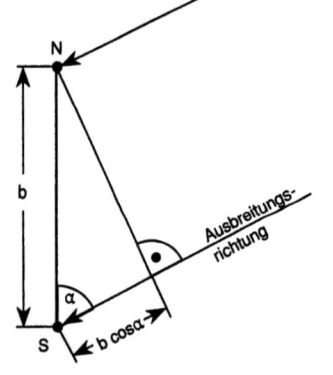

Bild 5.4-8
Interferometer, Dipolpaare:
(a) in Ost-West,
(b) in Nord-Süd-Richtung

$$\alpha = \arccos \frac{\lambda \Delta \Phi_{NS}}{2\pi b} \qquad (5.4\text{-}25)$$

Werden ein Ost-West-System und ein Nord-Süd-System zu einem Gesamtsystem zusammengefaßt, das, da der Punkt S mit dem Punkt W zusammenfallen soll, nur aus drei Antennenelementen besteht, ergibt sich die Möglichkeit, neben dem Azimutwinkel α auch noch den Elevationswinkel ε der einfallenden Welle zu bestimmen (Bild 5.4-9):

$$\Delta \Phi_{OW} = \Phi_O - \Phi_W = kb \sin \alpha \cos \varepsilon \qquad (5.4\text{-}26)$$

$$\Delta \Phi_{NW} = \Phi_N - \Phi_W = kb \cos \alpha \cos \varepsilon \qquad (5.4\text{-}27)$$

Dabei ist $k = \dfrac{2\pi}{\lambda}$ die Kreiswellenzahl.

Es ergeben sich somit die folgenden Peilinformationen:

$$\tan \alpha = \frac{\Delta \Phi_{OW}}{\Delta \Phi_{NW}} \qquad (5.4\text{-}28)$$

5.4 Die wichtigsten Prinzipien der Funkpeilung   147

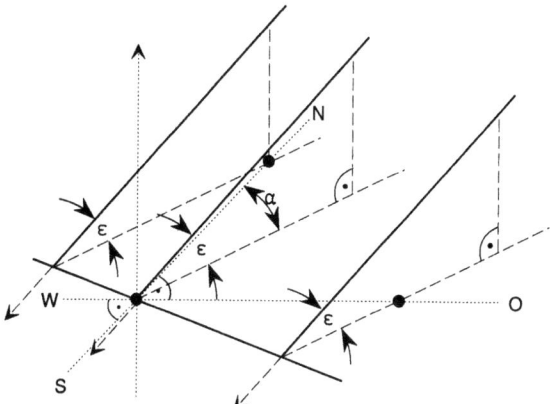

Bild 5.4-9
Interferometer mit drei
Antennenelementen

$$\cos \varepsilon = \frac{1}{kb} \sqrt{(\Delta\Phi_{OW})^2 + (\Delta\Phi_{NW})^2} \tag{5.4-29}$$

$$\sin \alpha = \frac{\Delta\Phi_{OW}}{kb \cos \varepsilon} \tag{5.4-30}$$

$$\cos \alpha = \frac{\Delta\Phi_{NW}}{kb \cos \varepsilon} \tag{5.4-31}$$

6 Parametrische digitale Spektralschätzverfahren

In Abschnitt 4.2.2 haben wir uns mit der diskreten Fouriertransformation beschäftigt. Sie wird benutzt, um den Spektralinhalt von durch Zeitfunktionen dargestellten Signalen zu approximieren.

Hier sollen nun Verfahren zur Schätzung der spektralen Leistungsdichte zeitdiskreter Zufallsprozesse behandelt werden. Dazu ist es notwendig, daß wir uns in Anlehnung an Kapitel 3 mit zeitdiskreten Zufallsprozessen beschäftigen. Es sei noch darauf hingewiesen, daß auch in diesem Kapitel durch ω die Kreisfrequenz bezeichnet wird.

6.1 Zeitdiskrete Zufallsprozesse

Ein zeitdiskreter Prozeß $X(n)$ ist eine für $n \in \mathbb{Z}$ definierte Folge (reell- oder komplexwertiger) Zufallsvariabler. Mittelwert $\eta_X(n)$, Autokorrelation (AKF) $R_X(n_1, n_2)$ und Autokovarianz $C_X(n_1, n_2)$ sind erklärt durch (vergleiche Definition 3.1-2 und Gleichungen (3.3-5), (3.3-6)):

$$\eta_X(n) = E\{X(n)\} \tag{6.1-1}$$

$$R_X(n_1, n_2) = E\{X(n_1)X^*(n_2)\} \tag{6.1-2}$$

$$C_X(n_1, n_2) = R_X(n_1, n_2) - \eta_X(n_1)\eta_X^*(n_2) \tag{6.1-3}$$

Genauso werden die Kreuzkorrelation (KKF) $R_{XY}(n_1, n_2)$ und die Kreuzkovarianz $C_{XY}(n_1, n_2)$ zweier Prozesse $X(n)$ und $Y(n)$ definiert:

$$R_{XY}(n_1, n_2) = E\{X(n_1)Y^*(n_2)\} \tag{6.1-4}$$

$$C_{XY}(n_1, n_2) = R_{XY}(n_1, n_2) - \eta_X(n_1)\eta_Y^*(n_2) \tag{6.1-5}$$

Der Prozeß $X(n)$ heißt schwach stationär, wenn sein Mittelwert eine Konstante ist und seine AKF nur von der Differenz der Zeitpunkte $m = n_1 - n_2$ abhängt:

$$E\{X(n+m)X^*(n)\} = R_X(m) = C_X(m) + |\eta_X|^2 \tag{6.1-6}$$

Da wir uns im folgenden nur mit schwach stationären Prozessen beschäftigen, wollen wir statt von schwacher Stationarität kurz von Stationarität sprechen.

Die Prozesse $X(n)$ und $Y(n)$ heißen gemeinsam stationär, wenn beide stationär sind und zusätzlich ihre KKF nur von $m = n_1 - n_2$ abhängt:

$$E\{X(n+m)Y^*(n)\} = R_{XY}(m) = C_{XY}(m) + \eta_X\eta_Y^* \tag{6.1-7}$$

Das Leistungsdichtespektrum $\bar{S}_X(\omega)$ eines stationären Prozesses $X(n)$ ist eine periodische Funktion mit den Fourierreihen-Koeffizienten $R_X(m)$:

$$\bar{S}_X(\omega) = \sum_{m=-\infty}^{\infty} R_X(m)\, e^{-jmT\omega} \qquad (6.1\text{-}8)$$

$$R_X(m) = \frac{1}{2\sigma} \int_{-\sigma}^{\sigma} \bar{S}_X(\omega)\, e^{jmT\omega}\, d\omega \qquad (6.1\text{-}9)$$

Dabei ist $T = \dfrac{\pi}{\sigma}$ eine zunächst beliebige Konstante.

Ist $X(n)$ aus der Abtastung eines zeitkontinuierlichen Prozesses $X(t)$ entstanden, ist T die Zeitdifferenz zwischen zwei aufeinanderfolgenden Abtastwerten. Andernfalls kann o.E.d.A. $T = 1$ und damit $\sigma = \pi$ gesetzt werden.

Aus (6.1-6) und (6.1-9) folgt

$$E\{|X(n)|^2\} = R_X(0) = \frac{1}{2\sigma} \int_{-\sigma}^{\sigma} \bar{S}_X(\omega)\, d\omega. \qquad (6.1\text{-}10)$$

Wegen $R_X(-m) = R_X^*(m)$ ist $\bar{S}_X(\omega)$ eine reellwertige Funktion. Für reellwertige Prozesse $X(n)$ sind $R_X(m)$ eine reellwertige gerade Folge und $\bar{S}(\omega)$ eine reellwertige gerade Funktion.

Als Kreuzleistungsdichtespektrum $\bar{S}_{XY}(\omega)$ der gemeinsam stationären Prozesse $X(n)$ und $Y(n)$ wird die Funktion

$$\bar{S}_{XY}(\omega) = \sum_{m=-\infty}^{\infty} R_{XY}(m)\, e^{-jmT\omega} \qquad (6.1\text{-}11)$$

bezeichnet.

Der Prozeß $X(n)$ ist ein zeitdiskretes weißes Rauschen, wenn $E\{X(n_1)X^*(n_2)\} = 0$ für $n_1 \neq n_2$ gilt. Mit $E\{|X(n)|^2\} = I(n)$ folgt dann für die AKF von $X(n)$:

$$R_X(n_1, n_2) = I(n_1)\delta(n_1 - n_2) \qquad (6.1\text{-}12)$$

mit der δ-Folge (2.1-15). Ist $X(n)$ darüber hinaus stationär, gilt $I(n) = I =$ konstant, woraus sich in diesem Fall

$$R_X(m) = I\delta(m), \quad \bar{S}(\omega) = I \qquad (6.1\text{-}13)$$

ergibt.

Entsteht $X(n)$ aus der Abtastung eines zeitkontinuierlichen Prozesses $X(t)$, d. h. gilt $X(n) = X(nT)$, folgt

$$\eta_X(n) = \eta_X(nT), \quad R_X(n_1, n_2) = R_X(n_1T, n_2T). \qquad (6.1\text{-}14)$$

6 Parametrische digitale Spektralschätzverfahren

Ist der zeitkontinuierliche Prozeß $X(t)$ stationär mit der AKF $R(\tau)$ und dem Leistungsdichtespektrum $S(\omega)$, das definitionsgemäß die Fouriertransformierte von $R(\tau)$ ist [PAP 81], ist $X(n)$ ebenfalls stationär mit der AKF $R_X(m) = R_X(mT)$ und dem Leistungsdichtespektrum

$$\bar{S}(\omega) = \sum_{m=-\infty}^{\infty} R(mT) e^{-jmT\omega} = \frac{1}{T} \sum_{n=-\infty}^{\infty} S(\omega + 2\sigma n), \qquad (6.1\text{-}15)$$

wobei diese Gleichung eine direkte Folge der Poissonschen Summenformel (4.2-19) ist.

Wird nun der Prozeß $X(n)$ als Eingangssignal auf ein diskretes LTI-System mit der Impulsantwort $h(n)$ gegeben, ergibt sich an dessen Ausgang der Prozeß

$$Y(n) = \sum_{k=-\infty}^{\infty} X(n-k) h(k), \qquad (6.1\text{-}16)$$

dessen Mittelwert

$$E\{Y(n)\} = \sum_{k=-\infty}^{\infty} E\{X(n-k)\} h(k) \qquad (6.1\text{-}17)$$

ist.

Zur Berechnung seiner AKF ist zu beachten, daß aufgrund von (6.1-16)

$$X(n_1) Y^*(n_2) = \sum_{k=-\infty}^{\infty} X(n_1) X^*(n_2 - k) h^*(k)$$

$$Y(n_1) Y^*(n_2) = \sum_{k=-\infty}^{\infty} X(n_1 - k) Y^*(n_2) h(k)$$

gelten. Die AKF von $Y(n)$ erhalten wir nun durch Erwartungswertbildung

$$R_{XY}(n_1, n_2) = \sum_{k=-\infty}^{\infty} R_X(n_1, n_2 - k) h^*(k)$$

$$R_Y(n_1, n_2) = \sum_{k=-\infty}^{\infty} R_{XY}(n_1 - k, n_2) h(k)$$

$$= \sum_{k=-\infty}^{\infty} \sum_{l=-\infty}^{\infty} R_X(n_1 - k, n_2 - l) h^*(l) h(k) \qquad (6.1\text{-}18)$$

Ist der Eingangsprozeß $X(n)$ stationär, gilt das auch für den Ausgangsprozeß $Y(n)$ und aus (6.1-18) folgt mit

6.1 Zeitdiskrete Zufallsprozesse

$$R_{XY}(m) = \sum_{k=-\infty}^{\infty} R_X(m+k)h^*(k);$$

$$\begin{aligned}R_Y(m) &= \sum_{l=-\infty}^{\infty} R_{XY}(m-l)h(l) \\ &= \sum_{k=-\infty}^{\infty} \sum_{l=-\infty}^{\infty} R_X(m+k-l)h(l)h^*(k) \\ &= \sum_{k=-\infty}^{\infty} \sum_{l'=-\infty}^{\infty} R_X(m-l')h(l'+k)h^*(k) \\ &= \sum_{l'=-\infty}^{\infty} R_X(m-l') \cdot \sum_{k=-\infty}^{\infty} h(l'+k)h^*(k) \\ &= R_X(m) * h^*(-m) * h(m) \end{aligned} \quad (6.1\text{-}19)$$

Mit der Übertragungsfunktion $H(z) = \sum_{n=-\infty}^{\infty} h(n)z^{-n}$ folgt aus (6.1-19) wegen $\bar{S}_{XY}(\omega) = \bar{S}_X(\omega)H^*(e^{j\omega T})$:

$$\bar{S}_Y(\omega) = \bar{S}_{XY}(\omega)H(e^{j\omega T}) = \bar{S}_X |H(e^{j\omega T})|^2 \quad (6.1\text{-}20)$$

Bemerkung Aus (6.1-20) folgt aufgrund von (6.1-10)

$$E\{|Y(n)|^2\} = R_Y(0) = \frac{1}{2\sigma} \int_{-\sigma}^{\sigma} \bar{S}_X(\omega)|H(e^{j\omega T})|^2 \, d\omega \quad (6.1\text{-}21)$$

und, weil diese Gleichung für beliebige Frequenzgänge $|H|$ gilt, folgt sofort

$$\bar{S}_X(\omega) \geqslant 0 \quad \text{f. ü. in } [-\sigma, \sigma]. \quad (6.1\text{-}22)$$

Handelt es sich bei dem LTI-System um ein System mit gebrochen rationaler Übertragungsfunktion $H(z)$ und besitzt der Eingangsprozeß $U(n)$ das Leistungsdichtespektrum $\bar{S}_U(\omega)$, gilt für den Ausgangsprozeß eine lineare Differenzengleichung (vergleiche Abschnitt 4.3.2):

$$\begin{aligned} Y(n) &= -\sum_{k=1}^{p} a(k)Y(n-k) + \sum_{k=0}^{q} b(k)U(n-k) \\ &= \sum_{k=0}^{\infty} h(k)U(n-k) \end{aligned} \quad (6.1\text{-}23)$$

Wegen (6.1-20) und mit der z-Transformierten

$$S_X(z) = \sum_{m=-\infty}^{\infty} R_X(m) z^{-m}$$

folgt bei Beachtung der leicht zu beweisenden Eigenschaft $Z\{h^*(-m)\} = H^*\left(\dfrac{1}{z^*}\right)$ aus (6.1-19):

$$S_Y(z) = S_U(z) H(z) H^*\left(\frac{1}{z^*}\right) \qquad (6.1\text{-}24)$$

6.2 AR-, MA- und ARMA-Prozeßmodelle

Die Spektralschätzung mit einem parametrischen Modell erfolgt in drei Schritten:
- Auswahl des geeigneten Modells zur Darstellung der Meßdaten, bei denen es sich im Fall der Signalanalyse um die Abtastwerte des zu analysierenden Signals handelt. (Neben den hier vorgestellten autoregressiven (AR), moving average (MA) und autoregressiven moving average (ARMA) Modellen existieren selbstverständlich noch viele andere [MAR 87].)
- Schätzung der Modellparameter aus den Abtastwerten des Signals.
- Einsetzen der geschätzten Modellparameter in den Ausdruck (6.1-20) für die spektrale Leistungsdichte.

Die Auswahl des geeigneten Modells erfordert einiges Vorwissen über den erwarteten Verlauf des Leistungsdichtespektrums. Besitzt das erwartete Leistungsdichtespektrum scharfe Maxima aber keine ausgeprägten Nullstellen, sollte ein AR-Modell gewählt werden. Bei ausgeprägten Nullstellen und weniger scharfen Maxima bietet sich ein MA-Modell an. Mit ARMA-Ansätzen können beide Extremfälle erfaßt werden. Erscheinen für das anstehende Problem mehrere Modellansätze gleich gut geeignet, wird am besten dasjenige Modell ausgewählt, das mit den wenigsten Parametern auskommt. Verglichen mit den MA-Koeffizienten sind die AR-Koeffizienten im allgemeinen leichter zu berechnen. Daher und weil jedes ARMA-Modell durch ein AR-Modell beliebig genau approximiert werden kann, finden in der Praxis häufig AR-Modelle Anwendung. Die Frage nach der Bestimmung der Anzahl der Modellparameter (p und q in Gleichung (6.1-23)) soll hier nicht diskutiert werden, vergleiche dazu [MAR 87].

Die Modelle für AR-, MA- und ARMA-Prozesse sind durch die Differenzengleichung (6.1-23) gegeben. Darin ist $Y(n)$ die Ausgangsfolge eines kausalen

Filters ($h(k) = 0$ für $k < 0$) und $U(n)$ dessen Eingangsfolge. In der Differenzengleichung (6.1-23) kann o.E.d.A. $b(0) = 1$ angenommen werden (dies entspricht höchstens einer konstanten Verstärkung bzw. Dämpfung der Eingangsfolge $U(n)$). Gemäß (4.3-22) ergibt sich durch z-Transformation von (6.1-23)

$$H(z) = \frac{\tilde{B}(z)}{\tilde{A}(z)} \tag{6.2-1}$$

mit den Polynomen

$$\tilde{A}(z) = 1 + \sum_{k=1}^{p} a(k) z^{-k}, \tag{6.2-2}$$

$$\tilde{B}(z) = 1 + \sum_{k=1}^{q} b(k) z^{-k}, \tag{6.2-3}$$

$$H(z) = 1 + \sum_{k=1}^{\infty} h(k) z^{-k}. \tag{6.2-4}$$

Wenn die beiden Polynome $\tilde{A}(z)$ und $\tilde{B}(z)$ nur Nullstellen innerhalb des Einheitskreises besitzen, beschreibt $H(z)$ ein stabiles, minimalphasiges [UNB 80], kausales LTI-System.

Die z-Transformierte der AKF der Ausgangsfolge $Y(n)$ ist mit der z-Transformierten der AKF der Eingangsfolge $U(n)$ durch (6.1-24) verknüpft. Für die Spektralschätzung stehen exakte Kenntnisse über den Eingangsprozeß $U(n)$ im allgemeinen nicht zur Verfügung. Daher soll im folgenden angenommen werden, daß es sich um einen stationären weißen Rauschprozeß mit der Varianz σ^2 ($= S_U(z)$) handelt.

Ein ARMA-Modell (siehe Bild 6.2-1(a)) für den Ausgangsprozeß $Y(n)$ ergibt sich dann aus (6.1-23). Dabei stellen die $a(k)$ die autoregressiven und die $b(k)$ die moving average Koeffizienten des Modells dar.

Die Leistungsdichteschätzung ergibt sich nun aus (6.1-24), indem dort $z = e^{j\omega T}$ gesetzt und auf die Länge des Abtastintervalls T normiert wird:

$$\bar{S}_{\text{ARMA}}(\omega) = T\sigma^2 \left| \frac{B(\omega)}{A(\omega)} \right|^2 = T\sigma^2 \frac{\vec{e}_q^H(\omega) \vec{b} \vec{b}^H \vec{e}_q(\omega)}{\vec{e}_p^H(\omega) \vec{a} \vec{a}^H \vec{e}_p(\omega)}, \tag{6.2-5}$$

wobei zur Abkürzung folgende Schreibweisen benutzt wurden:

$$A(\omega) = 1 + \sum_{k=1}^{p} a(k) e^{-j\omega kT} \tag{6.2-6}$$

$$B(\omega) = 1 + \sum_{k=1}^{q} b(k) e^{-j\omega kT} \tag{6.2-7}$$

154   6 Parametrische digitale Spektralschätzverfahren

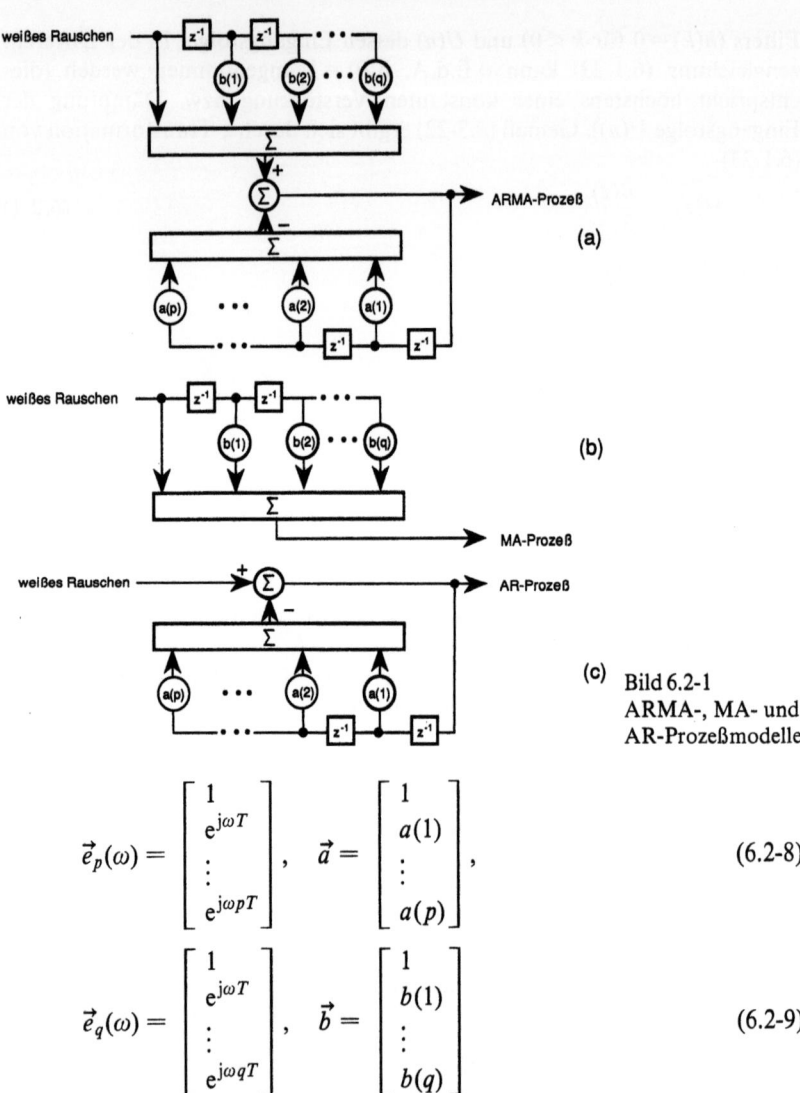

Bild 6.2-1
ARMA-, MA- und AR-Prozeßmodelle

$$\vec{e}_p(\omega) = \begin{bmatrix} 1 \\ e^{j\omega T} \\ \vdots \\ e^{j\omega pT} \end{bmatrix}, \quad \vec{a} = \begin{bmatrix} 1 \\ a(1) \\ \vdots \\ a(p) \end{bmatrix}, \tag{6.2-8}$$

$$\vec{e}_q(\omega) = \begin{bmatrix} 1 \\ e^{j\omega T} \\ \vdots \\ e^{j\omega qT} \end{bmatrix}, \quad \vec{b} = \begin{bmatrix} 1 \\ b(1) \\ \vdots \\ b(q) \end{bmatrix} \tag{6.2-9}$$

Mit $\vec{a}^H = \vec{a}^{T*}$ ist die Hermite-Operation (Transponieren des Vektors mit konjugiert komplexen Komponenten) bezeichnet.

Die Schätzung des Leistungsdichtespektrums nach dem ARMA-Ansatz (6.2-5) erstreckt sich über das Frequenzintervall

$$-\frac{\pi}{T} \leqslant \omega < \frac{\pi}{T}.$$

Ein ARMA-Modell mit p autoregressiven und q moving average Koeffizienten wird auch mit ARMA (p,q) bezeichnet. Die Schätzung der spektralen Leistungsdichte ist durch die Angabe der $a(k)$, der $b(k)$ und der Varianz σ^2 des Eingangsrauschens vollständig charakterisiert.
Sind mit Ausnahme des Koeffizienten $a(0)$, für den $a(0)=1$ gilt, sämtliche autoregressiven Parameter Null, folgt aus (6.1-23)

$$Y(n) = \sum_{k=1}^{q} b(k)U(n-k) + U(n), \qquad (6.2\text{-}10)$$

d. h. $Y(n)$ ist ein moving average Prozeß der Ordnung q. Aus (6.2-5) ergibt sich die moving average Schätzung der spektralen Leistungsdichte, indem dort $p=0$ gesetzt wird:

$$\bar{S}_{MA}(\omega) = T\sigma^2 |B(\omega)|^2 = T\sigma^2 \vec{e}_q^H(\omega) \vec{b}\vec{b}^H \vec{e}_q(\omega) \qquad (6.2\text{-}11)$$

Das MA-Modell zeigt Bild 6.2-1(b).
Wenn sämtliche moving average Koeffizienten außer $b(0)=1$ verschwinden, ergibt sich mit

$$Y(n) = -\sum_{k=1}^{p} a(k)Y(n-k) + U(n) \qquad (6.2\text{-}12)$$

aus (6.1-23) ein rein autoregressiver Prozeß und für die Schätzung der AR-Spektralleistungsdichte folgt mit $q=0$ aus (6.2-5):

$$\bar{S}_{AR}(\omega) = \frac{T\sigma^2}{|A(\omega)|^2} = \frac{T\sigma^2}{\vec{e}_p^H(\omega) \vec{a}\vec{a}^H \vec{e}_p(\omega)} \qquad (6.2\text{-}13)$$

Das AR-Modell ist in Bild 6.2-1(c) wiedergegeben.

6.3 Funkpeilung und Prozeßmodelle

Zwischen den in Abschnitt 6.2 behandelten Prozeßmodellen und der Funkpeiltechnik mit Gruppenantennen, deren Entwicklungen bis in die zwanziger Jahre zurückreichen, gibt es interessante Zusammenhänge (siehe auch [GRA 89], S. 203–218), die im folgenden diskutiert werden sollen. Dazu beschäftigen wir uns zunächst mit dem Einsatz von Antennengruppen für Richtempfang und Peilung.

6.3.1 Das Kompensationsprinzip

Eine Antennengruppe ist eine Anordnung von M Elementen mit, wie wir hier annehmen wollen, identischer Richtcharakteristik $R_0(\vec{e})$. Ihre Standorte $P_1, P_2, \ldots, P_M$ im dreidimensionalen Raum sind durch die Ortsvektoren $\vec{x}_1, \vec{x}_2, \ldots, \vec{x}_M$ gegeben. Der Einfachheit halber soll zunächst angenommen werden, daß der Koordinatenursprung 0 und die Punkte $P_1, P_2, \ldots, P_M$ alle in der x_1-x_2-Ebene liegen (diese Voraussetzung wird in Unterabschnitt 6.3.3 aufgegeben). Der Sender des zu empfangenden Signals sende eine Sinuswelle der Kreisfrequenz ω aus und stehe so weit vom Empfangsort entfernt, daß die an der Antennengruppe ankommenden Wellenfronten als Ebenen angesehen werden können. Das im Punkt P_m stehende Antennenelement habe die Verstärkung a_m, $1 \leq m \leq M$, wobei zunächst angenommen wird, daß die a_m reell sind.

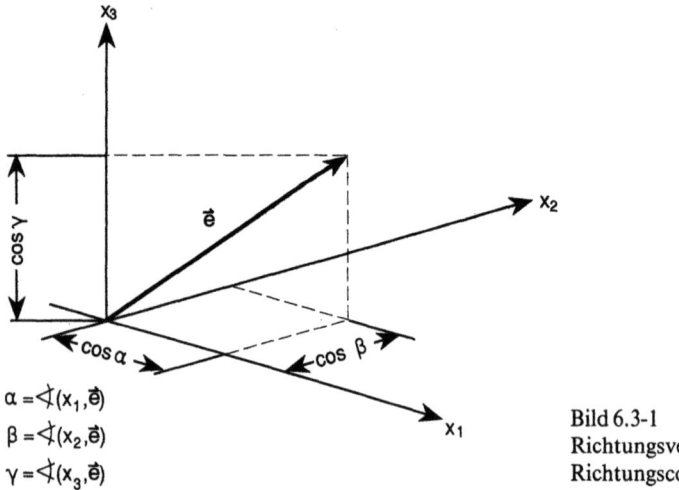

Bild 6.3-1
Richtungsvektor und Richtungscosinus

Durch eine aus der Richtung $\vec{e}$ auf den Koordinatenursprung einfallende Welle (siehe Bild 6.3-1) entsteht dort die Feldstärke

$$\mathfrak{E}(\vec{e}) = e^{-j\omega t} R_0(\vec{e}) \sum_{m=1}^{M} a_m e^{-jk(\vec{x}_m, \vec{e})}$$

mit der Kreiswellenzahl $k = \dfrac{2\pi}{\lambda}$ und dem inneren Produkt der Vektoren $\vec{x}_m$ und $\vec{e}$

$$(\vec{x}_m, \vec{e}) = (x_{m,1}, x_{m,2}, x_{m,3}) \begin{pmatrix} \cos\alpha \\ \cos\beta \\ \cos\gamma \end{pmatrix}$$

$$= x_{m,1} \cos\alpha + x_{m,2} \cos\beta + x_{m,3} \cos\gamma.$$

6.3 Funkpeilung und Prozeßmodelle 157

Die Größe
$$R_{\text{nat}}(\vec{e}) = \sum_{m=1}^{M} a_m e^{-jk(\vec{x}_m, \vec{e})}$$
wird als natürliche Richtcharakteristik der Antennengruppe bezeichnet.
Jetzt wollen wir uns von der Annahme, daß alle Elemente der Antennengruppe gleichphasig arbeiten, lösen. Dazu stellen wir uns vor, daß sie so angesteuert werden, als ob sie von einer aus der sogenannten Kompensationsrichtung $\vec{e}_k$ ankommenden Wellenfront erregt werden. Dann ergibt sich im Koordinatenursprung die Feldstärke

$$\mathfrak{E}_{\text{komp}}(\vec{e}) = e^{-j\omega t} R_0(\vec{e}) \sum_{m=1}^{M} a_m e^{-jk(\vec{x}_m, \vec{e} - \vec{e}_k)}.$$

Darin heißt
$$R_{\text{komp}}(\vec{e}) := \sum_{m=1}^{M} a_m e^{-jk(\vec{x}_m, \vec{e} - \vec{e}_k)} \qquad (6.3\text{-}1)$$

die kompensierte Richtcharakteristik. Für $\vec{e} - \vec{e}_k = \vec{0}$ nimmt sie ihr betragsmäßiges Maximum an.

Praktisch kann die Kompensation mit dem Streifenkompensator, einem 1929 von F. A. Fischer beschriebenen Gerät, durchgeführt werden (siehe Bild

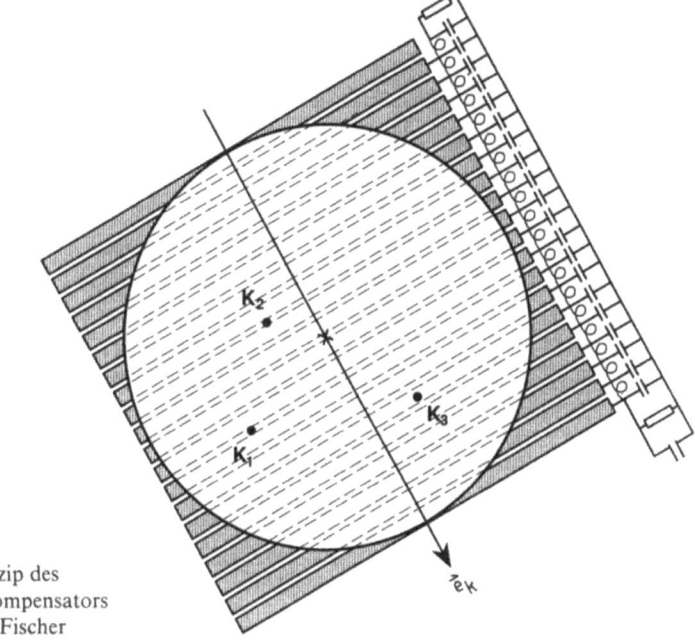

Bild 6.3-2
Zum Prinzip des
Streifenkompensators
von F. A. Fischer

6 Parametrische digitale Spektralschätzverfahren

6.3-2): Er besteht aus einer Laufzeitkette, deren Glieder mit parallelen, voneinander isolierten Kontaktstreifen, die ein kreisförmiges Gebiet überdecken, verbunden sind. Der Kreismittelpunkt stellt eine Abbildung des Koordinatenursprungs der Antennengruppe dar, um ihn ist die gesamte Anordnung drehbar. Die festen Kontaktpunkte (im Bild 6.3-2 durch K_1, K_2 und K_3 angedeutet) stellen eine verkleinerte Abbildung (im Verhältnis $c_k : c$, wobei c die Lichtgeschwindigkeit ist, s. u.) der Antennengruppe dar. Sie sind je nach Position der Kreisscheibe über verschiedene Glieder der Laufzeitkette miteinander verbunden. Durch die Laufzeitkette werden die an den einzelnen Kontaktpunkten abgegriffenen Spannungen, wie in Gleichung (6.3-1) gefordert, verzögert. Die Dimensionierung von Spulen und Kondensatoren der Laufzeitkette bestimmt die Fortpflanzungsgeschwindigkeit c_k der Wellen im Kompensator. Das Kompensationsprinzip funktioniert, wenn c_k für den gesamten genutzten Frequenzbereich eine Konstante ist.

Zur Anzeige des Peilwinkels einer nach dem Kompensationsprinzip empfangenen Welle kann das **Summe-Differenz-Verfahren** herangezogen werden (siehe Bild 6.3-3):

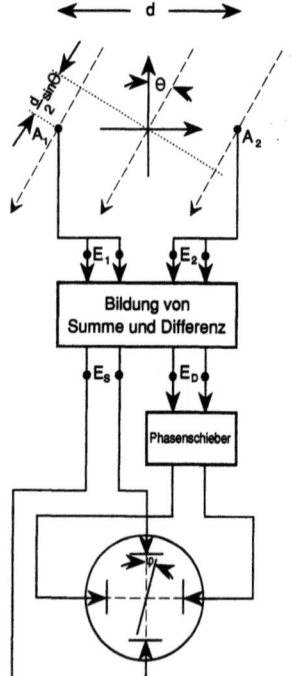

Bild 6.3-3
Das Summe-Differenz-Verfahren

6.3 Funkpeilung und Prozeßmodelle

Dazu seien zwei im Abstand d voneinander aufgebaute vertikal polarisierte Antennenelemente, auf die unter dem Einfallswinkel Θ eine ebene Welle trifft, gegeben. Die Empfangsspannungen E_1 und E_2 an den Antennenelementen sind:

$$E_1 = e^{-j\omega t} e^{j\frac{\pi d}{\lambda} \sin \Theta}$$

$$E_2 = e^{-j\omega t} e^{-j\frac{\pi d}{\lambda} \sin \Theta}$$

Von diesen beiden Spannungen werden die Summe $E_S = E_1 + E_2$ und die Differenz $E_D = E_1 - E_2$ gebildet:

$$E_S = 2 e^{-j\omega t} \cos \left\{ \frac{\pi d}{\lambda} \sin \Theta \right\}$$

$$E_D = 2j e^{-j\omega t} \sin \left\{ \frac{\pi d}{\lambda} \sin \Theta \right\}$$

Nach einer Phasendrehung von E_D um $-90°$ sind E_S und E_D gleichphasig. Sie können nun auf ein Braunsches Rohr gegeben werden, auf dem dadurch ein Leuchtstrich entsteht, der gegen die Senkrechte den Winkel φ bildet. Mit

$$\tan \varphi = \frac{\sin \left\{ \frac{\pi d}{\lambda} \sin \Theta \right\}}{\cos \left\{ \frac{\pi d}{\lambda} \sin \Theta \right\}} = \tan \left\{ \frac{\pi d}{\lambda} \sin \Theta \right\} \quad \text{ergibt sich}$$

$$\varphi = \frac{\pi d}{\lambda} \sin \Theta. \tag{6.3-2}$$

Für $d \leqslant \lambda/2$ wird damit jedem Winkel $\Theta \in \left(-\frac{\pi}{2}, \frac{\pi}{2} \right)$ eindeutig ein Winkel auf der Sichtanzeige zugeordnet. Werden nun die beiden Antennenelemente durch zwei gleiche gerade Gruppen von Antennenelementen mit identischem (hier nur von Θ abhängigen) Richtfaktor $R_0(\Theta)$ ersetzt, bewirkt dies eine Multiplikation der am Braunschen Rohr anliegenden Spannungen mit $R_0(\Theta)$. D. h. das Peilgerät zeigt auch für $d > \lambda/2$ in einem gewissen Winkelbereich eindeutige Ergebnisse an, wenn der Richtfaktor $R_0(\Theta)$ geeignet gewählt wird. Beschränkt man den Nutzbereich durch die Vorgabe von $R_0(\Theta)$ z. B. auf $-10° < \Theta < 10°$, tritt für $\pi d/\lambda = 9$ noch keine Mehrdeutigkeit ein. Auf diese Art und Weise wird eine hohe Genauigkeit der Bestimmung des Einfallswinkels Θ erreichbar. Voraussetzung dafür ist natürlich, daß die Richtfaktoren der beiden Antennengruppen tatsächlich identisch sind.

6 Parametrische digitale Spektralschätzverfahren

Unter der folgenden Bedingung kann das Summe-Differenz-Verfahren sogar auf beliebige Antennengruppen angewendet werden: In Gleichung (6.3-1) sei die Kompensationsrichtung $\vec{e}_k$ auf eine so kleine Umgebung der Welleneinfallsrichtung $\vec{e}$ eingeschränkt, daß $(\vec{x}_m, \vec{e} - \vec{e}_k) \ll 1$ gilt. Dann können die Richtcharakteristiken (6.3-1) für jede der Antennengruppen in eine Taylorreihe entwickelt werden und bei Abbruch nach dem quadratischen Glied folgt

$$R_{\text{komp}}(\vec{e}) = \sum_{m=1}^{M} a_m - j \sum_{m=1}^{M} a_m k(\vec{x}_m, \vec{e} - \vec{e}_k)$$
$$+ \frac{1}{2} \sum_{m=1}^{M} a_m k^2 (\vec{x}_m, \vec{e} - \vec{e}_k)^2. \qquad (6.3\text{-}3)$$

Verschiebt man nun den durch

$$x_{s,l} = \frac{\sum_{m=1}^{M} a_m x_{m,l}}{\sum_{m=1}^{M} a_m}; \quad l = 1, 2, 3 \qquad (6.3\text{-}4)$$

definierten Schwerpunkt der Antennengruppe in den Koordinatenursprung, verschwindet in (6.3-3) der Imaginärteil und die Richtcharakteristik bleibt im betrachteten Bereich reell. Zusammengefaßt heißt das:

Jede beliebige kompensierte Antennengruppe kann für die Umgebung des Hauptmaximums durch nur einen, im Schwerpunkt der Gruppe liegenden Strahler ersetzt werden.

Die Amplitude des so definierten Strahlers ist durch den Richtfaktor gegeben. Die Gleichung (6.3-2) bleibt also auch dann für den gesamten genutzten Frequenzbereich richtig, wenn die beiden Antennengruppen (einzeln) für dieselbe Richtung fest kompensiert werden und für diese Richtung $R_{\text{komp}}^{(1)} = R_{\text{komp}}^{(2)}$ gilt und wenn unter d jetzt der Abstand der elektrischen Schwerpunkte der beiden Gruppen verstanden wird.

Durch Anwendung der Gleichung (6.3-1) kann für jede beliebige Antennengruppe die Richtcharakteristik berechnet werden. Zu besonders einfachen Funktionen für die Richtcharakteristik kommt man, wenn die Geometrie der Antennengruppe einfach ist. Dazu wollen wir nun zwei Beispiele betrachten:

Beispiele

(i) Die gerade Gruppe Als gerade Gruppe wird eine Anordnung von M Antennenelementen, die im selben Abstand d voneinander längs einer Geraden angeordnet sind, bezeichnet. Werden die Verstärkungen für die

6.3 Funkpeilung und Prozeßmodelle 161

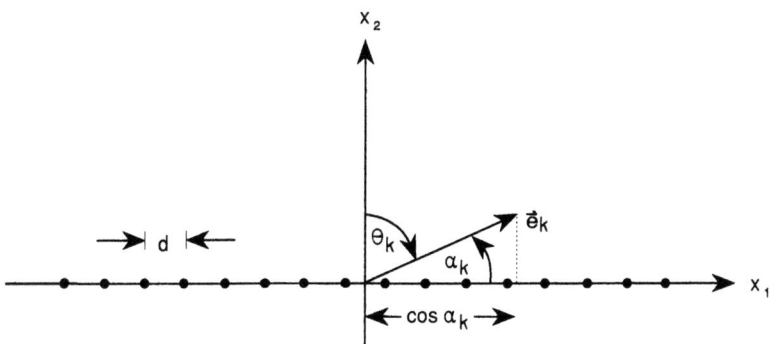

Bild 6.3-4 Gerade Antennengruppe

Elemente alle gleich gewählt $\left(a_m = \dfrac{1}{M}\right)$, die Elemente längs der x_1-Achse angeordnet und als Mittelpunkt der Antennengruppe der Koordinatenursprung gewählt (siehe Bild 6.3-4) ergibt sich aus (6.3-1) (vergleiche [STE 50]):

$$R_{\text{komp}}(\alpha) = \frac{\sin\left\{\dfrac{M\pi d}{\lambda}(\cos\alpha - \cos\alpha_k)\right\}}{M \sin\left\{\dfrac{\pi d}{\lambda}(\cos\alpha - \cos\alpha_k)\right\}} \qquad (6.3\text{-}5)$$

Ist $\dfrac{\pi d}{\lambda}$ klein, d. h. stehen die Einzelstrahler dicht zusammen, kann die Sinusfunktion im Nenner der rechten Seite von (6.3-5) durch ihr Argument ersetzt werden. Führt man dann noch den Winkel $\Theta = 90° - \alpha$ ein, ergibt sich die bekannte Formel für die Richtcharakteristik der geraden Gruppe

$$R_{\text{komp}}(\Theta) = \frac{\sin\left\{\dfrac{M\pi d}{\lambda}(\sin\Theta - \sin\Theta_k)\right\}}{\dfrac{M\pi d}{\lambda}(\sin\Theta - \sin\Theta_k)}. \qquad (6.3\text{-}6)$$

Eine verstärkte Dämpfung der Nebenkeulen von (6.3-6) läßt sich auf Kosten einer Verbreiterung der Hauptkeule durch eine zum Rand hin abfallende Verstärkung der Einzelelemente erreichen. Dieses Vorgehen entspricht genau der „Fensterung" der Abtastwerte eines Signals vor der Anwendung der FFT (vergleiche Unterabschnitt 4.2.2).

(ii) Die Kreisgruppe Bild 6.3-5 zeigt im gleichen Abstand über einen Kreis vom Radius r in der x_1-x_2-Ebene verteilte Einzelstrahler, deren gegenseitiger Abstand kleiner als $\lambda/2$ sei. Der Koordinatenursprung liege im Mittelpunkt

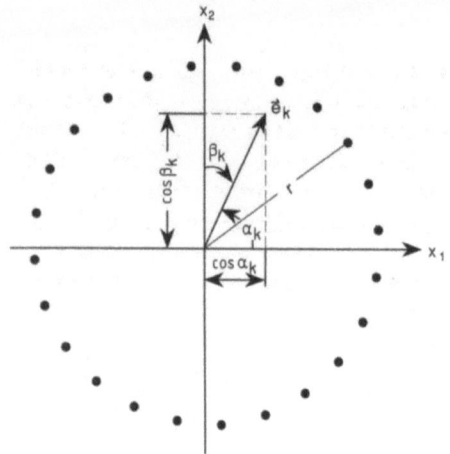

Bild 6.3-5
Kreisgruppe

des Kreises. Aus (6.3-1) ergibt sich dann die kompensierte Richtcharakteristik der Kreisgruppe:

$$R_{\text{komp}}(\alpha) = J_0 \left\{ \frac{2\pi r}{\lambda} \cdot 2 \sin\left(\frac{\alpha - \alpha_k}{2}\right) \right\} \tag{6.3-7}$$

(vergleiche [STE 50]). In (6.3-7) ist J_0 die Besselsche Funktion erster Gattung nullter Ordnung. Ein Beispiel für eine realisierte Kreisgruppenantenne (Frequenzbereich: 6 MHz bis 25 MHz) zeigt Bild 6.3-6.

Bild 6.3-6
Realisierte Kreisgruppe

6.3.2 Wullenwever-Systeme

Bild 6.3-7 zeigt die schematische Darstellung einer speziellen Kreisgruppenantenne, deren einzelne Elemente bei der höchsten Betriebsfrequenz des Systems einen gegenseitigen Abstand von etwa $\lambda/2$ haben. Der Abstand der Kreisgruppe zur Reflektorwand, die zur Unterdrückung der rückwärtigen Strahlung dient, beträgt, ebenfalls bei der höchsten Betriebsfrequenz, $\lambda/4$. Die Richtcharakteristik des Antennensystems wird erzeugt, indem jeweils mehrere Elemente zu zwei Antennengruppen, deren Schwerpunkte an der unteren Grenze des genutzten Frequenzbereichs einen Abstand von gut zwei

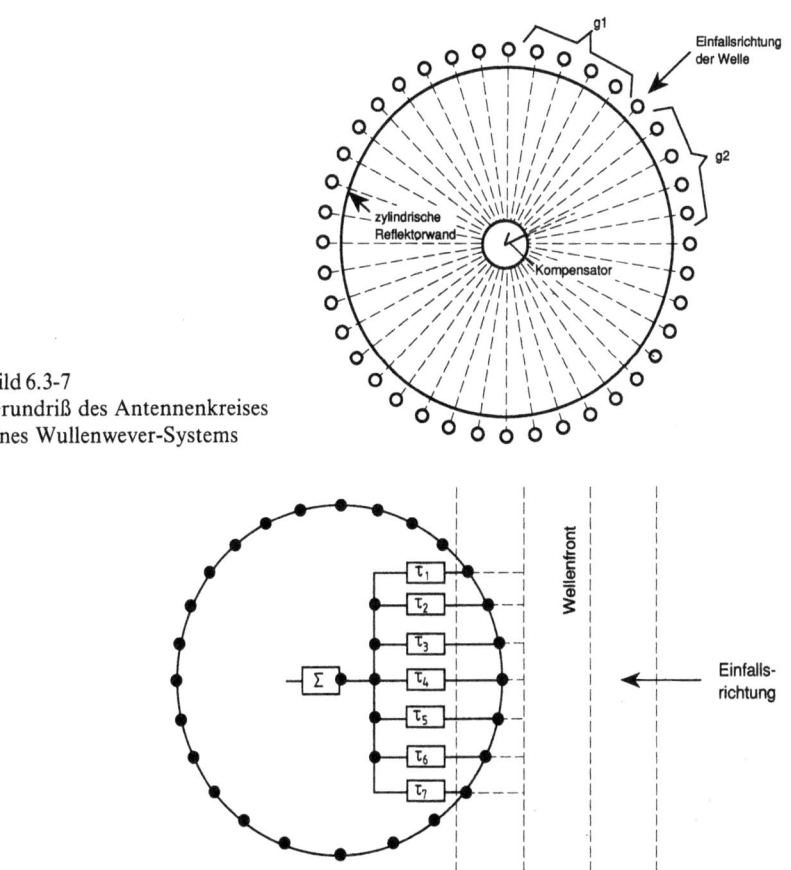

Bild 6.3-7
Grundriß des Antennenkreises
eines Wullenwever-Systems

Bild 6.3-8
Laufzeitkompensation

τ_i Verzögerungsglieder
Σ Summierer

164   6 Parametrische digitale Spektralschätzverfahren

Wellenlängen haben, zusammengefaßt werden. Zum Ausgleich der Laufzeitunterschiede zwischen den einzelnen Elementen werden frequenzunabhängige Laufzeitkompensatoren benutzt. Damit kann erreicht werden, daß sich jede der beiden Antennengruppen so verhält, als seien ihre Elemente auf einer im Azimut schwenkbaren Geraden angeordnet. Zur Verdeutlichung ist in Bild 6.3-8 nochmals das Kompensationsprinzip skizziert.

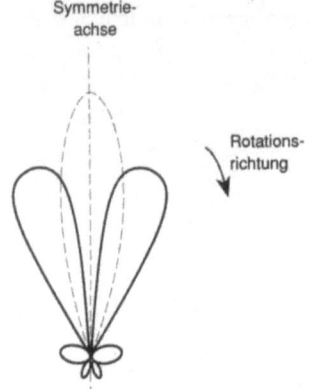

Bild 6.3-9
Richtcharakteristik eines Wullenwever-Systems:
Summen- und Differenz-Diagramm
(Summenkeule gestrichelt)

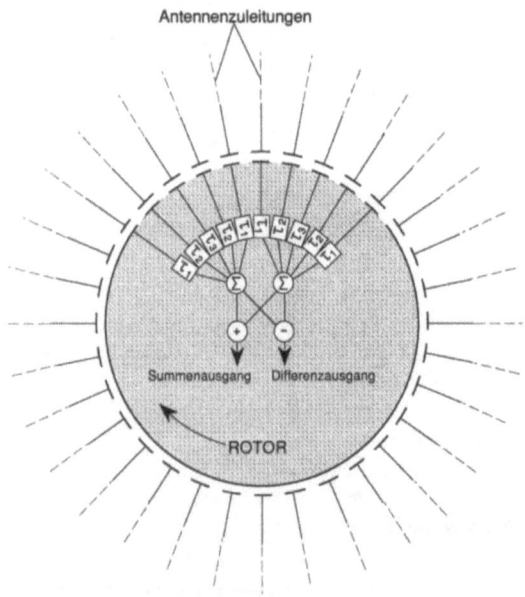

Bild 6.3-10
Rotierendes Goniometer
(schematisch)

6.3 Funkpeilung und Prozeßmodelle 165

Bild 6.3-9 zeigt die elektronisch über den Antennenkreis rotierende Antennencharakteristik. Als Laufzeitkompensator dient z. B. ein rotierendes Goniometer, das schematisch in Bild 6.3-10 dargestellt ist. Die praktische Ausführung eines rotierenden Goniometers zeigt Bild 6.3-11.

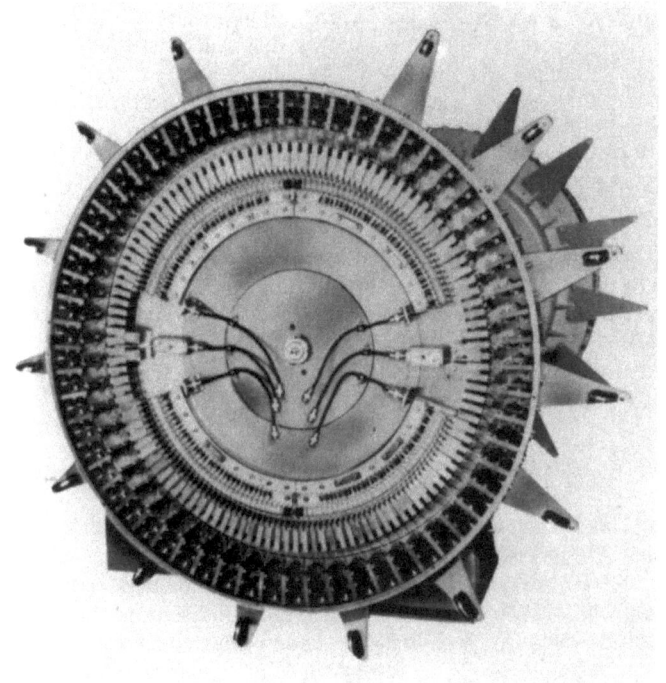

Bild 6.3-11 Realisiertes Goniometer (Foto: OLEKTRON, Webster, Massachusetts)

Wenn mit der Differenzkeule die minimale Spannung zwischen den beiden Maxima gemessen wird, zeigt die Richtcharakteristik in Richtung der einfallenden Welle. Eine Peilrichtungsanzeige ist z. B. mit dem Summe-Differenz-Verfahren möglich.

Während des zweiten Weltkriegs wurde auf deutscher Seite ein Antennensystem der hier beschriebenen Art für den Kurzwellenbereich unter der Tarnbezeichnung „Wullenwever" aufgebaut. Später wurde dieser Name allgemein für solche Antennensysteme übernommen.

Die Antennencharakteristik eines Wullenwever-Systems hängt von seiner Betriebfrequenz ab, daher kann bei gegebenem Antennenkreis höchstens ein Frequenzbereich der Größe 1:4 zufriedenstellend abgedeckt werden. Die

Nutzung im gesamten Kurzwellenband (etwa 2 MHz bis 30 MHz) erfordert jedoch einen Frequenzbereich der Größe 1:15. Eine Lösung bieten Mehrkreissysteme, z. B. mit einem inneren Kreis von 50 m Durchmesser für den höherfrequenten und mit einem äußeren Kreis von 150 m für den niederfrequenten Teil des Kurzwellenbandes. Werden mehrere Goniometerschalter eingebaut, kann ein Wullenwever-System gleichzeitig für die Erfassung oder Peilung mehrerer Signale benutzt werden. Auf einer Frequenz kann dann z. B. eine Summenkeule zum Mithören einer Sendung dienen, während auf einer anderen Frequenz mit einer Differenzkeule eine Präzisionspeilung durchgeführt und gleichzeitig auf wieder anderen Frequenzen nach weiteren Signalen gesucht wird. Wegen ihrer (aufgrund der großen Apertur) hohen Empfindlichkeit, eignen sich Wullenwever-Systeme besonders zur Erfassung weit entfernter Signalquellen.

Wullenwever-Systeme werden bisher mit mechanisch rotierenden Goniometern der in Bild 6.3-11 gezeigten Art ausgerüstet. Die mechanische Rotation beschränkt die Rotationsgeschwindigkeit. Neue Entwicklungen zielen darauf, Wullenwever-Systeme mit elektronischen Goniometern auszurüsten, deren Arbeitsweise als Spezialfall der im folgenden betrachteten Verfahren angesehen werden kann.

6.3.3 Antennengruppen und digitale Spektralschätzverfahren

Im Unterabschnitt 6.3.1 haben wir gesehen, daß eine Richtstrahlbildung durch eine Antennengruppe erfolgt, indem die Ausgänge der einzelnen Elemente gewichtet, geeignet zeitlich verzögert und anschließend (additiv) zusammengefaßt werden. Mit zunehmender Leistungsfähigkeit der für die digitale Signalverarbeitung zur Verfügung stehenden Bausteine (Analog/Digital-Wandler, Digitalfilterchips, Prozessoren für die Signalauswertung) läßt sich dieses einfache Prinzip so anwenden, daß die Richtstrahlbildung nicht mehr durch ein analoges Bauelement erreicht, sondern synthetisch im Rechner erzeugt wird. Dabei lassen sich z. B. die in Abschnitt 6.2 diskutierten Spektralschätzverfahren zur digitalen Richtstrahlbildung einsetzen ([JOH 82], [KAY 81], [THO 82]). Für die folgenden Betrachtungen lassen wir hier, wie in 6.3.1 angekündigt, zu, daß die Elemente der Antennengruppe im Raum verteilt sind (siehe Bild 6.3-12). Die als eben angenommene Welle $s(t, \vec{x})$ breite sich in Richtung des Einheitsvektors $-\vec{e}_k$ aus, die Antennengruppe am Empfangsort bestehe aus M Einzelstrahlern. Der m-te Einzelstrahler stehe im durch den Ortsvektor $\vec{x}_m$ gegebenen Punkt P_m ($1 \leqslant m \leqslant M$). Dort wird der Spannungsverlauf

$$z_m(t) = s\left(t + \frac{(\vec{x}_m, \vec{e}_k)}{c}\right) + n_m(t); \quad m = 1, 2, \ldots, M; \quad (6.3\text{-}8)$$

gemessen. In (6.3-8) ist mit c wieder die Lichtgeschwindigkeit bezeichnet und

6.3 Funkpeilung und Prozeßmodelle

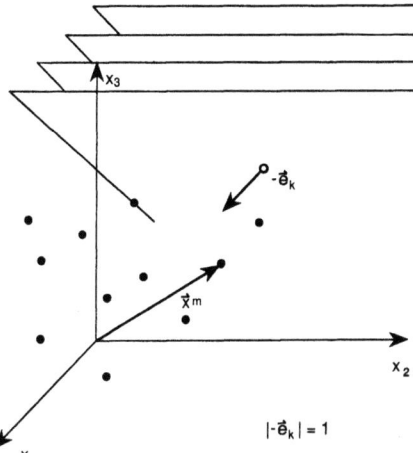

Bild 6.3-12
Einfall einer ebenen Welle
auf eine im Raum verteilte Gruppe
von Einzelstrahlern

$(\vec{x}_m, \vec{e}_k)/c$ gibt die Phasenlage der ungestörten Welle im Punkt P_m bezüglich des Koordinatenursprungs an. Von den an den Elementen der Antennengruppe anliegenden Rauschkomponenten $n_m(t)$; $n = 1, 2, \ldots, M$; wird vorausgesetzt, daß sie untereinander und gegenüber dem Signal vollständig unkorreliert und identisch verteilt sind.

Nach dem Kompensationsprinzip entsteht ein Richtstrahl (Englisch: beam) durch Wichtung der Spannungsverläufe an den M Einzelstrahlern, ihre zeitliche Verzögerung und anschließende Addition:

$$y(t, \vec{e}) = \sum_{m=1}^{M} a_m z(t - \tau_m), \quad a_m \in \mathbb{C}, \tau_m = \frac{(\vec{x}_m, \vec{e})}{c} \quad (6.3\text{-}9)$$

Durch geeignete Wahl der Verzögerungen wird nun ein aus der Richtung $\vec{e}_k$ einfallendes Signal verstärkt, während Signale aus allen anderen Richtungen nicht verstärkt werden. Dies wird offensichtlich erreicht, wenn sämtliche Verzögerungen so eingestellt werden, daß die jeweiligen Signallaufzeiten $(\vec{x}_m, \vec{e}_k)/c$ von den Punkten P_m zum Koordinatenursprung kompensiert werden. Mit dieser Wahl der τ_m tritt eine vollständige Verstärkung des Signals ein und es folgt

$$z_m(t - \tau_m) = s(t) + n_m(t - \tau_m).$$

Der zugehörige Richtstrahl (6.3-9) ergibt sich, wenn wir annehmen, daß alle Verstärkungen $a_m = 1$ sind, zu:

$$y(t, \vec{e}) = Ms(t) + \sum_{m=1}^{M} n_m(t - \tau_m)$$

6 Parametrische digitale Spektralschätzverfahren

Wegen der von den Störprozessen $n_m(t)$ erfüllten Voraussetzungen, verstärkt die so durchgeführte Richtstrahlbildung die Signalenergie um den Faktor M^2, während die Rauschenergie nur um den Faktor M verstärkt wird:

$$Q(\vec{e}) = \int y^2(t,\vec{e})\,\mathrm{d}t = M^2 \int s^2(t)\,\mathrm{d}t + M \int n_m^2(t)\,\mathrm{d}t.$$

$Q(\vec{e})$ gibt die von der Einfallsrichtung $\vec{e}$ abhängige (räumliche) Verteilung der Energie wieder. Die lokalen Maxima dieser Energieverteilung werden durch aktive Sender bestimmt und die Richtungen, aus denen die zugehörigen Signale einfallen, lassen sich aus den Richtungen, in denen diese Maxima auftreten, ableiten.

Mit $Z_m(\omega)$ bezeichnen wir die Fouriertransformierte von $z_m(t)$ und berechnen die Fouriertransformierte des Richtstrahls (6.3-9). Mit der Kreiswellenzahl $k = \dfrac{2\pi}{\lambda} = \dfrac{\omega}{c}$ ergibt sich

$$Y(\omega,\vec{e}) = \sum_{m=1}^{M} a_m e^{-\mathrm{j}\omega \frac{(\vec{x}_m,\vec{e})}{c}} \cdot Z_m(\omega)$$

$$= \sum_{m=1}^{M} a_m e^{-\mathrm{j}k(\vec{x}_m,\vec{e})} \cdot Z_m(\omega) \qquad (6.3\text{-}10)$$

Für den Sonderfall, daß nur eine Welle aus der Richtung $\vec{e}_k$ einfällt, erhalten wir mit

$$z_m(t) = s\!\left(t + \frac{(\vec{x}_m,\vec{e}_k)}{c}\right) \quad \text{und} \quad Z_m(\omega) = S(\omega)\,e^{\mathrm{j}k(\vec{x}_m,\vec{e}_k)}:$$

$$Y(\omega,\vec{e}) = S(\omega) \sum_{m=1}^{M} a_m e^{-\mathrm{j}k(\vec{x}_m,\vec{e}-\vec{e}_k)} = S(\omega) R_{\text{komp}}(\vec{e}) \qquad (6.3\text{-}11)$$

Damit haben wir die folgende wichtige Aussage: Die Fouriertransformierte $Y(\omega,\vec{e})$ des Richtstrahls $y(t,\vec{e})$ ist der kompensierten Richtcharakteristik (6.3-1) der Antennengruppe proportional.

Wie oben bereits diskutiert, zeigen die Vektoren $\vec{e}$, für die $Q(\vec{e})$ lokale Maxima besitzt, in Richtung auf aktive Sender. Für schmalbandige Signale, die ihre gesamte Leistung an der Frequenz ω_0 konzentriert haben, gilt wegen der Parsevalschen Formel (2.1-8) mit (6.3-11):

$$Q(\vec{e}) = \frac{1}{2\pi}\,|Y(\omega_0,\vec{e})|^2 = \sigma_S^2 \left| \sum_{m=1}^{M} a_m e^{-\mathrm{j}k_0(\vec{x}_m,\vec{e}-\vec{e}_k)} \right|^2,$$

worin mit $\sigma_S = \sqrt{\dfrac{1}{2\pi}\,S(\omega_0)S^*(\omega_0)}$ die Signalleistung bezeichnet ist.

6.3 Funkpeilung und Prozeßmodelle

Der hier verfolgte Ansatz der rechnerischen Richtstrahlbildung führt wie die in 6.3.1 dargestellte Theorie der Antennengruppen auf die kompensierte Richtcharakteristik. Im folgenden Schritt schreiben wir nun die erhaltenen Formeln in Matrizengleichungen um. So erhalten wir eine Darstellung, die es gestattet, den Zusammenhang zu den in Abschnitt 6.2 behandelten digitalen Spektralschätzmethoden herzustellen.

Dazu bezeichnen wir mit $\vec{z}(t)$ den (zeitlich veränderlichen) Vektor der an den M Antennenelementen aufgenommenen Spannungsverläufe und mit $\vec{Z}(\omega)$ den Vektor der zugehörigen Fouriertransformierten. Aus den konjugiert komplexen Summanden der natürlichen Richtcharakteristik $R_{\text{nat}}(\vec{e})$ bauen wir den Vektor $\vec{A}$ auf. Die Komponenten von $\vec{A}$ sind also

$$A_m = a_m^* e^{jk(\vec{x}_m, \vec{e})}; \quad m = 1, 2, \ldots, M.$$

In Gleichung (6.3-10) eingesetzt, ergibt sich

$$Y(\omega, \vec{e}) = (\vec{A}, \vec{Z}(\omega)) = \vec{A}^H \vec{Z}(\omega).$$

Der Vektor $\vec{Z}$ ist von der Form $\vec{Z} = \sigma_S \vec{S}_k + \sigma_N \vec{N}$, worin $\vec{S}_k$ die Fouriertransformierte eines in Richtung $\vec{e}_k$ einfallenden Signalvektors mit ebenen Wellenfronten darstellt

$$S_{k,m}(\omega) = e^{j\frac{\omega}{c}(\vec{x}_m, \vec{e}_k)}; \quad m = 1, 2, \ldots, M;$$

und $\vec{N}$ ein Rauschanteil ist. Die Vektoren $\vec{S}_k$ und $\vec{N}$ sind so normiert, daß σ_S und σ_N die Signal- bzw. die Rauschleistung an jedem einzelnen Antennenelement wiedergeben.

Das Rauschen ist ein Zufallsprozeß, daher wird die auf der Frequenz ω aus der Richtung $\vec{e}$ einfallende Energie über eine Erwartungswertbildung berechnet:

$$\begin{aligned}Q(\vec{e}) &= E\{|Y(\omega, \vec{e})|^2\} = E\{|\vec{A}^H \vec{Z}|^2\} \\ &= E\{\vec{A}^H \vec{Z} \vec{Z}^H \vec{A}\} = \vec{A}^H E\{\vec{Z} \vec{Z}^H\} \vec{A} = \vec{A}^H R \vec{A}\end{aligned} \quad (6.3\text{-}12)$$

R stellt in Gleichung (6.3-12) die (räumliche) Kreuzleistungsdichtematrix der Sensorausgänge dar, deren Elemente sich im störungsfreien Fall zu

$$R_{m_1, m_2} = \sigma_S^2 e^{-j\frac{\omega}{c}(\vec{x}_{m_1} - \vec{x}_{m_2}, \vec{e}_k)}$$

berechnen. Im gestörten Fall gilt

$$R = \sigma_N^2 R_N + \sigma_S^2 \vec{S}_k \vec{S}_k^H,$$

mit der (räumlichen) Kreuzleistungsdichtematrix R_N der Störungen. Für die Rauschprozesse an den Einzelsonden wurde zu Anfang dieses Unterabschnitts angenommen, daß sie untereinander und gegenüber dem Signal vollständig

6 Parametrische digitale Spektralschätzverfahren

unkorreliert und identisch verteilt sind. Damit folgt $R_N = I$ mit der $(M \times M)$-Einheitsmatrix I.

Die Spektralschätzung mit Gleichgewichtung der Sensorausgänge ergibt sich, wenn alle Gewichtsfaktoren $a_m = 1$ gewählt werden. Der zugehörige Schätzer für die Energieverteilung über der Einfallsrichtung $Q(\vec{e})$, die auch als Spektrum bezeichnet wird, entspricht der konventionellen Richtstrahlbildung

$$Q_G(\vec{e}) = \vec{S}^H R \vec{S} \qquad (6.3\text{-}13)$$

mit $\quad S_m = e^{j\frac{\omega}{c}(\vec{x}_m, \vec{e})}; \quad m = 1, 2, ..., M.$

Für räumlich weiße Störprozesse ergibt sich für die einfallende Energie, wenn der Richtstrahl in Richtung $\vec{e}_k$, d. h. auf den Sender zu zeigt:

$$Q_G(\vec{e}_k) = M^2 \sigma_S^2 + M \sigma_N^2$$

Die Richtungsbestimmung wird durch die Berechnung der lokalen Maxima der Energieverteilung $Q(\vec{e})$, die die Richtungen $\vec{e}$, die auf aktive Sender deuten, wiedergibt, durchgeführt.

Da jede Antennengruppe eine endliche Apertur besitzt, ist die erzielbare Winkelauflösung beschränkt. Bei Anwendung der Spektralschätzmethode mit Gleichgewichtung der Sensorausgänge scheint das aus einer (bekannten) Richtung einfallende Signal aus einer dominanten, jedoch diffusen Richtung zu kommen. Bild 6.3-13(a) zeigt ein qualitatives Beispiel: Als Antennenfeld wurde dabei eine aus zehn, im Abstand $\lambda/2$ voneinander aufgestellten, Elementen bestehende lineare Gruppe angenommen. Das Signal/Rausch-Verhältnis an jedem der Elemente ist 0 dB.

Störende Nebenzipfel, die auf die Gleichgewichtung der Sensorausgänge zurückzuführen sind, treten auf. Eine andere Wahl der Gewichtsfaktoren bewirkt zwar eine Dämpfung der Nebenzipfel, verbreitert aber in jedem Fall die Hauptkeule. Eine wirklich verbesserte Peilwinkelauflösung wird so nicht erreicht: Sie ist ohne eine Vergrößerung der Apertur nicht machbar. Mit anderen Worten: Die Ausdehnung der Antennengruppe muß vergrößert werden.

Ein anderer Weg, die Nachteile der Gleichgewichtung zu umgehen, ist die Anwendung hochauflösender Spektralschätzverfahren ([JOH 82], [KAY 81]). Die Verstärkungen a_m und die Verzögerungen τ_m variieren in Abhängigkeit von der Beobachtungsrichtung $\vec{e}$ und von den Charakteristika des Wellenfeldes. Es handelt sich also um adaptive Methoden. Die wichtigsten Kriterien zu ihrer Beurteilung sind:

- Die Auflösung, d.h. die Fähigkeit, zwei gleich starke Sender, die annähernd aus derselben Richtung einfallen, zu trennen.

6.3 Funkpeilung und Prozeßmodelle   171

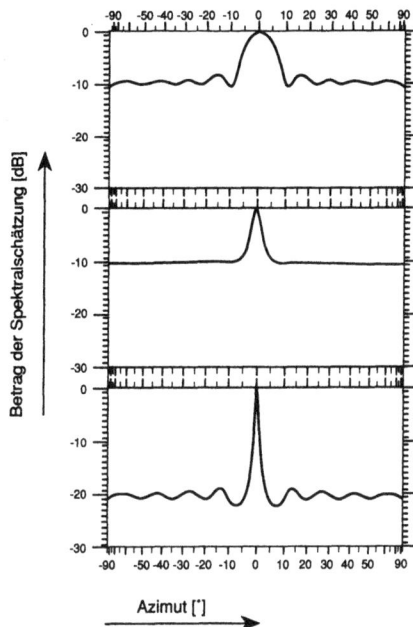

Bild 6.3-13
Zum qualitativen Vergleich von
a) Gleichverteilungs-, b) Capon- und
c) linearer Prediktionsmethode

– Die Verzerrung: Fällt auf der beobachteten Frequenz nur ein Signal auf das Antennenfeld ein, gelingt die Richtungsbestimmung im allgemeinen unverzerrt, d. h. die Richtung, in der die Funktion $Q(\vec{e})$ ihr Maximum hat, stimmt mit der Peilrichtung überein. Sind mehrere Signalquellen vorhanden, gilt diese Aussage für die verschiedenen Maxima von $Q(\vec{e})$ und die zugehörigen Peilrichtungen nicht mehr. Es treten durch die Überlagerung der Wellen Verzerrungen auf.

– Die Streuung, d. h. der Peilwinkelbereich, über den die Schätzung der Richtung, in der $Q(\vec{e})$ ihr Maximum annimmt, variiert.

Die Eigenschaften einer Peilwinkelbestimmung mit Hilfe einer Spektralschätzmethode werden offenbar im wesentlichen durch die Wahl der Verstärkungen a_m bestimmt. Dazu betrachten wir nun zwei Beispiele:

Beispiele

(a) Die Capon-Methode Die Capon-Methode wird wegen des Aussehens der Lösung (6.3-14) für die optimalen Verstärkungen $\vec{A}_{opt}$ auch als Maximum-Likelihood-Methode bezeichnet. Sie findet denjenigen Gewichtsvektor $\vec{A}$, der unter der Nebenbedingung

$$\sum_{m=1}^{M} a_m = 1 \quad \text{die minimale Energie } \vec{A}^H R \vec{A} \text{ liefert.}$$

6 Parametrische digitale Spektralschätzverfahren

Der optimale Gewichtsvektor

$$\vec{A}_{\text{opt}} = \frac{\boldsymbol{R}^{-1}\vec{S}}{\vec{S}^H \boldsymbol{R}^{-1}\vec{S}} \qquad (6.3\text{-}14)$$

ergibt sich durch Anwendung der Methode der Lagrangeschen Multiplizierer. Wird der Strahl in die durch $\vec{e}$ bestimmte Richtung geschwenkt, ist die vom Antennensystem gelieferte Energie $\vec{A}_{\text{opt}}^H \boldsymbol{R} \vec{A}_{\text{opt}}$. Für die Energieverteilung in Abhängigkeit von $\vec{e}$ ergibt sich aus (6.3-12)

$$Q_C(\vec{e}) = (\vec{S}^H \boldsymbol{R}^{-1} \vec{S})^{-1}. \qquad (6.3\text{-}15)$$

Grob lassen sich die Leistungsfähigkeiten des Schätzers mit Gleichgewichtung der Sensorausgänge und des Capon-Schätzers zur Peilrichtungsbestimmung anhand der Bilder 6.3-13(a) und 6.3-13(b) vergleichen.

Wird eine spezielle Gestalt der räumlichen Kreuzleistungsdichtematrix $\boldsymbol{R}$ angenommen, lassen sich theoretische Aussagen über den Capon-Schätzer $Q_C(\vec{e})$ (6.3-15) ableiten. Nehmen wir also an, $\boldsymbol{R}$ sei von der Form

$$\boldsymbol{R} = \boldsymbol{I} + \boldsymbol{A}\boldsymbol{B}\boldsymbol{C}^H.$$

Die Inverse der Matrix $\boldsymbol{R}$ bestimmt sich dann zu

$$\boldsymbol{R}^{-1} = \boldsymbol{I} - \boldsymbol{A}\boldsymbol{D}\boldsymbol{C}^H \text{ mit } \boldsymbol{D} = [\boldsymbol{I} + \boldsymbol{B}\boldsymbol{C}^H\boldsymbol{A}]^{-1}\boldsymbol{B}.$$

Gilt z. B.

$$\boldsymbol{R} = \sigma_N^2 \boldsymbol{I} + \sigma_S^2 \vec{S}_k \boldsymbol{I} \vec{S}_k^H,$$

folgt $\boldsymbol{A} = \boldsymbol{C} = \sigma_S \vec{S}_k$ und $\boldsymbol{B} = \boldsymbol{I}$. Daraus ergibt sich

$$\boldsymbol{R}^{-1} = \frac{1}{\sigma_N^2} \left[\boldsymbol{I} - \frac{\sigma_S^2}{M\sigma_S^2 + \sigma_N^2} \vec{S}_k \vec{S}_k^H \right].$$

Ist also der Rauschprozeß räumlich weiß und wird der Capon-Beamformer in Richtung auf die Signalquelle gehalten ($\vec{S}_k = \vec{S}$), folgt:

$$Q_C(\vec{e}_k) = \sigma_S^2 + \frac{\sigma_N^2}{M}.$$

Die Rauschenergie wird demnach bei diesem Verfahren umgekehrt proportional zur Zahl M der Antennenelemente reduziert.

(b) Lineare Prediktion Die Fouriertransformierten der Spannungsverläufe $z_m(t)$ an den m Antennenelementen ($m = 1, 2, ..., M$) seien wieder mit $Z_m(\omega)$ bezeichnet. $Z_{m_0}(\omega)$ wird durch eine gewichtete Linearkombination der

6.3 Funkpeilung und Prozeßmodelle   173

Fouriertransformierten der Ausgänge der übrigen Sensoren geschätzt:

$$\hat{Z}_{m_0} = - \sum_{m \neq m_0} a_m Z_m \tag{6.3-16}$$

Optimierungsziel der linearen Prediktion ist die Minimierung des mittleren quadratischen Vorhersagefehlers

$$E\{|Z_{m_0} - \hat{Z}_{m_0}|^2\} \to \min. \tag{6.3-17}$$

Sie liefert die optimalen Gewichtsfaktoren a_m. Es wird also

$$\vec{a} = (a_1, a_2, ..., a_{m_0-1}, a_{m_0}, a_{m_0+1}, ..., a_M)^T$$

gesetzt und (vergleiche (6.3-12))

$$E\{|\vec{a}^H \vec{Z}|^2\} = \vec{a}^H R \vec{a}$$

unter der Nebenbedingung $a_{m_0} = 1$ minimiert. Bezeichnen wir mit $\vec{u}_{m_0}$ den M-dimensionalen Vektor, der nur an der m_0-ten Komponente eine 1 und sonst nur Nullen enthält, kann die Nebenbedingung auch als inneres Produkt

$$(\vec{a}, \vec{u}_{m_0}) = 1$$

geschrieben werden. Wenden wir auch hier die Methode der Lagrangeschen Multiplizierer an, ergibt sich:

$$\vec{a}_{opt} = \frac{R^{-1} \vec{u}_{m_0}}{\vec{u}_{m_0}^H R^{-1} \vec{u}_{m_0}} \tag{6.3-18}$$

Die auf die Einfallsrichtung bezogene Energieverteilung ist der durch das Betragsquadrat des Spektrums der Prediktorkoeffizienten dividierte mittlere quadratische Vorhersagefehler:

$$Q_{LP}(\vec{e}) = \frac{\vec{a}_{opt}^H R \vec{a}_{opt}}{|\vec{a}_{opt}^H \vec{S}|^2} = \frac{\vec{u}_{m_0}^H R^{-1} \vec{u}_{m_0}}{|\vec{u}_{m_0}^H R^{-1} \vec{S}|^2} \tag{6.3-19}$$

Die lineare Prediktion liefert für die Peilrichtungsbestimmung also ein autoregressives Modell (vergleiche (6.3-19) mit (6.2-13)). Den qualitativen Vergleich mit den beiden vorher diskutierten Methoden zeigt Bild 6.3-13(c). Wird auch hier

$$R^{-1} = I - ADC^H$$

mit $D = [I + BC^H A]^{-1} B$, $A = C = \sigma_S \vec{S}_k$ und $B = I$

angesetzt, erhalten wir unter der Voraussetzung $\dfrac{M\sigma_S^2}{\sigma_N^2} \gg 1$ den Wert für $Q(\vec{e})$ für $\vec{e} = \vec{e}_k$:

$$Q_{LP}(\vec{e}_k) = M(M-1)\sigma_S^4$$

6 Parametrische digitale Spektralschätzverfahren

Die Anwendung hochauflösender Spektralschätzmethoden zur Peilung von (nicht kooperativen) Funksignalen steht erst am Anfang ihrer Entwicklung. Diese Verfahren erscheinen insofern sehr interessant, als sie relativ unabhängig von der räumlichen Verteilung der Einzelstrahler einsetzbar sind und eine hohe Flexibilität durch Anpassung des Modells für die zugrundeliegenden Signal- und Rauschprozesse bieten. Hierin sind allerdings auch die offenen Fragen bei der Anwendung dieser Verfahren begründet: Welches Verfahren arbeitet in welcher Signal/Stör-Situation optimal? Wie robust sind diese Verfahren? Für die Zukunft eröffnet sich ein weites Feld sowohl für theoretische als auch für experimentelle Untersuchungen zur Anwendbarkeit hochauflösender Spektralschätzverfahren für die Zwecke der Funkpeilung.

7 Signalanalyse in der Funkaufklärung

Eine Besonderheit des Kurzwellenbereichs (1,5 MHz, ..., 30 MHz) ist, daß hier, anders als im VHF/UHF-Bereich, kein festes Kanalraster existiert. Der Grund dafür liegt in den besonderen Ausbreitungsbedingungen im Kurzwellenbereich. Für die Analyse eines Kurzwellensignals ergibt sich daher das Problem, zunächst einmal seine Mittenfrequenz und seine Bandbreite zu finden. Das ist die Aufgabe der Bandsegmentierung.

7.1 Die Bandsegmentierung

Im Abschnitt 5.3 haben wir uns mit dem digitalen Vielkanalempfänger beschäftigt. Bild 5.3-3 zeigte das Verarbeitungsschema einer nach dem FFT-Prinzip arbeitenden Digitalfilterbank. In der Zeit $T = 2N\Delta t = N/f_g$ werden aus $2N$ Abtastwerten des reellwertigen breitbandigen Eingangssignals die N komplexen Ausgangswerte der Schmalbandkanäle $0, 1, ..., N-1$ berechnet. Digitalfilterbänke, die nach dem in 5.3.1 beschriebenen Verfahren arbeiten, können zur Segmentierung eines beobachteten Kurzwellenbandes eingesetzt werden. Mit ihrer Hilfe wird das Band in äquidistante Analysekanäle gleicher Durchlaßcharakteristik zerlegt. So ergibt sich eine (zeit- und frequenzdiskrete) komplexwertige Funktion $E(f_n, t_m)$ über der Zeit-Frequenz-Ebene, die die Information über das gesamte Band innerhalb der Beobachtungsdauer wiedergibt.

In Sonderfällen kann ein Analysekanal auch ein Informationskanal sein, im allgemeinen ist das aber nicht der Fall. Wenn die Breite der Analysekanäle so schmal gewählt wurde, daß eine sinnvolle Analyse möglich wird, müssen normalerweise die Informationskanäle aus mehreren Analysekanälen rekombiniert werden. Das kann etwa nach den in [CRO 83] beschriebenen Verfahren geschehen. Aus Aufwandsgründen bietet sich jedoch häufig eine andere Lösung an: Das Ergebnis der Segmentierung wird zur Einweisung einkanaliger Analyseeinrichtungen benutzt.

Betrachtet man $E(f_n, t_m)$ zu einem festen Zeitpunkt t_0, stellt der sich so ergebende Schnitt $E(f_n, t_0)$ ein (komplexwertiges) Momentanspektrum dar. Andererseits erhält man für einen festgehaltenen Analysekanal, d. h. für die feste Frequenz f_0, als Schnitt $E(f_0, t_m)$ eine Zeitfunktion, die (s. o.) im allgemeinen aber kein Signal ist.

Berechnet man aus der Funktion $E(f_n, t_m)$ den Betragsverlauf $A(f_n, t_m) = |E(f_n, t_m)|$, erhält man statt der Momentanspektren Momentanbetragsspektren. Diese können (vergleiche den rechten unteren Teil von Bild 5.3-6) unmittelbar über der Zeit-Frequenz-Ebene anschaulich dargestellt

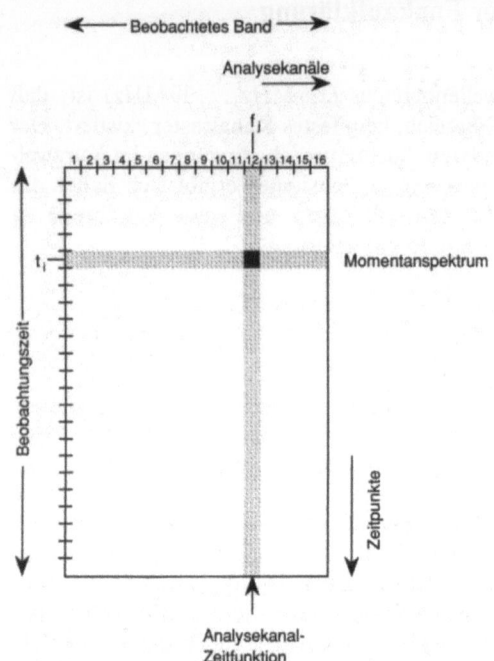

Bild 7.1-1
Zeit-Frequenz-Analyseraster

werden. Die in der zeitlichen Schnittrichtung (siehe Bild 7.1-1) auf diese Weise erzeugten Analysekanal-Betragszeitfunktionen repräsentieren den Energieverlauf im Analysekanal über der Zeit. Ähnlich zu der bereits zitierten Darstellung in Bild 5.3-6 wird das Verfahren anschaulich, wenn man sich vorstellt, die von $A(f_n, t_m)$ angenommenen Werte seien farbcodiert. Dann ergibt sich über der Zeit-Frequenz-Ebene ein Bild, das einer geographischen Höhenkarte ähnelt. Der Farbskala entspricht hier die Größe der Energie. Ein Sender, der über die Beobachtungszeit seinen Pegel nicht wesentlich ändert, stellt sich in einem solchen Bild als Farbmuster dar, das eventuell über mehrere Analysekanäle reicht und über eine gewisse Zeit konstant bleibt. Anhand eines solchen Bildes ist es einem Operateur, der mit der Aufgabenstellung der Breitbandanalyse vertraut ist, u. U. möglich, die Segmentierung des beobachteten Bandes durchzuführen. Im folgenden soll kurz eine Methode skizziert werden, die es gestattet, dieses Problem automatisch zu lösen.

Dazu beschaffen wir uns ein zweites Bild $P(f_n, t_m)$ über derselben Zeit-Frequenz-Ebene. Dieses Bild enthält Informationen, die in $A(f_n, t_m)$ nicht enthalten sind und die eine automatische Segmentierung von $E(f_n, t_m)$ erlauben. $P(f_n, t_m)$ wird erzeugt, indem man statt nur einer Digitalfilterbank eine Vielkanalpeilanlage mit mehreren Empfangszügen (siehe Bild 7.1-2), die

7.1 Die Bandsegmentierung 177

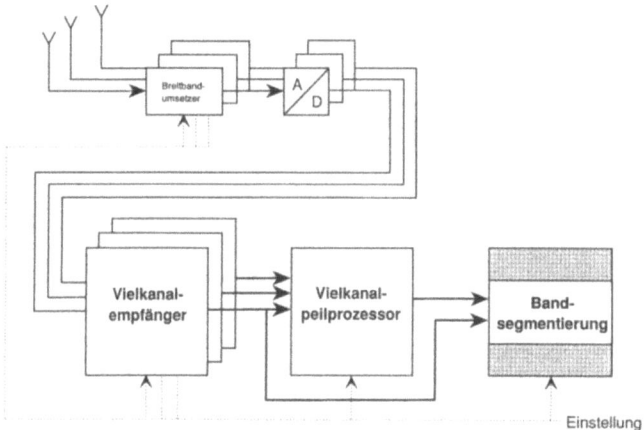

Bild 7.1-2 Vielkanalpeiler und Bandsegmentierung

z. B. nach dem Interferometer-Prinzip (Abschnitt 5.4-3) arbeitet, benutzt, um zu jedem Abtastzeitpunkt t_i in jedem Analysekanal f_j den Azimutwinkel zu berechnen, unter dem Energie in diesen Analysekanal einfällt. Werden in dieser Darstellung die Werte der Azimutwinkel farbcodiert, ergibt sich wieder ein Bild, das einer Höhenkarte ähnelt. Als Streifenmuster in Zeitrichtung zeichnen sich darin die Informationskanäle ab, in die nämlich Energie aus derselben Richtung einfällt. Vorteilhaft erscheint hier, daß azimutal zusammengehörige Streifen in $P(f_n, t_m)$ farbgleich erscheinen. Das läßt anhand dieses Bildes die gewünschte Segmentierung zu. An einem einfach zu konstruierenden Beispiel kann man sich schnell klar machen, daß es Bilder $A(f_n, t_m)$ gibt, die allein eine Segmentierung nicht zulassen.
Die aus der vorhergehenden Diskussion abzuleitende **Segmentierungsvorschrift** für Kurzwellensignale lautet also:
Fasse alle die Analysekanäle zu einem Informationskanal zusammen, die
1) Energie unter demselben Azimutwinkel empfangen,
2) auf der Frequenzachse nicht weiter als eine vorgegebene Schranke auseinander liegen.
Eine Bandsegmentierung ist, und das darf hier nicht verschwiegen werden, nicht ohne prinzipielle Probleme. Eine online-Echtzeitsegmentierung ist unmöglich, weil einerseits für eine Segmentierung zunächst hinreichend viele Informationen über das beobachtete Frequenzband gesammelt werden müssen und andererseits unter Echtzeitbedingungen die Segmentierung laufend angepaßt werden müßte, was weder durchführbar noch wünschenswert ist. Die Zeitdauer, in der es prinzipiell möglich ist, hinreichend viele Informationen über das Band zu sammeln, wird im wesentlichen von der Breite der

Analysekanäle, d. h. von der Auflösung der FFT-Filterbank, und von der verlangten Azimutgenauigkeit bestimmt.

7.2 Automatische Klassifikation von Kurzwellensignalen

Wir gehen nun davon aus, daß die Mittenfrequenz und die Bandbreite des zu analysierenden Signals $s(t)$ bekannt sind, und fragen nach der Modulationsart von $s(t)$. D. h. ein Kurzwellensender sendet ein Signal $s(t)$ aus, das von einem Funküberwachungsgerät empfangen wird. Dieses Gerät soll die Modulationsart, mit der der Sender arbeitet, feststellen.

Die so formulierte Aufgabe kann als Mustererkennungsproblem aufgefaßt werden und wird dementsprechend durch den Einsatz von Methoden der Mustererkennung und der digitalen Signalverarbeitung gelöst.

7.2.1 Komponenten des Signalklassifikators

In der Sprache der Mustererkennung wird in diesem Zusammenhang die Gesamtheit aller Signale

$$S = \{s(t); t \in T\}, \qquad (7.2\text{-}1)$$

die im Kurzwellenbereich auftreten können, als Problemkreis bezeichnet. Bezüglich der Modulationsarten zerfällt S in disjunkte Musterklassen S_k; $k = 1, 2, \ldots, K$:

$$S = \sum_{k=1}^{K} S_k \qquad (7.2\text{-}2)$$

Zur Beschreibung des Problemkreises steht eine repräsentative gekennzeichnete Lernstichprobe

$$L = \{s_1(t), s_2(t), \ldots, s_I(t)\} \subset S \qquad (7.2\text{-}3)$$

zur Verfügung. Nach der mit Hilfe der Lernstichprobe L durchgeführten Adaption ist der Signalklassifikator dazu in der Lage, ein vorgelegtes Signal genau einer der Klassen S_k zuzuordnen. Die Zuordnung geschieht auf der Basis eines aus dem Signal $s(t)$ berechneten Merkmalsvektors $\vec{v}$. Die Struktur des Signalklassifikators zeigt Bild 7.2-1.

Das Gerät besteht aus den Komponenten Vorverarbeitung, Merkmalsextraktion und Klassifikation. Die Adaption der Klassifikationsstufe des hier beschriebenen Geräts erfolgte off-line auf einem Großrechner. Die Komponenten des Signalklassifikators sind in Bild 7.2-2 skizziert und werden im folgenden näher diskutiert.

7.2 Automatische Klassifikation von Kurzwellensignalen

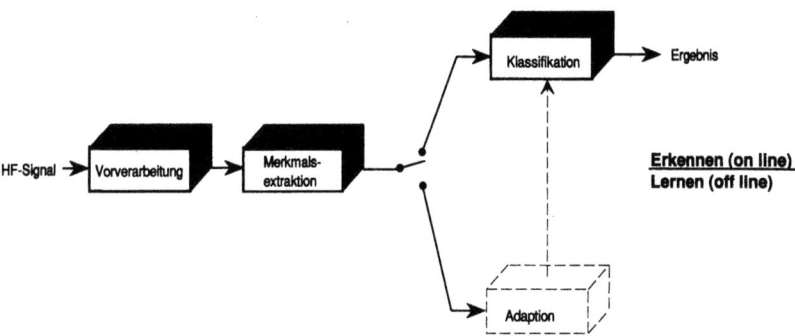

Bild 7.2-1 Struktur eines Signalklassifikators

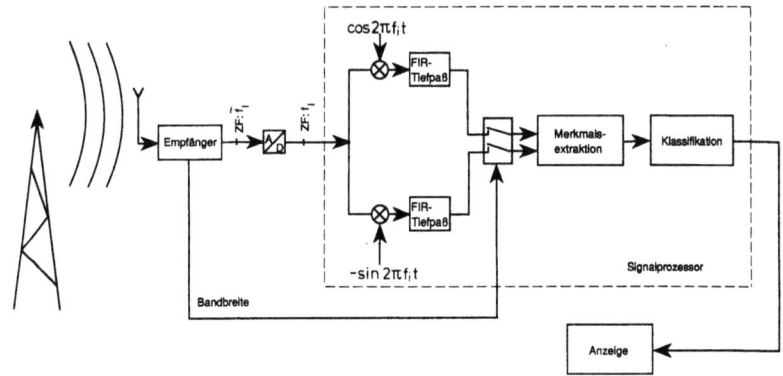

Bild 7.2-2 Komponenten eines Signalklassifikators

7.2.2 Die Vorverarbeitung

Wie aus Abschnitt 2.4 bekannt ist, läßt sich jedes Funksignal mit Sinusträger und damit auch jedes Element von S in der Form

$$s(t) = 4a(t) \cos \{\omega_c t + \omega(t)t + \Theta(t)\} \tag{7.2-4}$$

darstellen. Die Parameter des Signals $s(t)$ sind die Amplitude $a(t)$, die Informations-Kreisfrequenz $\omega(t)$, die relative Nullphase $\Theta(t)$ und die Träger-Kreisfrequenz $\omega_c = 2\pi f_c$.

Von der Antenne kommend, erreicht das Signal $s(t)$ einen Kurzwellenempfänger, der das Signal zunächst auf die Zwischenfrequenz $\tilde{f}_i = 200$ kHz umsetzt. Das Zwischenfrequenzsignal kann also

$$\tilde{s}_i(t) = 2a(t) \cos \{\tilde{\omega}_i t + \omega(t)t + \Theta(t)\} \tag{7.2-5}$$

Tab. 7.2-1 Empfängerfilter

Filter	3 dB-Bandbreite [kHz]	−72 dB-Bandbreite [kHz]
1	0,3	1,0
2	0,6	1,8
3	1,5	2,5
4	3,0	4,0
5	6,0	9,0

geschrieben werden. Auf der Zwischenfrequenz wird die Hauptselektion des Signals mit (analogen) mechanischen Filtern durchgeführt, deren Durchlaß- bzw. Sperrbandbreiten in Tabelle 7.2-1 wiedergegeben sind.

Als Antialiasingfilter wird für die folgenden Überlegungen das am Ausgang des Empfänger-Hochteils liegende Quarzfilter, dessen Charakteristik in Bild 7.2-3 dargestellt ist, angesehen.

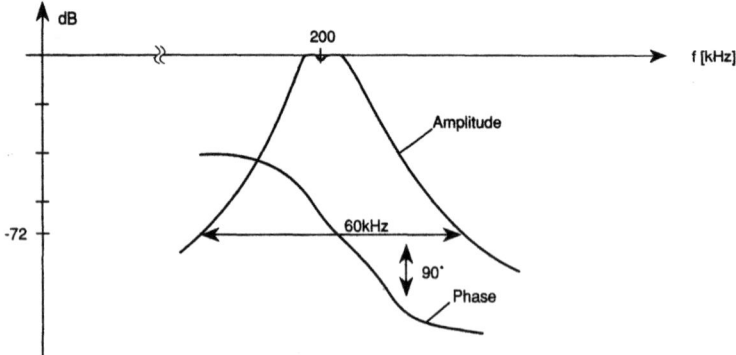

Bild 7.2-3 Charakteristik des Anti-Aliasing-Filters

Da ein Analog/Digital-Wandler mit einer Auflösung von 12 bit benutzt wird, reicht es aus, die Abtastrate so zu wählen, daß Überfaltungseffekte nur in den Frequenzbereichen auftreten, die durch das Quarzfilter um mehr als 72 dB gedämpft werden. Seine 72 dB Dämpfungspunkte liegen bei 170 kHz bzw. bei 230 kHz, d.h. diese beiden Punkte liegen 60 kHz auseinander.

Nach dem Prinzip der Bandpaßunterabtastung (Abschnitt 4.1) ergibt sich hieraus die Abtastrate $f_A = 88,8$ kHz und ein überfaltungsfreier Bereich der Breite $\Delta f_u = 28,8$ kHz. Das Bild der Zwischenfrequenz $\tilde{f}_i = 200$ kHz fällt nach der Unterabtastung auf $f_{0,A} = 22,2$ kHz.

Durch die Bandpaßunterabtastung wird aus dem Analogsignal eine Datenfolge $s_i(n\Delta t)$ von $88,8 \cdot 10^3$ Abtastwerten pro Sekunde mit einer Wortbreite

7.2 Automatische Klassifikation von Kurzwellensignalen

von 12 bit:

$$s_i(n\Delta t) = 2a(n\Delta t) \cos\{\omega_i n\Delta t + \omega(n\Delta t)n\Delta t + \Theta(n\Delta t)\},$$

$$\Delta t = \frac{1}{f_A}, n \in \mathbb{Z}. \tag{7.2-6}$$

Da für die weitere Signalverarbeitung ein 16-bit-Prozessor benutzt wird, empfiehlt es sich, die Abtastwerte zunächst mit dem Faktor 2^4 zu multiplizieren.

Die folgenden Überlegungen beziehen sich alle auf das Eindeutigkeitsintervall (−44,4 kHz; 44,4 kHz) der Bandpaßunterabtastung, das als eine Periode eines (periodischen) digitalen Spektrums anzusehen ist.

Der nächste Verarbeitungsschritt ist die komplexe Mischung des reellwertigen zeitdiskreten Signals (7.2-6) mit der Mischfrequenz $f_M = -22,2$ kHz $= -f_{0,A}$:

$$s(n\Delta t) = s_i(n\Delta t) e^{-j2\pi f_{0,A} n\Delta t} \tag{7.2-7}$$

Nach einer Filterung durch ein linearphasiges FIR-Tiefpaßfilter, dessen Amplitudengang in Bild 7.2-4 wiedergegeben ist, ergibt sich das Signal

$$s(n\Delta t) = a(n\Delta t) e^{j\{\omega(n\Delta t)n\Delta t + \Theta(n\Delta t)\}}. \tag{7.2-8}$$

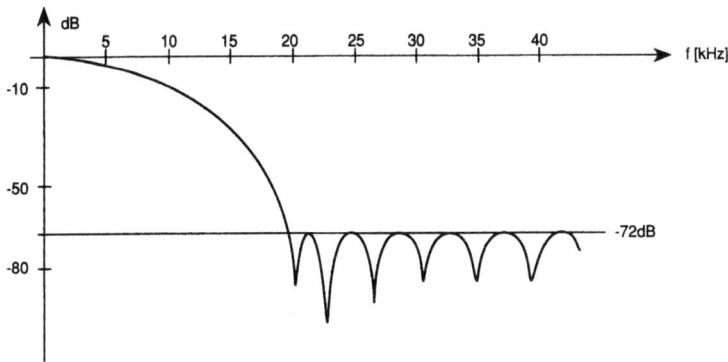

Bild 7.2-4 Amplitudencharakteristik des (linearphasigen) FIR-Tiefpasses (Abtastfrequenz 88,8 kHz)

Da bereits im vorgeschalteten Empfänger eine scharfe Bandbegrenzung vorgenommen wurde, darf die Datenrate am Ausgang des FIR-Filters um den Faktor 4 reduziert werden. Am FIR-Filterausgang liegt das Signal daher in Form einer komplexwertigen Datenfolge mit einer Abtastfrequenz von 22,2 kHz bei einer Auflösung von 16 bit vor. Der abschließende Schritt der Signalvorverarbeitung ist (vergleiche Bild 7.2-2) die Anpassung der Abtastfrequenz an die im Empfänger gewählte Selektionsbandbreite. Die reduzierten

7 Signalanalyse in der Funkaufklärung

Tab. 7.2-2 Reduzierte Abtastfrequenzen in Abhängigkeit vom Empfängerfilter

Filter	reduzierte Abtastfrequenz [kHz]
1	2,2
2	4,4
3	5,5
4	11,1
5	22,2

Abtastfrequenzen gibt Tabelle 7.2-2 wieder. Auch die reduzierten Abtastfrequenzen wurden unter Beachtung der Selektionscharakteristiken der Bandpaßfilter so gewählt, daß in relevanten Frequenzbereichen keine Überfaltungen auftreten.

Die Beobachtungszeit für einen aus 4096 komplexen Abtastwerten bestehenden Signalausschnitt variiert von 1,8 s bei einer reduzierten Abtastfrequenz $f_{A,r} = 2{,}2$ kHz bis 0,18 s bei $f_{A,r} = 22{,}2$ kHz. Aus experimentellen Voruntersuchungen ist bekannt, daß ein solcher Signalausschnitt genügend Information über die Modulationsparameter der Sendung beinhaltet, um eine automatische Modulationsartenklassifikation durchzuführen, wenn die Schrittgeschwindigkeiten der einbezogenen digitalen Datenübertragungen zwischen 10 Bd und 1200 Bd liegen.

7.2.3 Die Merkmalsextraktion

Am Ausgang der Signalvorverarbeitung wird (s. o.) die Abtastfrequenz der am Empfänger gewählten Bandbreite angepaßt. Aus dieser Datenfolge wird für die Weiterverarbeitung ein Ausschnitt der festen Länge M (hier: $M = 4096$) herangezogen. Dieser Signalausschnitt, d. h. die Menge

$$\{s_m\}_{m=1}^{M} = \{s(t_m)\}_{m=1}^{M}, \quad t_m = \frac{m}{f_{A,r}} \qquad (7.2\text{-}9)$$

von Abtastwerten, wird im folgenden als digitale Version eines Musters angesehen.

Aus (7.2-9) können für jeden Abtastzeitpunkt t_m; $m = 1, 2, ..., M$; die Werte von Amplitude, Momentanfrequenz und relativer Nullphasenlage geschätzt werden. Aus diesen Schätzwerten werden nun Statistiken in Form von Histogrammen gewonnen, die nach geeigneten Normierungen als Merkmalsvektoren angesehen werden können (siehe Bild 7.2-5).

7.2 Automatische Klassifikation von Kurzwellensignalen   183

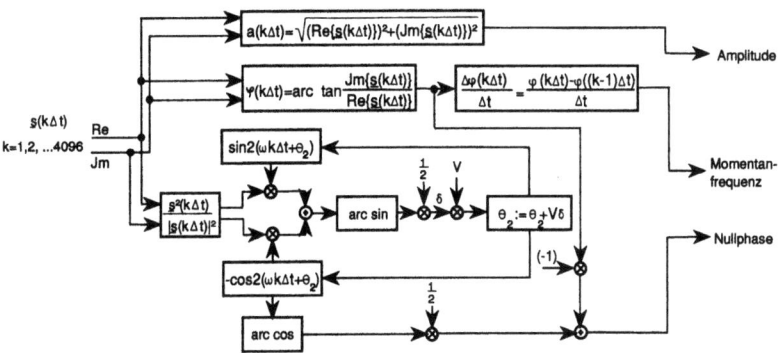

Bild 7.2-5 Merkmalsextraktion

Vor der Berechnung des Amplitudenhistogramms für die Abtastwerte (7.2-9) wird eine Normierung auf den größten Amplitudenwert vorgenommen:

$$a_{\max} = \max_{1 \leq m \leq M} |s_m|, \quad \{a_m^{(n)}\}_{m=1}^M := \left\{\frac{|s_m|}{a_{\max}}\right\}_{m=1}^M \tag{7.2-10}$$

Die Amplitudenwerte $a_m^{(n)}$; $m = 1, 2, \ldots, M$; werden in ein Histogramm von 32 gleich breiten Zellen sortiert.

Die Phase φ_m des Abtastwertes s_m ist der Winkel, den der zugehörige zweidimensionale Vektor in der komplexen Ebene mit der positiven Realteilachse bildet (vergleiche Bild 4.2-7):

$$\varphi_m = \omega(t_m)t_m + \Theta(t_m) \tag{7.2-11}$$

Aus (7.2-11) berechnen wir die Phasendifferenzen zwischen s_m und s_{m-1}

$$\Delta\varphi_m = \varphi_m - \varphi_{m-1}; \quad m = 1, 2, \ldots, M. \tag{7.2-12}$$

Nehmen wir einmal an, es gelte $\omega(t_m) \approx \omega(t_{m-1})$ und $\Theta(t_m) \approx \Theta(t_{m-1})$, so folgt:

$$\Delta\varphi_m = \omega(t_m)(t_m - t_{m-1}) = \omega(t_m) \cdot \frac{1}{f_{A,r}} \tag{7.2-13}$$

D.h. $\Delta\varphi_m$ liefert ein Maß für die Momentanfrequenzen f_m des Signals $s(t)$ zu den Zeitpunkten t_m.

Das aus (7.2-12) berechnete Phasendifferenzhistogramm enthält Informationen über die Verteilung der Momentanfrequenzen im Signalausschnitt (7.2-9); es wird in 128 Fächer gleicher Breite aufgelöst. Die Frequenzauflösung dieses Histogramms ist von der reduzierten Abtastrate abhängig, sie variiert zwischen 17,3 Hz bei $f_{A,r} = 2,2$ kHz und 173 Hz bei $f_{A,r} = 22,2$ kHz.

184   7 Signalanalyse in der Funkaufklärung

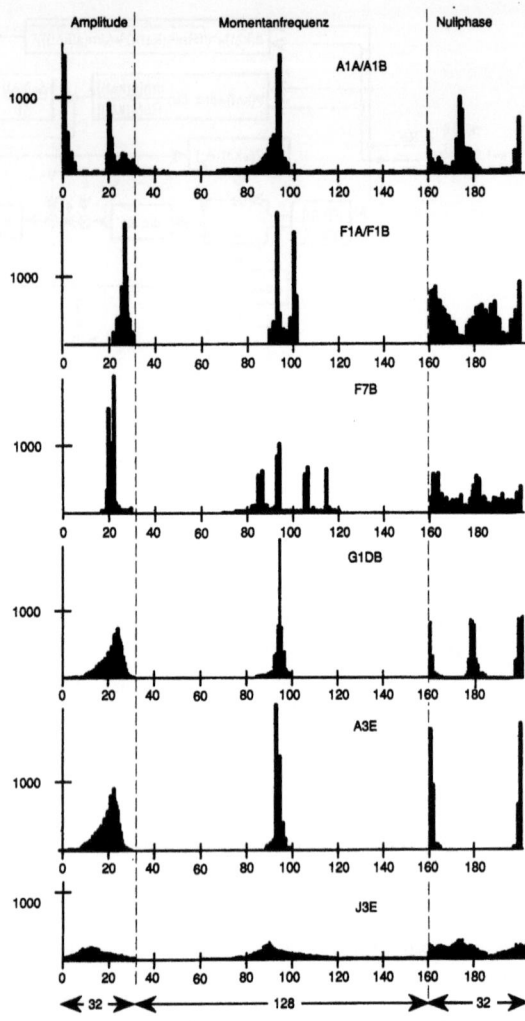

Bild 7.2-6
Merkmalsvektoren

Zur Herstellung der Vergleichbarkeit von Momentanfrequenzhistogrammen werden diese so normiert, daß die am häufigsten auftretende Momentanfrequenz in das Fach Nummer 64 geschoben wird. Die hierzu notwendige Verschiebung wird genauso auf alle anderen Fächer des Momentanfrequenzhistogramms angewendet. Dabei ist zu beachten, daß das Momentanfrequenzhistogramm als eine Periode eines mit 128 Fächern periodischen Histogramms anzusehen ist. Bei diesem Histogramm handelt es sich nämlich um die Schätzung eines digitalen Spektrums und diese sind bekanntlich periodisch (siehe Abschnitt 4.2.2).

Das hier beschriebene Gerät zur Signalklassifikation benutzt das Histogramm der relativen Nullphasenlagen hauptsächlich zur Hervorhebung der beiden Phasenzustände 0 und π eines PSK2-Signals (PSK2 = G1DB). Um an diese Nullphasenlagen zu kommen, wird die Signalamplitude durch $s_m/|s_m|$ zunächst auf 1 normiert und anschließend werden die Abtastwerte quadriert. Dadurch wird aus einem PSK2-Signal der Trägerfrequenz ω ein Träger der Frequenz 2ω, der für die folgende Verarbeitung als Referenzsignal angesehen werden kann.

Ähnlich wie in einer Phase Locked Loop (PLL) wird die Nullphase des Referenzsignals von der Nullphase des normierten und quadrierten Eingangssignals getrackt. Aufgrund der 2π-Periodizität der Exponentialfunktion registriert die Loop die im ursprünglichen Signal vorhandenen Phasensprünge um π nicht. Mit Hilfe des Referenzsignals wird eine Art „Oszillator" betrieben, der Frequenz und Nullphase des quadrierten Empfangssignals liefert. Zu jedem Zeitpunkt t_m wird die Phase von s_m mit der durch zwei geteilten Phase des Referenzsignals verglichen. Bei Anwendung dieses Verfahrens auf ein PSK2-Signal werden die relativen Nullphasenzustände 0 und π an jedem Abtastwert aus dem Signalausschnitt (7.2-9) sichtbar.

Die relativen Nullphasenlagen aller Abtastwerte s_m; $m = 1, 2, ..., M$; werden in einem dritten Histogramm abgelegt, das das Intervall $[0, 2\pi)$ in 32 gleich breite Fächer aufteilt.

Bild 7.2-6 zeigt Beispiele von Merkmalsvektoren, die nach dem hier beschriebenen Verfahren aus echten Kurzwellensignalen berechnet wurden. Dabei wurden die Signale mit dem hier beschriebenen Gerät detektiert und ausgewertet.

7.2.4 Die Klassifikation

Die Merkmalsextraktion ME ist eine Abbildung der Gesamtheit aller Signale S in den Merkmalsraum V, der als $\mathbb{R}^N$ angesehen werden kann:

$$ME: S \to V \qquad (7.2\text{-}14)$$

Die Klassenzugehörigkeit eines Signals $s(t)$ wird durch einen Klassifikator bestimmt, dessen Entscheidung allein von dem aus dem Signalausschnitt (7.2-9) berechneten Merkmalsvektor $\vec{v}$ abhängt.

Die Zugehörigkeit eines Signals $s(t)$ zur Klasse S_k wird durch den Klassennamen, den Klassenindex k oder den Vektor $\vec{y}$ der Klassenzugehörigkeitsindikatoren

$$y_k = \begin{cases} 0 & s(t) \notin S_k \\ 1 & s(t) \in S_k \end{cases} \text{falls} \qquad (7.2\text{-}15)$$

7 Signalanalyse in der Funkaufklärung

der auch Klassenzielvektor

$$\vec{y} = (y_1, y_2, ..., y_K)^T \tag{7.2-16}$$

genannt wird, beschrieben.

Das Ziel der Klassifikatoradaption besteht darin, die Entscheidungsfunktion $\vec{d}(\vec{v})$ zu bestimmen, die den richtigen Klassenzielvektor im Sinn des minimalen mittleren Fehlerquadrates

$$MSE(\vec{d}) = E\{|\vec{y} - \vec{d}(\vec{v})|^2\} \tag{7.2-17}$$

approximiert. Eine brauchbare Lösung ergibt sich, wenn zusätzlich gefordert wird, daß $\vec{d}(\vec{v})$ ein Polynom ist [SCH 77]. Das bedeutet, daß die Komponenten von $\vec{d}$ folgende Form haben:

$$d_k(\vec{v}) = a_{0,k} + a_{1,k}v_1 + ... + a_{N,k}v_N + a_{N+1,k}v_1^2 \tag{7.2-18}$$
$$+ a_{N+2,k}v_1v_2 + ... + a_{2N,k}v_1v_N + ...; \quad k = 1, 2, ..., K.$$

Eine kleine Veränderung in der Bezeichnungsweise von (7.2-18) liefert

$$d_k(\vec{v}) = a_{0,k} + a_{1,k}x_1 + ... + a_{N,k}x_N$$
$$+ a_{N+1,k}x_{N+1} + ... + a_{M-1,k}x_{M-1} \tag{7.2-19}$$
$$\vec{a}_k = (a_{0,k}, a_{1,k}, ..., a_{M-1,k})^T, \quad \vec{x}(\vec{v}) = (1, x_1, x_2, ..., x_{M-1})^T,$$
$$d_k(\vec{v}) = \vec{a}_k^T \cdot \vec{x}(\vec{v}).$$

$\vec{a}_k$ und $\vec{x}(\vec{v})$ heißen Koeffizientenvektor bzw. Polynomstruktur von $d_k(\vec{v})$. Zur Konstruktion eines Polynomklassifikators wird die Polynomstruktur vorab ausgewählt. Die Optimierung wird dann nur noch bezüglich der Koeffizientenvektoren, die zu einer $(M \times K)$-Matrix $A = (\vec{a}_1, \vec{a}_2, ..., \vec{a}_K)$ zusammengefaßt werden, durchgeführt. Insgesamt ergibt sich

$$\vec{d}(\vec{v}) = A^T \cdot \vec{x}(\vec{v}), \tag{7.2-20}$$

ein im allgemeinen nichtlinearer Ausdruck für den Schätzer $\vec{d}$.

Die Polynomstruktur bestimmt die Funktionenmenge, innerhalb der die Klassifikatoradaption bezüglich des minimalen mittleren quadratischen Fehlers

$$MSE(A) = E\{|\vec{y} - A^T \vec{x}(\vec{v})|^2\} \to \min_A \tag{7.2-21}$$

durchzuführen ist. Bei vorgegebener Polynomstruktur hängt $MSE(A)$ nur von der Koeffizientenmatrix A und der Wahrscheinlichkeitsverteilung $P(\vec{v}, \vec{y})$ ab. Die Lösung der Aufgabe (7.2-21) stellt sich in Form eines linearen Gleichungssystems

$$E\{\vec{x} \cdot \vec{x}^T\} \cdot A = E\{\vec{x} \cdot \vec{y}^T\} \tag{7.2-22}$$

7.2 Automatische Klassifikation von Kurzwellensignalen

dar, das die Bestimmung der Koeffizientenmatrix A erlaubt, wenn die Momentenmatrizen $E\{\vec{x}\cdot\vec{x}^T\}$ und $E\{\vec{x}\cdot\vec{y}^T\}$ aus der Lernstichprobe L (7.2-3) geschätzt werden können.

Die Theorie der Polynomklassifikatoren, einschließlich der numerischen Lösung des Gleichungssystems (7.2-22), ist ausführlich in [SCH 77] dargestellt.

Wir wollen uns hier mit einigen Bemerkungen zur Lösung von (7.2-22) zufrieden geben:

Zur Auflösung von (7.2-22) nach A muß die Matrix $E\{\vec{x}\vec{x}^T\}$ invertiert werden. In praktischen Problemen ist das im allgemeinen undurchführbar, weil eine solche Momentenmatrix normalerweise nichtregulär ist. Um trotzdem zu einer brauchbaren Schätzung $\vec{d}(\vec{v})$ zu kommen, wird (7.2-22) mit einer Version des Gauß-Jordan-Algorithmus gelöst. D. h. die Lösung wird durch schrittweise Normalisierung der Spaltenvektoren von $E\{\vec{x}\vec{x}^T\}$ durchgeführt. Die Prozedur wird beendet, wenn die Diagonalelemente aller noch nicht normalisierten Spaltenvektoren verschwinden. Alle diejenigen Komponenten von $\vec{x}(\vec{v})$ die zu Spalten der Matrix $E\{\vec{x}\vec{x}^T\}$ gehören, die normalisiert werden können, werden als für die Erkennung nützliche Merkmale angesehen. Alle anderen Spalten sind von diesen linear abhängig.

Wird A auf die beschriebene Art und Weise aus (7.2-22) berechnet, erfüllt $\vec{d} = A^T \cdot \vec{x}$ zusätzlich die Bedingung

$$E\{|\vec{P}(\vec{y}|\vec{v}) - \vec{d}(\vec{v})|^2\} = \min_A . \qquad (7.2\text{-}23)$$

D. h. die im Sinn des minimalen mittleren Fehlerquadrates optimale Approximation des richtigen Klassenzielvektors ist mit der im Sinn des minimalen mittleren Fehlerquadrates optimalen Approximation des Vektors der klassenspezifischen Rückschlußwahrscheinlichkeiten innerhalb der durch die Polynomstruktur vorgegebenen Funktionenmenge identisch.

Die K verschiedenen Klassenzielvektoren bilden eine Basis des Vektorraums $\mathbb{R}^K$ und die Schätzung $\vec{d}$ ist eine Approximation des richtigen Klassenzielvektors. Oft erscheint es sinnvoll, ein vorgelegtes Muster ganz vom Klassifikationsprozeß zurückzuweisen, wenn die Sicherheit, mit der die Klassifikation vorgenommen werden kann, zu klein wird. Daher wird im allgemeinen ein Rückweisungstest vorgenommen.

Die Entscheidung verläuft nun so: Es wird eine Zuordnung des vorgelegten Signals zur Klasse S_{k_0} vorgenommen, wenn der Wert des Schätzers $\vec{d}(\vec{v})$ dem die Klasse S_{k_0} charakterisierenden Klassenzielvektor $\vec{y}$ nach dem euklid'schen Abstand am nächsten kommt, vorausgesetzt, daß der Abstand zwischen $\vec{d}(\vec{v})$ und $\vec{y}$ nicht größer als die vorgewählte Rückweisungsschwelle RAD wird. Im anderen Fall wird das Signal als nicht klassifizierbar zurückgewiesen.

Ein nützlicher Effekt des Rückweisungstests besteht darin, ihn zur Kennzeichnung von Signalen zu benutzen, die offensichtlich nicht in das durch die Lernstichprobe L beschriebene Modell des Problemkreises S gehören.

7.2.5 Ergebnisse eines Klassifikations-Experiments

Mit dem Aufbau der Hardware für die Signalvorverarbeitungseinheit wurde die Voraussetzung für den Empfang und die Digitalisierung realer Kurzwellensignale geschaffen. Die Sendungen wurden auf Digitalbänder aufgezeichnet.

Die für das Klassifikations-Experiment benutzten Signalausschnitte bestehen aus 4096 komplexen Abtastwerten. Am Ausgang der Signalvorverarbeitung wird die Abtastfrequenz für jedes Signal der eingestellten Empfängerbandbreite angepaßt.

Die Aufnahmen wurden so durchgeführt, daß eine große Variationsbreite bezüglich Schrittgeschwindigkeit, Frequenzhub, Modulationstiefe, Signal/Rausch-Verhältnis usw. berücksichtigt werden konnte. Sämtliche Signale wurden von einem Operateur bezüglich ihrer Modulationsart klassifiziert. So entstand eine gekennzeichnete Stichprobe.

Die Signalausschnitte jeder Modulationsklasse wurden nun in jeweils zwei Gruppen geteilt. Die Vereinigung der größeren Gruppen wurde zur Lernstichprobe, die Vereinigung der kleineren Gruppen wurde zur Teststichprobe erklärt.

Der Problemkreis des Experiments war auf folgende Klassen beschränkt:

A1A/A1B Amplitudentastung mit 2 Zuständen,
F1B   Frequenzumtastung mit 2 Zuständen,
F7B   Frequenzumtastung mit 4 Zuständen,
G1DB   Phasenumtastung mit 2 Zuständen,
A3E   Zweiseitenband-Amplitudenmodulation,
J3E   Einseitenband-Amplitudenmodulation,
         Rauschen

Die quantitative Zusammensetzung von Lern- und Teststichprobe zeigt Tabelle 7.2-3.

Mit Hilfe der aus insgesamt 8553 Signalausschnitten bestehenden Lernstichprobe wurde nun ein bezüglich der Merkmale vollständiger linearer Polynomklassifikator berechnet. Während des Adaptionsprozesses stellte sich heraus, daß 93 der insgesamt 192 Merkmale für den Klassifikationsprozeß genutzt werden können (vgl. die Bemerkungen zur Lösung der Gleichung (7.2-22)).

Anschließend wurde die Teststichprobe, die nach ihrer Konstruktion von der Lernstichprobe unabhängig ist, klassifiziert. Dabei wurden 201 der 2851 Testsignalausschnitte (entsprechend 7%) falsch zugeordnet.

7.2 Automatische Klassifikation von Kurzwellensignalen

Tab. 7.2-3 Zusammensetzung der Stichproben

Klasse	Anzahl der Lernausschnitte	Anzahl der Testausschnitte
A1A/A1B	772	257
F1B	1256	418
F7B	1109	370
G1DB	1500	500
A3E	1500	500
J3E	916	306
Rauschen	1500	500
Summen	8553	2851

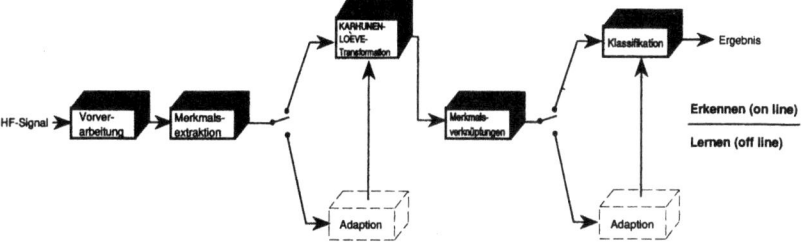

Bild 7.2-7 Struktur des quadratischen Klassifikators

In einem zweiten Schritt wurden die Untersuchungen bei Benutzung derselben Stichproben auf einen quadratischen Klassifikator ausgedehnt. Nun steigt die Ansatzlänge eines quadratischen Klassifikators mit der Anzahl der Merkmale stark an. Damit erhöht sich natürlich auch der Hardwareaufwand. Um zu einer mit einem quadratischen Klassifikatoransatz praktikabelen Lösung zu kommen, wurde eine Karhunen-Loève-Transformation ([SCH 77], Kapitel 8.1) auf die Merkmalsvektoren angewandt. Als Folge davon erscheint das Blockschaltbild für den Klassifikator komplizierter (siehe Bild 7.2-7). Wichtig ist hier nur, daß als Konsequenz der Karhunen-Loève-Transformation die Dimension des Merkmalsvektors auf die 30 für die Unterscheidung wesentlichsten Komponenten reduziert werden kann. Diese 30 Komponenten tragen 97% der im ursprünglichen Merkmalsvektor enthaltenen Information. Die Parameter der Karhunen-Loève-Transformation, die nichts anderes als eine auf den durch die Merkmalsvektoren der Lernstichprobe im Merkmalsraum gebildeten Punkthaufen bezogene Hauptachsentransformation ist, werden in einer gesonderten Adaptionsphase bestimmt.

Mit den auf diesem Weg ausgewählten 30 transformierten Merkmalen wurde nun ein wiederum vollständiger quadratischer Klassifikator belehrt. Für

Tab. 7.2-4 Vertauschungsmatrizen

		Klassifikationsergebnis						
		A1A/A1B	F1A/F1B	F7B	G1DB	A3E	J3E	Rauschen
(a) linearer Klassifikator								
richtige	A1A/A1B	91,8%	1,2%				3,1%	1,6%
Klasse	F1A/F1B		95,2%	0,2%	1,9%	0,4%	1,0%	2,4%
	F7B		4,3%	88,1%	1,2%		3,3%	4,3%
	G1DB		0,2%		95,8%	1,8%		2,4%
	A3E		0,3%		2,4%	95,4%		2,0%
	J3E	3,3%	0,2%	1,0%	0,3%	0,3%	83,3%	11,5%
	Rauschen						4,0%	95,8%
(b) quadratischer Klassifikator								
richtige	A1A/A1B	98,4%	98,6%				1,2%	0,4%
Klasse	F1A/F1B		1,6%	1,4%				0,8%
	F7B		0,2%	96,2%		0,4%	1,4%	0,4%
	G1DB		0,2%	0,2%	99,0%			1,0%
	A3E			1,7%	2,2%	96,4%		2,6%
	J3E	0,3%					95,4%	100,0%
	Rauschen							

7.2 Automatische Klassifikation von Kurzwellensignalen   191

diesen Fall hat das Polynom (7.2-19) 496 Summanden. Die Klassifikation der Teststichprobe (ohne Rückweisungstest) ergab eine Gesamtfehlerrate von 2,1%, d. h. 61 der 2851 Testsignalausschnitte wurden falsch zugeordnet. Genauere Auskunft über die mit den beiden verschiedenen Klassifikatoren erzielten Erkennungsraten geben die in Tabelle 7.2-4 gezeigten Vertauschungsmatrizen. Wie erwartet, war die Verwechslung zwischen J3E und Rauschen besonders hoch. Einerseits liegt das daran, daß sich Sprache und Rauschen in einem 3 kHz breiten Kanal in bezug auf Amplituden- und Frequenzverteilung sehr stark ähneln. Andererseits treten in der fließenden Sprache häufig Sprachpausen mit einer Dauer von bis zu 2s auf, so daß an dieser Stelle ein Signaldetektor, der das Signal nur zur weiteren Analyse frei gibt, wenn im Kanal kein Rauschen vorliegt, eingeführt werden muß.

Der Einfluß, den die Durchführung eines Rückweisungstests auf die Gesamtfehlerraten ε_{linear}, $\varepsilon_{quadratisch}$ und die Rückweisungsraten ϱ_{linear}, $\varrho_{quadratisch}$ hat,

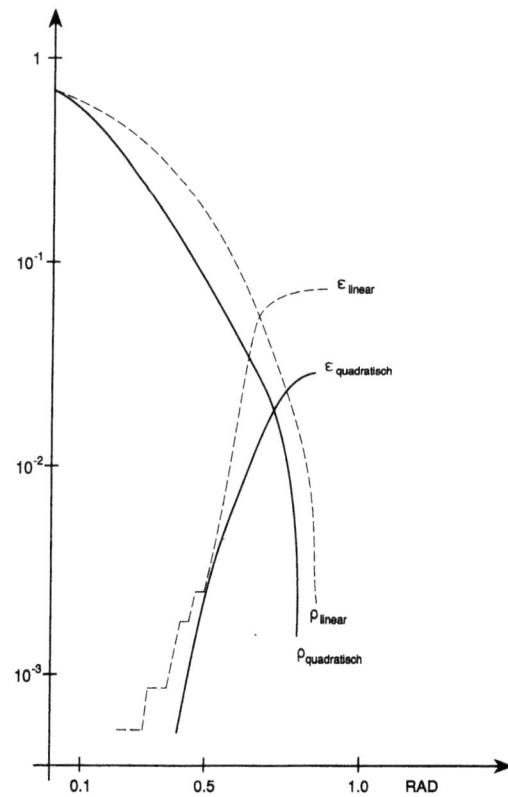

Bild 7.2-8
Fehler- und
Rückweisungsraten

sind in Bild 7.2-8 als Funktionen der (einstellbaren) Rückweisungsschwelle RAD wiedergegeben.

7.2.6 Ein Anwendungsbeispiel

Ein Signalklassifikator kann z. B. zur automatischen Steuerung eines Peilsystems eingesetzt werden. Sobald der Signalklassifikator von einem vorgeschalteten Empfänger ein Signal mit einer bestimmten Modulationsart empfangen hat, löst er über den Steuerrechner des Systems eine Peilung aus (vergleiche Bild 7.2-9).

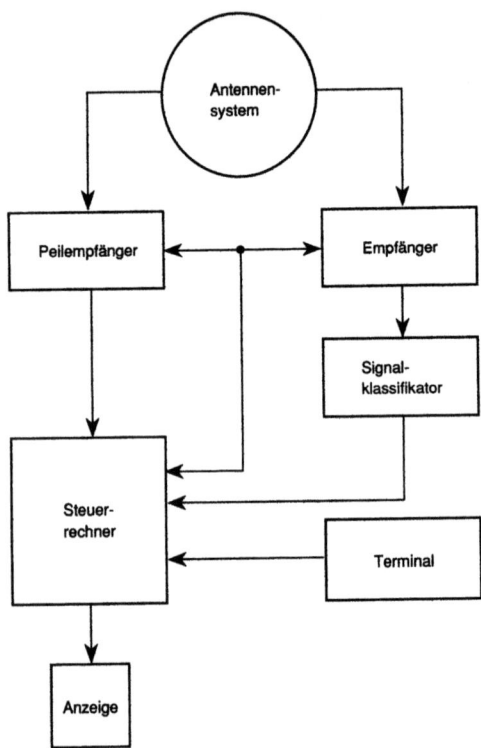

Bild 7.2-9
Anwendung eines Signalklassifikators in einem Peilsystem

7.3 Erfassung von Frequenzsprungsendern

Frequenzspringen ist ein zeitlich periodisches Wechseln der Mittenfrequenz einer Sendung (siehe Abschnitt 2.5) mit dem Ziel, die Sendeleistung über einen möglichst breiten Frequenzbereich zu verschmieren. Die Frequenzfolge wird dabei durch einen Zufallszahlengenerator bestimmt. Für die folgende Diskussion wollen wir davon ausgehen, daß dem Frequenzspringer N Kanäle zur Verfügung stehen, die er alle mit derselben Wahrscheinlichkeit $1/N$ anspringt. Für die Erfassung von Frequenzsprungsendern stehen, je nach Aufklärungsauftrag oder verfolgtem Aufklärungsziel, verschiedene Möglichkeiten zur Verfügung.

7.3.1 Entdeckung durch Frequenz Scan

Der gesamte Bandbereich, in dem ein Sender springen kann, wird mit einem scannenden Empfänger abgesucht. Der Bandbereich ist in N Sprungkanäle aufgeteilt. Gesucht ist die Wahrscheinlichkeit, mit der innerhalb von L Scans über die N Kanäle mindestens l-mal ein vom Frequenzspringer momentan belegter Kanal getroffen wird. Dabei setzen wir voraus, daß Meßvorgang und Sprungverhalten des Senders statistisch unabhängig voneinander sind.

Mit A bezeichnen wir das Ereignis, daß der Sender während eines Hops erfaßt wird. Da die N genutzten Kanäle mit derselben Wahrscheinlichkeit angesprungen werden, gilt

$$P\{A\} = \frac{1}{N}$$

Die Wahrscheinlichkeit des komplementären Ereignisses $\bar{A}$, d. h. daß der Sender während des Hops nicht erfaßt wird, ist dann

$$P\{\bar{A}\} = 1 - \frac{1}{N}.$$

Es werden nun n Messungen mit den möglichen Ausgängen A und $\bar{A}$ ausgeführt, so daß die einzelnen Messungen voneinander unabhängig sind. B_k bezeichne das Ereignis, daß in den n Versuchen genau k-mal A stattgefunden hat. C_l sei das Ereignis, daß A mindestens l-mal eingetreten ist. Es gilt

$$P\{C_l\} = 1 - \sum_{k=0}^{l-1} P\{B_k\} \qquad (7.3\text{-}1)$$

Dabei ist bekannt, daß die Ereignisse B_k einer Binomialverteilung genügen:

$$P\{B_k\} = \binom{n}{k} [P\{A\}]^k [1 - P\{A\}]^{n-k} \qquad (7.3\text{-}2)$$

Werden bei $P\{A\} = \dfrac{1}{N}$ insgesamt L Scans über den gesamten Bandbereich mit $L \cdot N$ Einzelmessungen durchgeführt, ergibt sich:

$$P\{B_k\} = P\{B_k^{(L)}\} = \binom{LN}{k} \left(\frac{1}{N}\right)^k \left(1 - \frac{1}{N}\right)^{LN-k} \qquad (7.3\text{-}3)$$

Wird nun die Anzahl der Kanäle N (und damit auch $L \cdot N$) groß, kann für (7.3-3) der Poissonsche Grenzübergang [FIS 70] ausgeführt werden. Er liefert (siehe auch Abschnitt 3.2.1)

$$P\{B_k^{(L)}\} = \frac{L^k}{k!} e^{-L}. \qquad (7.3\text{-}4)$$

Beispiel Gefragt ist nach der Wahrscheinlichkeit dafür, daß bei großer Kanalzahl N mindestens eine Messung in drei Scans erfolgreich ist. Mit (7.3-4) folgt:

$$P\{B_0^{(3)}\} = e^{-3} = 0{,}05 \;\Rightarrow\; P\{C_1^{(3)}\} = 0{,}95$$

Bemerkung Benutzt der Frequenzspringer nur $M < N$ der zur Verfügung stehenden Kanäle und springt er diese alle mit derselben Wahrscheinlichkeit $1/M$ an, können, sofern M genügend groß ist, die obigen Überlegungen sinngemäß auf die benutzten Kanäle angewendet werden. Die übrigen $N - M$ Messungen innerhalb eines Scans werden als nicht relevant angesehen.

Eine auf den hier dargestellten Überlegungen basierende Erfassung von Frequenzspringernetzen kann z. B. wie folgt ablaufen:

1. Die von den Frequenzspringern benutzten Kanäle werden mit einem scannenden Empfänger ermittelt und auf einem Aktivitätsdisplay dargestellt.
2. Mit einem Peilempfänger, der einen Peilwert aus der Vermessung eines einzelnen Hops ermitteln kann und der im Wartebetrieb auf einem vom Frequenzspringernetz benutzten Kanal arbeitet, werden Peilungen der einzelnen am Netz beteiligten Sender durchgeführt.
3. Die Ergebnisse mehrerer zusammenarbeitender Peilstationen werden als Basis von Ortungsberechnungen genutzt, deren Ergebnisse auf einem Ortungsdisplay dargestellt werden.

7.3.2 Einsatz einer Empfängerbank

Ein Nachteil des in 7.3.1 beschriebenen Verfahrens ist darin zu sehen, daß eine große Anzahl von Hops gesendet werden muß (erst dann ist $L \cdot N$ groß!), wenn mehr als nur die Detektion geleistet werden soll. Machen wir uns die Verhältnisse an folgendem Beispiel deutlich:

7.3 Erfassung von Frequenzsprungsendern

Beispiel Der Sender benutze den Frequenzbereich zwischen 30 MHz und 80 MHz. Die Kanalbandbreite betrage 25 kHz, d. h. es gibt 2000 Kanäle, die alle mit gleicher Wahrscheinlichkeit angesprungen werden. Eine Sendung dauere 10 s, die Dauer des einzelnen Hops sei 10^{-3} s. Die Sendung besteht also aus 10^4 Hops. Wie groß ist die Wahrscheinlichkeit dafür, daß mindestens 3 Hops der Sendung erfaßt werden?
Gesucht ist also die Wahrscheinlichkeit

$$P\{X_{10^4} \geqslant 3\} = \sum_{l=3}^{10^4} \binom{10^4}{l} \left(\frac{1}{2000}\right)^l \left(1 - \frac{1}{2000}\right)^{10^4 - l} \tag{7.3-5}$$

Der Satz von de Moivre-Laplace (Satz 3.2-3) versetzt uns in die Lage, die Wahrscheinlichkeit (7.3-5) zu berechnen: Es ist $n = 10^4$, $p = 1/2000$, woraus $np = 5$ und $\sqrt{np(1-p)} = 2{,}24$ folgt. Damit gilt

$$P\{X_n \geqslant 3\} = P\left\{\frac{X_n - np}{\sqrt{np(1-p)}} \geqslant \frac{3 - np}{\sqrt{np(1-p)}}\right\}$$

$$= P\{\tilde{X}_n \geqslant -0{,}89\} = \frac{1}{\sqrt{2\pi}} \int_{-0{,}89}^{\infty} e^{-y^2/2} \, dy = 0{,}81$$

Diese Wahrscheinlichkeit ist noch relativ groß. Aber schon die Frage nach der Wahrscheinlichkeit, für das o. g. Beispiel mit einem Empfänger mehr als 10 Hops zu erfassen, hat eine ernüchternde Antwort. Sie lautet

$$P\{X_n \geqslant 10\} = P\{\tilde{X}_n \geqslant 2{,}23\} = 0{,}013$$

Folgerung Bei Verwendung einer bestimmten Anzahl K von Empfängern kann aus einer Frequenzsprungsendung ein gewisser Umfang an Information über das Verhalten des Frequenzspringers und die übertragene Nachricht gewonnen werden. Eine vollständige Darstellung der übertragenen Information ist mit einem dem Kanalraster des Frequenzsprungsenders angepaßten Vielkanalempfänger erreichbar.

8 Literatur

[AME 79] Ameling, W.: Laplace-Transformation. 2. Aufl. Braunschweig/Wiesbaden 1979: Friedr. Vieweg & Sohn
[BLA 84] Blahut, R. E.: Fast Algorithms for Digital Signal Processing. Reading (Massachusetts) 1984: Addison-Wesley
[BOS 76] Bosch, K.: Elementare Einführung in die Wahrscheinlichkeitsrechnung. Reinbek bei Hamburg 1976: Rowohlt Taschenbuch Verlag
[BRI 74] Brigham, E. O.: The Fast Fourier Transform. Englewood Cliffs (New Jersey) 1974: Prentice-Hall
[BRO 70] Bronstein, I. N.; Semendjajew, K. A.: Taschenbuch der Mathematik. 10. Aufl. Zürich/Frankfurt am Main 1970: Verlag Harri Deutsch
[CAM 68] Campbell, L. L.: "Sampling Theorem for the Fourier Transform of a Distribution with Bounded Support". SIAM J.-Appl. Math., vol. 16, No. 3, May 1968, pp. 626–636
[CAN 88] Candy, J. V.: Signal Processing. Singapore 1988: McGraw-Hill
[COA 83] Coates, R. F. W.: Modern Communication Systems. 2nd edition, London 1983: Macmillan Publishers
[CON 74] Constantinescu, F.: Distributionen und ihre Anwendung in der Physik. Stuttgart 1974: B. G. Teubner, Studienbücher Mathematik
[COO 86] Cooper, G. R.; McGillem, C. D.: Modern Communications and Spread Spectrum. Singapore 1986: McGraw-Hill
[CRO 83] Crochiere, R. E.; Rabiner, L. R.: Multirate Digital Signal Processing. Englewood Cliffs (New Jersey) 1983: Prentice-Hall
[FET 90] Fettweis, A.: Elemente nachrichtentechnischer Systeme. Stuttgart 1990: B. G. Teubner, Studienbücher Elektrotechnik
[FIS 70] Fisz, M.: Wahrscheinlichkeitsrechnung und mathematische Statistik. Berlin 1970: VEB Deutscher Verlag der Wissenschaften
[GAR 86] Gardner, W. A.: Introduction to Random Processes with Applications to Signals and Systems. New York 1986: Macmillan
[GAR 88] Gardner, W. A.: Statistical Spectral Analysis: A Nonprobabilistic Theory. Englewood Cliffs (New Jersey) 1988: Prentice Hall
[GRA 89] Grabau, R.; Pfaff, K. (Hrsg.): Funkpeiltechnik. Stuttgart 1989: Franckhsche Verlagshandlung
[GRA 81] Gradstein, I.; Ryshik, I.: Summen-, Produkt- und Integraltafeln (2 Bände). Thun 1981: Verlag Harri Deutsch
[HAR 78] Harris, F. J.: "On the Use of Windows for Harmonic Analysis with the Discrete Fourier Transform". Proc. IEEE, vol. 66, 1978, pp. 51–83
[HES 89] Hess, W.: Digitale Filter. Stuttgart 1989: B. G. Teubner, Studienbücher Elektrotechnik
[HÖR 76] Hörmander, L.: Linear Partial Differential Operators. Berlin/Heidelberg/New York 1976: Springer-Verlag
[JER 77] Jerri, A. J.: "The Shannon-Sampling Theorem – Its Various Extensions and Applications: A Tutorial Review". Proc. IEEE, vol. 65, 1977, pp. 1565–1596

Literatur 197

[JOH 82] Johnson, D. H.: "The Applications of Spectral Estimation in Bearing Estimation Problems". Proc. IEEE, vol. 70, 1982, pp. 1018–1028
[JON 85] Jondral, F.: "Automatic Classification of High Frequency Signals". Signal Processing, vol. 9, 1985, pp. 177–190
[KAM 89] Kammeyer, K. D.; Kroschel, K.: Digitale Signalverarbeitung – Filterung und Spektralanalyse. Stuttgart 1989: B. G. Teubner, Studienbücher Elektrotechnik
[KAY 81] Kay, S. M.; Marple, S. L.: "Spectrum Analysis – A Modern Perspective". Proc. IEEE, vol. 69, 1981, pp. 1380–1419
[KNO 70] Knopp, K.: Funktionentheorie I. Berlin 1970: Walter de Gruyter, Sammlung Göschen, Band 668
[KOL 75] Kolmogorov, A. N.; Fomin, S. V.: Reelle Funktionen und Funktionalanalysis. Berlin 1975: VEB Deutscher Verlag der Wissenschaften
[LEU 88] Leuthold, P. E.: Grundlagen und Anwendung der Bandspreiztechnik. Ulm 31. 05. 88: Unterlagen zu einem Seminar im Rahmen der Weiterbildung der AEG
[LÜC 80] Lücker, R.: Grundlagen digitaler Filter. Berlin 1980: Springer-Verlag
[LÜK 79] Lüke, H. D.: Signalübertragung. 2. Aufl. Berlin/Heidelberg/New York 1979: Springer-Verlag
[MAR 87] Marple, S. L.: Digital Spectral Analysis with Applications. Englewood Cliffs (New Jersey) 1987: Prentice-Hall
[MEI 86] Meinke/Gundlach: Taschenbuch der Hochfrequenztechnik. 4. Aufl. Berlin 1986: Springer-Verlag
[OPP 75] Oppenheim, A. V.; Schafer, R. W.: Digital Signal Processing. Englewood Cliffs (New Jersey) 1975: Prentice-Hall
[OPP 89] Oppenheim, A. V.; Willsky, A. S.: Signale und Systeme. Weinheim 1989: VCH Verlagsgesellschaft
[PAP 66] Papoulis, A.: "Error Analysis in Sampling Theory". Proc. IEEE, vol. 54, 1966, pp. 947–955
[PAP 77] Papoulis, A.: Signal Analysis. New York 1977: McGraw-Hill
[PAP 81] Papoulis, A.: Probability, Random Variables, and Stochastic Processes. Tokyo 1981: McGraw-Hill Kogakusha
[PES 68] Peschl, E.: Funktionentheorie I. Mannheim 1968: B. I. Hochschultaschenbücher
[PIC 82] Pickholtz, R. L.; Schilling, D. L.; Milstein, L. B.: "Theory of Spread Spectrum Communications – A Tutorial". IEEE Transactions on Communications, vol. COM-30, 1982, pp. 855–884
[PRO 89] Proakis, J. G.: Digital Communications. 2nd edition, New York 1989: McGraw-Hill
[RAB 75] Rabiner, L. R.; Gold, B.: Theory and Application of Digital Signal Processing. Englewood Cliffs (New Jersey) 1975: Prentice Hall
[RÉN 71] Rényi, A.: Wahrscheinlichkeitsrechnung. 3. Aufl. Berlin 1971: VEB Deutscher Verlag der Wissenschaften
[R&S 82] Neues von Rohde und Schwarz. Heft 98, Sommer 82, S. 32–33
[SCH 74] Schaller, W.: „Verwendung der schnellen Fouriertransformation in digitalen Filtern". Nachrichtentechn. Zeitschr. 27. Jg. 1974, S. 425–431

[SCH 90] Schrüfer, E.: Signalverarbeitung – Numerische Verarbeitung digitaler Signale. München/Wien 1990: Carl Hanser Verlag
[SCH 77] Schürmann, J.: Polynomklassifikatoren für die Zeichenerkennung. München 1977: R. Oldenbourg Verlag
[SCH 88] Schüßler, H. W.: Digitale Signalverarbeitung, Band I. Analyse diskreter Signale und Systeme. 2. Aufl. New York etc. 1988: Springer-Verlag
[SCH 75] Schwartz, M.; Shaw, L.: Signal Processing: Discrete Spectral Analysis, Detection, and Estimation. Tokyo 1975: McGraw-Hill Kogakusha
[SCH 80] Schwartz, M.: Information Transmission, Modulation, and Noise. 3rd edition, Tokyo 1980: McGraw-Hill Kogakusha
[SHA 49] Shannon, C. E.: "Communications in the presence of noise". Proc. IRE, vol. 37, 1949, pp. 10–21
[SKL 88] Sklar, B.: Digital Communications – Fundamentals and Applications. Englewood Cliffs (New Jersey) 1988: Prentice Hall
[STE 50] Stenzel, H.: „Theorie und Anwendung von Laufzeitkompensatoren zum Senden und Empfangen von gebündelten elektrischen Wellen". FTZ, 3. Jg. 1950, S. 94–100 und S. 125–132
[THO 82] Thomson, D. J.: "Spectrum Estimation and Harmonic Analysis". Proc. IEEE, vol. 70, 1982, pp. 1055–1096
[UNB 80] Unbehauen, R.: Systemtheorie. 3. Aufl. München 1980: R. Oldenbourg Verlag
[URK 83] Urkowitz, H.: Signal Theory and Random Processes. Dedham (Massachusetts) 1983: Artech House
[VRI 76] Vrijer, F. W.: „Modulation". Philips techn. Rdsch., vol. 36, Nr. 11/12, 1976/77, S. 367–384
[WAL 74] Walter, W.: Einführung in die Theorie der Distributionen. Zürich 1974: Bibliographisches Institut
[WIN 77] Winkler, G.: Stochastische Systeme – Analyse und Synthese. Wiesbaden 1977: Akademische Verlagsgesellschaft
[WUN 84] Wunsch, G.; Schreiber, H.: Stochastische Systeme. Berlin 1984: VEB Verlag Technik

9 Stichwortverzeichnis

Abtasttheorem 83
Amplitude eines komplexwertigen Signals 26, 114
Amplitudengang 124
Antennengruppe 156
–, gerade 160
– Kreisgruppe 161
ARMA-Prozeß 152, 153
AR-Prozeß 152, 155
Autokorrelationsfunktion (AKF) 55, 73, 148
Autokovarianz 55, 73, 148

Bandbreite eines Signals 23
Bandpaßunterabtastung 90, 126
Bandsegmentierung 175
Bandspreiztechnik 42
Basisbandsignal, komplexes digitales 114
Binäre Signale 70
Brownsche Bewegung 68

Campbell, Abtastsatz von 88
Cauchyscher Hauptwert 23
Chirp Systeme 49
CORDIC-Algorithmus 115

Dämpfung 124
deMoivre-Laplace, lokaler Grenzwertsatz von 67
Dichte 53
–, bedingte 55
–, n-dimensionale 73
Digitalfilter 127
Digitalfilterbank 133
Direct Sequence Spread Spectrum (DSSS) 46
Distribution (verallgemeinerte Funktion) 19

Doppler-Peiler 139
Dopplerverschiebung 139
Dynamikbereich von Empfängern 130

Empfang 125
Energiedichtespektrum 25
Energiesignal 13
Ereignisalgebra 51
Ereignismenge 51

Faltung von Folgen 18
Faltungssatz
– der diskreten Fouriertransformation 110
– der z-Transformation 99
FFT (schnelle Fouriertransformation) 112
FIR-System 123
Fouriertransformierte 14
–, diskrete (DFT) 107
Frequency Hopping (FH) 47, 192
Frequenzgang 124
Frequenzhub 33
Funksignale 7

Goniometer 164
Grad eines linearen zeitinvarianten Systems 120
Gruppenlaufzeitgang 124

Heaviside'sche Sprungfunktion 56
Hilberttransformation 23

IIR-System 123
Imaginärteil eines komplexwertigen Signals 26, 114
Impulsantwort 118
Interferometerpeiler 145
Irrfahrt 66

Koordinatentransformation 114, 129
Kreisfrequenz 14
Kreuzkorrelation 74, 148
Kreuzkovarianz 74, 148
Kreuzleistungsdichtespektrum 149

Leistungsdichtespektrum 149
Leistungssignal 13

MA-Prozeß 152, 155
Markovscher Prozeß 75
Mischung
–, direkte 129
–, komplexe 114, 126
Mittelwert eines stochastischen Prozesses 55, 148
Modulation 27
–, Amplituden- 28
– Amplitudentastung 34
– BPSK 35
–, Einseitenband- 30
–, Frequenz- 31
– Frequenzumtastung 34
– Minimum Shift Keying 40
– OQPSK 38
–, Phasen- 31
– Phasenumtastung 34
– QAM 41
– QPSK 38
–, Quadratur- 31
– unabhängige Seitenbänder 31
Modulationsindex 33
Momentanfrequenz 32
Momente eines stochastischen Prozesses 74

Nullstellen eines linearen zeitinvarianten Systems 123

Parsevalsche Formel 14, 111
Peilung 8, 125
Pfad eines stochastischen Prozesses 53

Phase eines komplexwertigen Signals 26, 115
Phasengang 124
Poisson-Impuls-Prozeß 63
Poisson-Inkrement-Prozeß 62
Poissonprozeß 57, 59
Pole eines linearen zeitinvarianten Systems 123
Polynomklassifikator 186
Problemkreis 178
Prozeßgewinn 45, 131, 132

quasizufälliges binäres Signal 70
quasizufälliges Telegraphiesignal 63

Realisierung eines stochastischen Prozesses 53
Realteil eines komplexwertigen Signals 26, 114
Richtcharakteristik 157

schnelle Fouriertransformation (FFT) 112
Schrot-Rauschen 63
Signale 11
–, analytische 25
–, bandbegrenzte 21
–, kausale 100
–, komplexe zeitdiskrete 112
–, tiefpaßbegrenzte 14, 22
–, zeitbegrenzte 21
–, zeitdiskrete 11
–, zeitdiskrete quantisierte 12
–, zeit- und wertkontinuierliche 11
Signalklassifikation 178, 185
Spektralschätzverfahren 148, 152, 170
–, lineare Prediktion 172
–, Methode von Capon 171
Spektrum 14
–, Amplituden- 14
–, Phasen- 14

stochastische Prozesse 51
- -, asymptotisch stationäre 79
- -, ergodische 81
- -, gemeinsam schwach stationäre 79, 148
- -, gemeinsam stationäre 77
- -, komplexwertige 73
- - mit orthogonalen Zuwächsen 75
- - mit stationären Zuwächsen 79
- - mit unabhängigen Zuwächsen 75
- - mit unkorrelierten Zuwächsen 75
- -, n-dimensionale 73
- -, normale 75
- -, orthogonale 74
- -, schwach stationäre 78, 148
- -, (stark) stationäre 77
- -, stationäre von Ordnung k 78
- -, unabhängige 74
- -, unkorrelierte 74
- -, zeitdiskrete 148
- -, zyklostationäre 79
Streifenkompensator 157
Summe-Differenz-Verfahren 158
System 115
-, bibo-stabiles 117
-, dynamisches 117
-, kausales 117
-, komplexwertiges 117
-, lineares 116
-, lineares zeitinvariantes (LTI) 118
-, reellwertiges 117
-, zeitinvariantes 116
Systemkonstante 123

Telegraphiesignale 63
Time Hopping (TH) 48
Träger
- einer Distribution 20

Träger einer Funktion 20
Trägerwelle 27, 31
trigonometrisches Polynom 105

Überlagerungsprinzip 129
Übertragungsfunktion 121
Unabhängigkeit von Zufallsvariablen 74

Varianz eines stochastischen Prozesses 55
verallgemeinerte Funktion (Distribution) 19
Verteilungsfunktion 53
-, gemeinsame 54
- erster Ordnung 53
-, n-dimensionale 72
- zweiter Ordnung 54
Verträglichkeitsbedingungen 73
Vielkanalempfänger 132
Vielkanalpeiler 176

Wahrscheinlichkeitsmaß 51
Wahrscheinlichkeitsraum 51
Watson-Watt-Peiler 142
weißes Rauschen 149
Wiener-Lévy-Prozeß 68
Wullenwever-System 163

Zwischenfrequenz/Niederfrequenz-Verarbeitung 129
zeitlicher Mittelwert der Realisierung eines stochastischen Prozesses 81
z-Transformation 95
zufälliges Binärsignal 71
Zufallsprozeß 51
-, zeitdiskreter 148
Zufallsvariable 52

Kammeyer/Kroschel
Digitale Signalverarbeitung

Filterung und Spektralanalyse

Von Prof. Dr.-Ing.
Karl-Dirk Kammeyer
Technische Universität
Hamburg-Harburg

und Prof. Dr.-Ing.
Kristian Kroschel
Universität Karlsruhe

1989. X, 358 Seiten
mit 163 Bildern.
13,7 x 20,5 cm.
Kart. DM 38,–
ISBN 3-519-06122-8

Teubner Studienbücher

Preisänderungen vorbehalten.

Das vorgelegte Studienbuch ist eine Einführung in die Methodik der digitalen Signalverarbeitung. Es wendet sich sowohl an Studenten an wissenschaftlichen Hochschulen als auch an Ingenieure und Naturwissenschaftler, die einen Einblick in dieses Gebiet gewinnen wollen. Dabei wird keine umfassende Darlegung des gesamten Stoffgebietes angestrebt. Vielmehr soll anhand typischer Aufgabenstellungen die prinzipielle Vorgehensweise beim Umgang mit digitalen Signalen und Systemen verdeutlicht werden. Die beschriebenen Verfahren werden anhand verschiedener Analysebeispiele veranschaulicht.

Inhalt: Diskrete Signale und Systeme – Die z-Transformation – Digitale Filter – Diskrete Fourier-Transformation (DFT) – Spektralanalyse determinierter Signale – Traditionelle Methoden der Spektralschätzung bei stochastischen Prozessen – Spektralschätzung durch Anwendung autoregressiver Modelle

B. G. Teubner Stuttgart

Bellanger
Digital Processing of Signals

Theory and Practice

This text book presents the most useful techniques for the digital processing of signals. Emphasizing the engineering aspects, it guides the reader from the theory to the design and implementation; the topics reflecting the needs of industry in the field. Fully revised and updated, this new edition features computational complexity analysis – useful evaluation expressions are provided for major techniques (FIR, IIR, multirate, Adaptive Filters), a concise and synthetic presentation, emphasizing physical and industrial aspects, applications to telecommunications, and a selection of the most important topics for industry.

Contents: Signal Digitizing – Sampling and Coding; The Discrete Fourier Transform; Unified Representation of Fast Fourier Transform and Other Fast Algorithms; Time-Invariant Discrete Linear Systems; Finite Impulse Response (FIR) Filters; Infinite Impulse Response (IIR) Filter Sections; Infinite Impulse Response Filters; Digital Ladder Filters; Multirate and Adaptive Filtering; Circuits and Factors of Complexity; Applications in Telecommunications

By Prof. Dr.
Maurice Bellanger
T.R.T. Le Plessis-Robinson,
France

2nd Edition. 1989.
xx, 388 pages.
15 x 23 cm.
Paper DM 64,–
ISBN 3-519-06440-5

Wiley-Teubner
Copublishing

Preisänderungen vorbehalten.

B. G. Teubner Stuttgart

Fettweis
Elemente nach- richtentechnischer Systeme

Dieses Buch befaßt sich
mit der Übertragung, einem grundlegenden Teilgebiet der Nachrichtentechnik. Wegen des Umfangs,
den die Methoden dieser Technik
inzwischen angenommen haben, beschränkt
sich der Autor auf eine
Darstellung der theoreti-
schen Zusammenhänge und
Grundlagen, wobei er auf
einfache physikalische Vorstellungen
zurückgreift und aus anderen Fach-
gebieten bekannte zu Hilfe genommene.
Mit diesem methodischen Vorgehen wird ein
hohes Maß an Strenge in der Darstellung
erreicht.

Inhalt

Beschreibung von Signalen im Zeit- und
Frequenzbereich; Übertragung von Signalen
durch lineare konstante Systeme; Eigen-
schaften einiger spezieller Signalklassen;
Eigenschaften von Übertragungssystemen;
Grundprinzipien der Laplacetransformation;
modulierte Signale; zeitvariante lineare
Übertragungssysteme

Von Prof. Dr. sc. techn.
Dr. h. c. mult.
Alfred Fettweis
Ruhr-Universität Bochum

1990. XII, 388 Seiten
mit 150 Bildern.
13,7 x 20,5 cm.
Kart. DM 42,–
ISBN 3-519-06131-7

Teubner Studienbücher

Preisänderungen vorbehalten.

B.G. Teubner Stuttgart

Teubner Studienbücher zur Elektrotechnik

Beth: **Verfahren der schnellen Fourier-Transformation**
Börner/Müller/Schiek/Trommer: **Elemente der integrierten Optik**
Büttgenbach: **Mikromechanik**
Eckhardt: **Grundzüge der elektrischen Maschinen**
Fettweis: **Elemente nachrichtentechnischer Systeme**
Goetzberger/Wittwer: **Sonnenenergie**
Heinlein: **Grundlagen der faseroptischen Übertragungstechnik**
Heinloth: **Energie**
Hess: **Digitale Filter**
Heumann: **Grundlagen der Leistungselektronik**
Jondral: **Funksignalanalyse**
Kamke/Krämer: **Physikalische Grundlagen der Maßeinheiten**
Kammeyer/Kroschel: **Digitale Signalverarbeitung**
Kneubühl: **Repetitorium der Physik**
Kneubühl/Sigrist: **Laser**
Lautz: **Elektromagnetische Felder**
Leonhard: **Digitale Signalverarbeitung in der Meß- und Regelungstechnik**
Leonhard: **Regelung in der elektrischen Antriebstechnik**
Leonhard: **Regelung in der elektrischen Energieversorgung**
Leonhard: **Statistische Analyse linearer Regelsysteme**
Michel: **Zweitor-Analyse mit Leistungswellen**
Pfeiffer/Reithmeier: **Roboterdynamik**
Profos: **Einführung in die Systemdynamik**
Profos: **Meßfehler**
Rohe/Kamke: **Digitalelektronik**
Schaufelberger/Sprecher/Wegmann: **Echtzeit-Programmierung bei Automatisierungssystemen**
Stiefel: **Einführung in die numerische Mathematik**
Stölting/Beisse: **Elektrische Kleinmaschinen**
Walcher: **Praktikum der Physik**
Warnecke: **Einführung in die Fertigungstechnik**

 B. G. Teubner Stuttgart

MIX
Papier aus verantwortungsvollen Quellen
Paper from responsible sources
FSC® C105338

If you have any concerns about our products,
you can contact us on
ProductSafety@springernature.com

In case Publisher is established outside the EU,
the EU authorized representative is:
**Springer Nature Customer Service Center GmbH
Europaplatz 3, 69115 Heidelberg, Germany**

Printed by Libri Plureos GmbH
in Hamburg, Germany